全国特种作业人员安全技术培训考核统编教材（新版）

电梯操作与维护

《全国特种作业人员安全技术培训考核统编教材》编委会

内容提要

本书介绍了电梯作业人员必须掌握与了解的电梯基本知识,安全操作规程及操作方法,维护保养知识及钢丝绳报废标准,常见的故障原因分析与判断,事故紧急处理与救护等内容。

本书针对电梯作业人员培训与复审的特点编写,通俗易懂,深入浅出,例题实用,每章后都附有思考题,适合具有初中以上文化程度的电梯作业人员培训与学习之用。

图书在版编目(CIP)数据

电梯操作与维护/《全国特种作业人员安全技术培训考核统编教材》编委会编著. —北京:气象出版社,2011.1
全国特种作业人员安全技术培训考核统编教材:新版
ISBN 978-7-5029-5127-6

Ⅰ.①电… Ⅱ.①全… Ⅲ.①电梯-操作-技术培训-教材②电梯-维护-技术培训-教材 Ⅳ.①TU857

中国版本图书馆 CIP 数据核字(2010)第 241031 号

出版发行:	气象出版社		
地　　址:	北京市海淀区中关村南大街 46 号	邮政编码:	100081
总 编 室:	010-68407112	发 行 部:	010-68408042
网　　址:	http://www.cmp.cma.gov.cn	E-mail:	qxcbs@cma.gov.cn
责任编辑:	张盼娟　彭淑凡	终　　审:	周诗健
封面设计:	燕　彤	责任技编:	吴庭芳
印　　刷:	北京奥鑫印刷厂		
开　　本:	850 mm×1168 mm　1/32	印　　张:	10.75
字　　数:	290 千字		
版　　次:	2011 年 1 月第 1 版	印　　次:	2011 年 1 月第 1 次印刷
定　　价:	22.00 元		

本书如存在文字不清、漏印以及缺页、倒页、脱页等,请与本社发行部联系调换

前　言

特种作业是指容易发生人员伤亡事故,对操作者本人或他人的安全健康及设备、设施的安全可能造成重大危害的作业。特种作业人员是指直接从事特种作业的从业人员。国内外有关统计资料表明,由于特种作业人员违规违章操作造成的生产安全事故,约占生产经营单位事故总量的80%。目前,全国特种作业人员持证上岗人数已超过1200万人。因此,加强特种作业人员安全技术培训考核,对保障安全生产十分重要。

为保障人民生命财产的安全,促进安全生产,《安全生产法》《劳动法》《矿山安全法》《消防法》《危险化学品安全管理条例》等有关法律、法规做出了一系列的强制性要求,规定特种作业人员必须经过专门的安全技术培训,经考核合格取得操作资格证书,方可上岗作业。1999年,原国家经贸委发布了《特种作业人员安全技术培训考核管理办法》(国家经贸委主任令第13号),对特种作业人员的定义、范围、人员条件和培训、考核、管理作了明确规定,提出在全国推广和规范使用具有防伪功能的IC卡《中华人民共和国特种作业操作证》,并实行统一的培训大纲、考核标准、培训教材及资格证书。本套教材是与之相配套并由原国家经贸委安全生产局直接组织编写的。

2001年,原国家经贸委安全生产局的职能划入国家安全生产监督管理局,这套教材的有关工作随之转入新的机构,并在2002年经国家安全生产监督管理局《关于做好特种作业人员安全技术培训教材相关工作的通知》中加以确认。近年来,国家安全生产监督管理总局相继颁布实施了《特种作业人员安全技术培训考核管理规定》(国家安全生产监督管理总局第30号令,自2010年7月1日起施行)等一系列规章和规范性文件,重申了"特种作业人员必须接受专门的安全技术培训并考核合格,取得特种作业操作资格证书后,方可上岗作业"这一基本原则,同时对特种作业的范围、培训大纲和考核标准进行了必要的调整。

为了适应新的形势和要求,在总结经验并广泛征求各方面意见的基础上,我们根据国家安全生产监督管理总局第30号令,对这套教材进行了全新改版。新版的教材基本包括了全部的特种作业,共30余种教材,具有广泛的适用性。本次改版既充分考虑了原有教材的体系和完整性,保留了原有教材的特色,又根据新的情况,从品种和内容方面做了必要的修改和补充,力争形式新颖,技术先进,如增加了冶金煤气安全作业、危险化学品安全作业、烟花爆竹生产安全作业等新的品种,对于一些在新的特种作业目录中没有提到的原有品种及特种设备作业人员的培训教材,也予以保留。为了便于各地特种作业人员的培训和考核,还开发与之相配套的复审教材和考试题库供各地选用。本套教材不仅可供特种作业人员、特种设备作业人员及有关的管理人员、维修人员培训选用,也可供有关职业技术学校选用。

本套教材历经多次修订、编审和改版,曲世惠、王红汉、徐晓航、张静等为代表的一大批作者和以闪淳昌、杨富、任树奎、罗音宇等为代表的一大批专家为此套教材的出版作出了重大贡献。参与本书修订改版工作的有刘占杰、同和平、徐远荣、范新建、刘佳子等,限于篇幅这里恕不一一列举,谨表衷心的谢意。

本书编委会

2010年10月

致　谢

本书在编写和修订改版的过程中,先后得到了以下单位(排名不分先后)的大力支持,在此表示衷心的感谢。

中国机械工业安全卫生协会
上海柴油机股份有限公司
一汽解放汽车有限公司
东风汽车有限公司
太原重型集团公司
上海安科企业管理有限公司
兰州通用机电技术研究所
武汉钢铁公司
齐重数控装备股份有限公司
福田重型机械股份有限公司
武汉起神起重机有限公司
邯郸新兴重型机械有限公司
厦门ABB开关有限公司
安徽合力股份有限公司
福田雷沃国际重工股份有限公司
斗山工程机械(中国)有限公司

山东普利森集团有限公司
安徽江淮汽车股份有限公司
石家庄强大泵业股份有限公司
武汉安全环保研究院
天津市劳动保护教育中心
河南省劳动保护教育中心
北京市事故预防中心
河南省安全生产监督管理局
青岛市安全生产监督管理局
武钢矿业公司
大冶有色金属公司
鲁中冶金矿业公司
淮南矿务局
大冶铁矿
铜录山铜矿
梅山铁矿
马钢南山铁矿
南芬铁矿
鸡冠咀金矿
……

目 录

前 言

第一章 电梯的基本知识 ……………………………………（ 1 ）
  第一节 电梯的型号与分类 …………………………………（ 1 ）
  第二节 电梯的常用名词术语 ………………………………（16）

第二章 电梯结构原理与安全保护装置 ……………………（18）
  第一节 电梯的基本结构 ……………………………………（18）
  第二节 曳引系统 ……………………………………………（20）
  第三节 轿厢与门系统 ………………………………………（45）
  第四节 导向系统 ……………………………………………（75）
  第五节 重量平衡系统 ………………………………………（87）
  第六节 电气控制装置 ………………………………………（93）
  第七节 电梯安全保护装置 …………………………………（108）

第三章 继电器逻辑控制电梯系统 …………………………（143）
  第一节 呼叫指令的记忆与解除 ……………………………（144）
  第二节 选层器 ………………………………………………（150）
  第三节 自动定向电路 ………………………………………（155）
  第四节 最远的反向呼叫电路 ………………………………（158）
  第五节 电梯的启动与换速电路 ……………………………（160）
  第六节 平层停止运行电路 …………………………………（173）

第七节　开关门控制电路……………………………………（177）
　　第八节　信号显示电路………………………………………（184）
　　第九节　电梯的安全保护……………………………………（186）

第四章　电力拖动系统……………………………………………（196）
　　第一节　直流电梯拖动系统…………………………………（196）
　　第二节　交流电梯拖动系统…………………………………（205）

第五章　电梯的维修与保养………………………………………（228）
　　第一节　电梯的维保安全技术要求…………………………（228）
　　第二节　电梯故障的检查测量基本方法……………………（242）

第六章　电梯常见故障与事故的应急预案………………………（249）
　　第一节　电梯的常见故障判断和处理方法…………………（249）
　　第二节　电梯发生紧急事故的应急预案……………………（253）

第七章　电梯的安全操作…………………………………………（260）
　　第一节　对电梯司机的基本要求……………………………（260）
　　第二节　电梯安全操作………………………………………（262）
　　第三节　电梯的操作方法……………………………………（266）

第八章　自动扶梯及自动人行道…………………………………（276）
　　第一节　自动扶梯及自动人行道的结构……………………（276）
　　第二节　主要参数和零部件及安全防护装置………………（277）
　　第三节　机械传动系统………………………………………（287）
　　第四节　电气控制系统………………………………………（288）

第九章　安全用电及防火安全常识………………………………（290）
　　第一节　电流对人体的危害…………………………………（290）
　　第二节　保护接地与保护接零………………………………（292）
　　第三节　触电急救……………………………………………（294）
　　第四节　电梯防火安全常识…………………………………（297）

第十章　事故案例分析及预防措施……………………(299)
第一节　危险工况辨识………………………………(299)
第二节　事故案例分析………………………………(301)
第三节　事故预防措施………………………………(315)
第十一章　职业安全健康法规和职业道德规范…………(317)
第一节　职业安全健康法规的组成、特征与作用………(317)
第二节　职业道德……………………………………(320)
参考文献…………………………………………………(330)

第一章　电梯的基本知识

第一节　电梯的型号与分类

一、电梯的主参数和基本规格

电梯的主参数和基本规格是一台电梯最基本的表征,通过这些参数可以确定电梯的服务对象、运载能力和工作特性等。

1. 电梯的主参数

电梯的主参数包括额定载重量和额定速度。

(1)额定载重量:单位为千克(kg),是指保证电梯正常运行的允许载重量。它是制造厂家设计制造电梯及用户选择电梯的主要依据,也是安全使用电梯的主要参数。对于乘客电梯,常用乘客人数(一般按 75 kg/人)这一参数表示。电梯载重量主要有以下几种:400、630、800、1000、1250、1600、2000、2500 kg 等。

(2)额定速度:单位为米/秒(m/s),指电梯设计所规定的轿厢运行速度,是设计制造和选用电梯的主要依据。常见有以下几种:0.63、1、1.6、1.75、2.5、4 m/s 等。

2. 基本规格

主要由以下几种参数组成。

(1)电梯的产品品种:指客梯、货梯、病床梯等,它确定了电梯的服务对象。

(2)额定载重量:是电梯的主参数之一。

(3)额定速度:是电梯的主参数之一。

(4)拖动方式:指电梯采用的动力驱动类型,可分为交流电力拖动、直流电力拖动、液压拖动等。

(5)控制方式:指对电梯运行实现操纵的方式,可分为手柄控制、按钮控制、信号控制、单梯集选控制、并联控制、梯群控制等。

(6)轿厢尺寸:指轿厢内部尺寸和外廓尺寸,以深度×宽度表示。内部尺寸由品种和额定载重量(或乘客人数)确定,它也是司梯人员应掌握用以控制载重量的主要内容。外廓尺寸关系到井道的设计。

(7)厅、轿门的型式:指电梯门的结构型式。按开门方向可分为中分式、旁开式(侧开式)、直分式(上下开启)等。按材质和功能可分为普通门、消防门、双折门等。按门的控制方式可分为手动开关门和自动开关门等。

(8)层站数:各层楼用以出入轿厢的地点为站,电梯运行行程中的建筑层为层。如电梯实际行程15层,有11个出入轿厢的层门,则为15层/11站。

二、电梯的型号

1. 进口电梯型号的表示

随着中国的改革开放,众多国外电梯制造厂家兴办合资、独资电梯制造厂,产品涌入国内。每个国家都有自己的电梯型号表示方法,合资厂也沿用引进国命名型号的规定使用,无法一一列举。主要有以下几类:①以电梯生产厂家公司及产品类型号命名,如:TOEC—90,前面的字母是厂家英文字头,为天津奥的斯电梯公司,90代表其产品类型号。②以英文字头代表电梯的种类,以产品类型序号区分,如:三菱电梯 GPS—Ⅱ,前面字母为英文字头代表产品种类,Ⅱ代表产品类型号。③以英文字头代表产品种类,配以数字表征电梯参数,如:"广日"牌电梯 YP—15—C090,YP 表示交流调速电梯,额定乘员 15 人,中分门,额定速度 90 m/min。因此,必须根据电梯产品说明书了解其参数。

2. 中国电梯型号的表示

我国规定对电梯、液压梯产品型号的表示方法如下:电梯、液压梯产品的型号由类、组、型和改型代号,主参数代号,控制方式代号等 3 部分组成。第二、第三部分之间用短线(一字线)分开。如图 1-1 所示。说明如下。

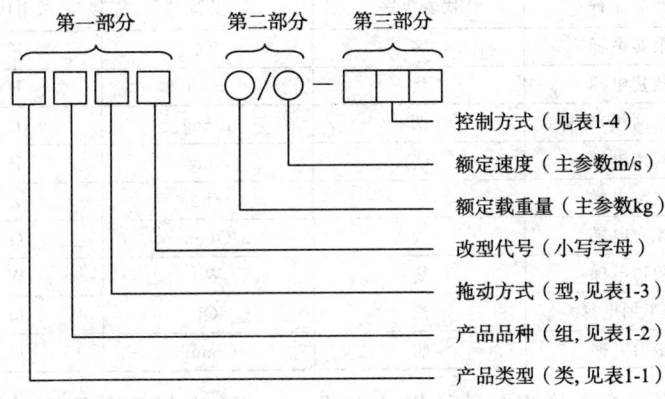

图 1-1 产品型号代号顺序

第一部分:

第一部分是类、组、型和改型代号。类、组、型代号用具有代表意义的大写汉语拼音字母(字头)表示,产品的改型代号按顺序用小写汉语拼音字母表示,置于类、组、型代号的右下方。

第一个方格:为产品类型,在电梯、液压梯产品中,取"梯"字拼字字头"T",表示电梯、液压梯等的"梯"产品。见表 1-1。

表 1-1　产品类型(类)代号

产品类型	代表汉字	拼音	采用代号
电梯	梯	Tī	T
液压梯			

第二个方格:为产品品种代号,即电梯的用途。K表示乘客电梯的"客",H为载货电梯的"货",L表示客货两用的"两"等,见表1-2。

表 1-2　产品品种(组)代号

产品品种	代表汉字	拼音	采用代号
乘客电梯	客	Kè	K
载货电梯	货	Huò	H
客货(两用)电梯	两	Liǎng	L
病床电梯	病	Bìng	B
住宅电梯	住	Zhù	Z
观光电梯	观	Guān	G
杂物电梯	物	Wù	W
汽车用电梯	汽	Qì	Q
船用电梯	船	Chuán	C

第三个方格为产品的拖动方式,指电梯动力驱动类型。当电梯的曳引电动机为交流电动机,则可称其为交流电梯,以J表示"交"。曳引电动机为直流电动机时,可称为直流电梯,以Z表示"直"。对于液压电梯用Y表示"液"。见表1-3。

表 1-3　产品拖动方式(型)代号

产品拖动方式	代表汉字	拼音	采用代号
交流	交	Jiāo	J
直流	直	Zhí	Z
液压	液	Yè	Y

第四个方格为改型代号,以小写字母表示,一般冠以拖动类型调速方式,以示区分。

第二部分:

第二部分是主参数代号,其左上方为电梯的额定载重量,右下方为额定速度,中间用斜线分开,均用阿拉伯数字表示。

第一个圆圈表示电梯的额定载重量,单位为千克(kg),为电梯的主参数,有 400、800、1000、1250 kg 等。

第二个圆圈表示电梯的额定速度,单位为米/秒(m/s),也是电梯的主参数,有 0.5、0.63、0.75、1、1.6、2.5 m/s 等。

第三部分:

第三部分是控制方式代号,用具有代表意义的大写汉语拼音字母表示。见表1-4。

表1-4 控制方式代号

控制方式	代表汉字	采用代号	控制方式	代表汉字	采用代号
手柄控制手动门	手、手	SS	信号控制	信号	XH
手柄控制自动门	手、自	SZ	集选控制	集选	JX
按钮控制(信号电梯)手动门	按、手	AS	并联控制	并联	BL
按钮控制(信号电梯)自动门	按、自	AZ	梯群控制	群控	QK

3. 电梯产品型号示例

(1) TKJ 1000/1.6—JX

表示:交流乘客电梯,额定载重量 1000 kg,额定速度 1.6 m/s,集选控制。

(2) TKZ 800/2.5—JX

表示:直流乘客电梯,额定载重量 800 kg,额定速度 2.5 m/s,集选控制。

（3）THY 2000/0.63—AZ

表示：液压货梯，额定载重量 2000 kg，额定速度 0.63 m/s，按钮控制自动门。

以上介绍的是我国 1986 年发布的电梯型号编制方法，是表征电梯基本参数的一些字母、数字和其他有关符号的组合，最大特点就是能简单明了地表述电梯的一些基本参数。

为了更好地掌握所使用电梯的基本参数，便于记忆，安全操作、使用、管理好电梯，我们可以根据此标准编制方法查出进口电梯的基本参数，一一对应，编制出比对型号来记忆，这是很方便、实用的。

三、电梯的分类

（一）按用途分类

1. 乘客电梯：代号 TK

乘客电梯是为运送乘客而设计制造的电梯。适用于高层住宅以及办公大楼、宾馆、饭店、旅馆的电梯，用于运送乘客。它要求安全舒适，装饰讲究，新颖美观，平层精度较高，可以在有/无司机状态下，手动或自动控制操纵，加减速度适合人体适应范围。轿厢的顶部除吊灯外，还设有通风或空调设备。一般轿厢的宽度与深度的比例选在 10∶7～10∶8 之间。有的超高层大楼还设置了双层电梯。

额定载重量有 630、800、1000、1250、1600 kg 等，速度有 0.63、1、2.5 m/s 等多种，载客人数为 8～21 人，运送效率高。在超高层大楼应用时速度可以超过 3 m/s，而达到 5 m/s、9 m/s 或 10 m/s。

2. 载货电梯：代号 TH

载货电梯由专业的司机操作，主要为运送货物而设计制造的电梯，适用于商场、仓库等的货物运载。它的控制简单，载货量大，运行速度不高，要求结构牢固，安全性好。为节约动力装置的投资和保证良好的平层精度常取较低的额定速度，轿厢的容积通常比较宽大，一般轿厢深度大于宽度或两者相等。

额定载重量有 630、1000、1600、2000 kg 等多种,速度在 1 m/s 以下。

3. 客货(两用)电梯:代号 TL

客货(两用)电梯是以运送乘客为主,但也可运送货物的电梯,它与乘客电梯的区别在于轿厢内部装饰结构不同,常称此类电梯为服务电梯。

4. 病床电梯:代号 TB

病床电梯是专为运送病床(包括病人)及医疗设备而设计制造的电梯。这种电梯的特点是轿厢窄而深,手术车能方便出入,通常要求前后贯通开门,对运行稳定性要求较高,舒适感好,平层精度高,启、制动加(减)速度较小,可靠性高。轿厢内的照明要求柔和,不能直接向下照射,尽量减少运行时的噪声,一般有专职司机操作。有的病床电梯还设有专供残疾人使用的带盲文的副操作盘。载重量有 1000、1600、2000 kg 等多种,运行速度有 0.63、1.0、1.6、2.0 m/s 等。

5. 住宅电梯:代号 TZ

住宅电梯是供居民住宅楼使用的电梯。普通居民住宅楼、高层住宅楼均使用此类电梯。额定载重量为 400、630、1000 kg 等,其相应的载客人数为 5、8、13 人等,速度在低、快速之间。其中载重量 630 kg 的电梯,轿厢能运送残疾人员乘座的轮椅和童车;载重量达 1000 kg 的电梯,轿厢还能运送"手把拆卸"的担架和家具。

6. 观光电梯:代号 TG

观光电梯是井道和轿壁至少有一侧透明,乘客可观看到轿厢外景物的电梯。

7. 杂物电梯(服务电梯):代号 TW

供运送一些轻便的图书、文件、食品等,服务于规定楼层的固定式升降设备。由厅外按钮控制,额定载重量有 40、100、250 kg 等数种,轿厢的运行速度通常小于 0.5 m/s。就其尺寸和结构而言,不允许人员进入轿厢,为满足不得进入的条件,轿厢尺寸要求:

① 地板面积≤1 m²；
② 深度≤1 m；
③ 高度≤1.2 m。

但是，如果轿厢由几个永久的间隔组成，而每一个间隔都能满足上述要求，高度超过1.2 m是容许的。

8. 汽车用电梯：代号TQ

汽车电梯是为专门运送车辆而设计制造的电梯，如高层或多层车库、立体仓库等处都有使用。这种电梯的轿厢面积都大，要与所装用的车辆相匹配，其构造则应充分牢固，有的无轿顶，升降速度一般都较低（小于1 m/s）。

9. 船用电梯：代号TC

船用电梯是固定安装在船舶上为乘客、船员或其他人员使用的提升设备。它能在船舶的摇晃中正常工作，速度一般应小于1 m/s。

10. 其他电梯

用作专门用途的电梯，如冷库电梯、防爆电梯、矿井电梯、建筑工程电梯等。

(二) 按运行速度分类

表1-5为按运行速度分类的电梯。

表1-5 按速度分类的电梯

名称	额定速度范围
1. 超高速电梯	3~10 m/s或更高速的电梯，通常用于超高层建筑物内
2. 高速电梯（甲类电梯）	2<速度≤3 m/s的电梯，如2、2.5、3 m/s等，通常用在16层以上的建筑物内
3. 快速电梯（乙类电梯）	1<速度≤2 m/s的电梯，如1.5、1.75 m/s等，通常用在10层以上的建筑物内
4. 低速电梯（丙类电梯）	1 m/s及以下的电梯，如0.25、0.5、0.75、1 m/s等，通常用在10层以下的建筑物或客货两用电梯或货梯

（三）按拖动方式分类

1. 直流电梯：代号 Z

其曳引电动机为直流电动机，根据有无减速箱，分为有齿直流电梯和无齿直流电梯。根据电气拖动控制方式，通常分为直流发动机系统（现已淘汰）和采用可控硅直接供电的电动机拖动系统两种，后者的特点为性能优良、梯速较快，通常在 4 m/s 以上，有的以更高速度运行。

2. 交流电梯：代号 J

(1) 单速，曳引电动机为交流电动机，速度一般在 0.5 m/s 以下。

(2) 双速，曳引电动机为交流双速电动机，并有高低两种速度，速度常在 1 m/s 以下。

(3) 三速，曳引电动机为交流三速电动机，并有高、中、低几种速度，速度一般为 1 m/s 以下。

(4) 交流调速电梯，曳引电动机为交流，装有测速装置。

(5) 交流变频调速电梯，俗称 VVVF 电梯，通常采用微电脑控制、逆变器驱动，以及速度、电流等反馈装置。在调节定子频率的同时，调节定子中电压，以保持磁通恒定，是一种新式拖动控制方法，性能优越、安全可靠。

3. 液压电梯：代号 Y

指依靠液压驱动的电梯。根据柱塞安装位置有柱塞直顶式，其油缸柱塞直接支撑轿厢底部，使轿厢升降；有柱塞侧置式，其油缸柱塞设置在井道侧面，借助曳引绳通过滑轮组与轿厢连接，使轿厢升降，梯速常在 1 m/s 以下。

4. 齿轮齿条电梯

它的齿条固定在构架上，采用电动机——齿轮传动机构，装于电梯的轿厢上，利用齿轮在齿条上的爬行来拖动轿厢运行，一般用在建筑工程中。

5. 螺杆式电梯

将直顶式电梯的柱塞加工成矩形螺纹，再将带有推力轴承的大螺母安装于油缸顶,然后通过电机经减速器(或皮带传递)带动大螺母旋转,从而使螺杆顶升轿厢上升或下降。

6. 直线电机驱动电梯

用直线电动机作为动力源,是一种新型驱动方式的电梯。

(四)按操纵控制方式分类

1. 手柄开关操纵,轿内开关控制:代号 S

电梯司机转动手柄位置(开断/闭合)来操纵电梯运行或停止。要求轿厢上装玻璃窗口,便于司机判断层数,控制开关。这种电梯又包括自动门和手动门两种,多在货梯中使用。

2. 按钮控制:代号 A(按钮)

电梯运行由轿厢内操纵盘上的选层按钮或层站呼梯按钮来操纵。某层站乘客将呼梯按钮摁下,电梯就启动运行去应答。在电梯运行过程中如果有其他层站呼梯按钮摁下,控制系统只能把信号记存下来,不能去应答,而且也不能把电梯截住,直到电梯完成前应答运行层站之后方可应答其他层站呼梯信号。

它是一种具备简单控制的电梯,有自平层功能,有轿厢外按钮控制和轿内按钮控制两种形式。

3. 信号控制:代号 XH(信号)

把各层站呼梯信号集合起来,将与电梯运行方向一致的呼梯信号按先后顺序排列好,电梯依次应答接运乘客。电梯运行取决于电梯司机操纵,而电梯在任何层站停靠由轿厢操纵盘上的选层按钮信号和层站呼梯按钮信号控制。电梯往复运行一周可以应答所有呼梯信号。

这是一种自动控制程度较高的电梯,除了具有自动平层和自动开门功能外,尚有轿厢命令登记、厅外召唤登记、自动停层、顺向截停和自动换向等功能,通常用于有司机客梯或客货两用电梯。

4. 集选控制:代号 JX(集选)

在信号控制的基础上把呼梯信号集合起来进行有选择的应答,

电梯为无司机操纵。在电梯运行过程中,可以应答同一方向所有层站呼梯信号和按照操纵盘上的选层按钮信号停靠。电梯运行一周后,若无呼梯信号就停靠在基站待命。为适应这种控制特点,电梯在各层站停靠时间可以调整,轿门设有安全触板或其他近门保护装置,以及轿厢设有过载保护装置等。

5. 下集合(选)控制

集合电梯运行下方向的呼梯信号,如果乘客欲从较低层站到较高层站去,须乘电梯至底层基站后再乘电梯到要去的高层站。

6. 并联控制:代号 BL(并联)

共用一套呼梯信号系统,把两台或三台规格相同的电梯并联起来控制。无乘客使用电梯时,经常有一台电梯停靠在基站待命称为基梯;另一台电梯则停靠在行程中间预先选定的层站称为自由梯。当基站有乘客使用电梯并启动后,自由梯即刻启动前往基站充当基梯待命。当有除基站外其他层站呼梯时,自由梯就近先行应答,并在运行过程中应答与其运行方向相同的所有呼梯信号。如果自由梯运行时出现与其运行方向相反的呼梯信号,则在基站待命的电梯就启动前往应答。先完成应答任务的电梯就近返回基站或中间选下的层站待命。

当三台并联集选组成的电梯,其中有两台作为基梯,一台为自由梯。运行原则同于两台并联控制电梯。并联控制电梯,每台均具集选控制功能。

7. 梯群控制:代号 QK(群控)

具有多台电梯客流量大的高层建筑物中,把电梯分为若干组,每组有四至六台电梯。将几台电梯控制连在一起,分区域进行有程序或无程序综合统一控制,对乘客需要电梯情况进行自动分析后,选派最适宜的电梯及时应答呼梯信号。

群控是用微电脑控制和统一调度多台集中并列的电梯,它使多台电梯集中排列,共用厅外召唤按钮,按规定程序集中调度和控制。

其程序控制分为四程序及六程序,前者将一天中客流情况分成四种,如:上行高峰状态运行,下、上行平衡状态运行,下行高峰状态运行及杂散状态运行,并分别规定相应的运行控制方式。后者较前者多上行较下行高峰状态运行、下行较上行高峰状态运行两种程序。

8. 梯群智能控制

具有数据采集、交换、存贮功能,还能进行分析、筛选、报告等功能。控制系统可以显示出所有电梯的运行状态,由电脑根据客流情况,自动选择最佳运行控制方式,其特点是分配电梯运行时间,省人、省电、省机器。

(五)按有无司机分类

(1)有司机电梯:必须有专职司机操纵。

(2)无司机电梯:不需要专门司机,由乘客自己操纵,具有集选功能。

(3)有/无司机电梯:根据电梯控制电路及客流量等,平时可改由乘客自己操纵电梯运行;客流大或必要时,可由司机操纵。

(六)按机房位置分类

(1)上置式电梯:机房位于井道上部。

(2)下置式电梯:机房位于井道下部。

(3)无机房电梯。

(七)按曳引机结构分类

(1)有齿曳引电梯:曳引机有减速器。

(2)无齿曳引电梯:曳引机没有减速器,由曳引电动机直接带动曳引轮运动。

(八)其他用途的特殊梯和自动扶梯、自动人行道

(1)斜行梯:为地铁火车站和山坡等倾斜安装,轿厢运行为倾斜直线上下,是一种集观光和运输于一体的输送设备。

(2)坐椅梯:人坐在由电动机驱动的椅子上,控制椅子手柄上

的按钮,使椅下部的动力装置驱动人椅,沿楼梯扶栏的导轨上下运动。

(3)冷气梯:在大冷库或制冷车间,运送冷冻货物。需要满足门扇、导轨等活动处冰封、浸水等要求。

(4)消防梯:在发生火警情况下,用来运送消防人员、乘客和消防器材等。

(5)矿井梯:供矿井内运送人员及货物。

(6)特殊梯:在特殊环境下使用,如有防爆、耐热、防腐等特殊用途电梯。

(7)建筑施工梯(或升降机):供运送建筑施工人员及材料之用,可随施工中的建筑物层数增加而加高。

(8)滑道货梯:在建筑物内配置,常与建筑物人走道平行运送货物。

(9)运机梯:能把地下机库中几十吨至上百吨重的飞机垂直提升到飞机场跑道上。

(10)门吊梯:在大型门式起重机的门腿中运送在门机中工作的人员及检修机件等。

(11)自动扶梯 TF:带有循环、运行梯级,用于向上或向下倾斜运送乘客的固定电力驱动设备。分为端部驱动的自动扶梯(或称链条式自动扶梯)和中间驱动的自动扶梯(或称齿条式自动扶梯)。

另外,按梯路线型可分为直线型或螺旋型两种。

(12)自动人行道:带有循环运行(板式或带式)走道,用于水平或倾斜角不大于12°输送乘客的固定电力驱动设备。分为端部驱动的自动人行道(或称链条式自动人行道)和中间驱动的自动人行道(或称齿条式自动人行道)。

另外按路面型式可分为踏步式和平带式两种。

四、电梯的工作条件

(一)电梯的要求

电梯的基本要求是:安全可靠,方便舒适;启、制动平稳,噪声低,故障率低;操作方便,平层准确。

电梯的安全性和可靠性是贯穿于设计、制造、安装、维护、检验、使用各个环节的系统工程。元件的可靠性是降低故障的重要因素。

舒适主要是人的主观感觉,一般称为舒适感,主要与电梯的速度变化和振动有关,且与安装质量、维护质量有关。

电梯的基本要求是所有投入运行的电梯应达到的最基本的性能要求,即整机性能指标,在 GB/T 10058—2009《电梯技术条件》中有明确的指标,除了严格的安全指标保证安全运行外,对舒适感,常以速度特性、工作噪声、平层准确度作为主要性能指标。

(1)速度特性

①电梯速度:当电源为额定频率和额定电压的情况下,轿厢在50%额定载荷时,向下运行至行程中段时的速度,不得大于额定速度的105%,且不得小于额定速度的92%。

②加速度:启动和制动的加、减速度最大值不应大于 1.5 m/s^2。当 $1.0 \text{ m/s} \leqslant$(额定速度)$V \leqslant 2.0 \text{ m/s}$ 时,平均加、减速度应不小于 0.48 m/s^2;当 $2.0 \text{ m/s} < V \leqslant 2.5 \text{ m/s}$ 时,加、减速度平均值不应小于 0.65 m/s^2。

③轿厢振动加速度:垂直方向和水平方向的振动加速度应分别不大于 25 cm/s^2 和 15 cm/s^2。

(2)工作噪声

①轿厢内(轿厢运行)噪声$\leqslant 55 \text{ dB}$。

②开关门过程中门机构噪声$\leqslant 65 \text{ dB}$。

③机房平均工作噪声$\leqslant 80 \text{ dB}$。

(3)平层准确度

速度为 0.63~1.0 m/s 的交流双速电梯为±30 mm 以内,其他各类型和速度的电梯均在±15 mm 以内。

(二)电梯的速度变化

电梯运行中的速度变化曲线如图 1-2 所示。图中纵坐标代表电梯的运行速度,横坐标表示电梯运行时间。t_1 为启动加速段,至 A 点到达电梯的额定速度,t_2 为匀速运行段,到达 B 点,进入 t_3 减速制停段,到达平层,减速完成停梯开门,完成电梯的一次运行。

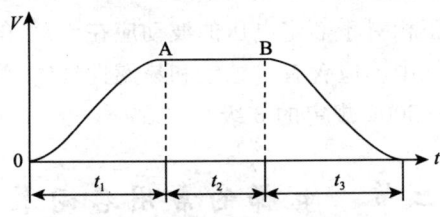

图 1-2　电梯速度变化曲线

电梯的实际运行速度曲线,对乘客的乘坐舒适感有很大影响,特别是高速电梯在加速段和减速段。如果设置不好,乘客会有上浮、下沉、重压、浮游、不平衡等不舒适感,最强烈的是上浮和下沉感。它与加速时间或减速时间的长短有关,如果延长加速时间 t_1、减速时间 t_3,舒适感会变好,但运行效率降低。从实验得知,与人的舒适感关系最大的,不是加(减)速度,而是加(减)速度的变化率,也就是 t_1 和 t_3 两头弧形部分的曲率。如果将加速度变化率限制在 1.3 m/s² 以下,即使最大加速度达到 2~2.5 m/s²,也不会使乘客感到过分的不适。

(三)电梯的工作条件

电梯的工作条件是使电梯正常运行的环境条件。如果实际工作环境与标准的工作条件不符,电梯难以正常运行,可能使故障率增加,缩短其使用寿命。因此特殊环境使用的电梯在订货时就应提出特殊的使用条件,制造厂将依据所提出的使用条件进行设计制造。

国家标准 GB/T 10058—2009《电梯技术条件》对电梯工作条件规定如下:

(1)安装地点的海拔高度不超过 1000 m。

(2)机房内的空气温度应保持在+5~+40℃之间。

(3)运行地点的空气相对湿度在最高温度为+40℃时不超过50%,在较低温度下可有较高的相对湿度,最湿月的月平均最低温度不超过+25℃,该月的月平均最大相对湿度不超过90%。若可能在电器设备上产生凝露,应采取相应措施。

(4)供电电压相对于额定电压的波动应在±7%的范围内。

(5)环境空气中不应含有腐蚀性和易燃性气体,污染等级不应大于 GB 14048.1—2006 规定的 3 级。

第二节 电梯的常用名词术语

(1)电梯:服务于规定楼层的固定式升降设备。它具有一个轿厢,运行在至少两列垂直的或倾斜角小于15°的刚性导轨之间。轿厢尺寸与结构型式要便于乘客出入或装卸货物。

(2)层站:各楼层用于出入轿厢的地点。

(3)基站:轿厢无投入运行指令时停靠的层站。一般位于大厅或底层端站乘客最多的地方。

(4)平层:在平层区域内,使轿厢地坎与层门地坎达到同一平面的运动。

(5)平层准确度:轿厢到站停靠后,轿厢地坎上平面对层门地坎上平面之间垂直方向的偏差值。

(6)顶层端站:最高的轿厢停靠站(一般称上端站)。

(7)底层端站:最低的轿厢停靠站(一般称下端站)。

(8)提升高度:从底层端站到顶层端站楼面之间的垂直距离。

(9)平层区:轿厢停靠站上方和(或)下方的一段有限区域,在此区域内可以用平层装置使轿厢运行达到平层要求。

(10)乘客人数:电梯设计限定的最多乘客(包括司机在内)。

(11)安全触板:在轿门关闭过程中,当有乘客或障碍物触及时,轿门重新打开的机械门保护装置。

(12)电梯司机:经过专门训练、有合格操作证的、授权操纵电梯的人员。

(13)层门:设置在层站入口的门。

(14)自动门:靠动力开关的轿门或层门。

(15)轿厢门:设置在轿厢入口的门。

(16)操纵箱:设置在轿厢内,用开关、按钮操纵轿厢运行的电气装置。

(17)地坎:轿厢或层门入口处出入轿厢的带槽金属踏板。

(18)超载装置:当轿厢超过额定载重量时,能发出警告信号并使轿厢不能运行的安全装置。

(19)底坑:底层端站地板以下的井道部分。

(20)手动门:用人力开关的轿门或层门。

(21)机房:是电梯传动设备的所在地。机房内装有电梯的曳引机、导向轮、控制柜、选层器、限速器,对低速电梯还有极限开关等电梯配套的机电和控制设备等。

思考题

1. 电梯的主要参数是什么?
2. 电梯有哪些基本规格?
3. 电梯如何分类?
4. 电梯应在什么工作条件下运行?

第二章 电梯结构原理与安全保护装置

第一节 电梯的基本结构

电梯是机、电一体化产品,其机械部分好比是人的躯体,电气部分相当于人的神经,控制部分相当于人的大脑。各部分通过控制部分调度,密切协同,使电梯可靠运行。

尽管电梯的品种繁多,但目前使用的电梯绝大多数为电力拖动、钢丝绳曳引式结构,图2-1所示是电梯的基本结构剖视直观图。

从空间位置使用看,电梯由4个部分组成:依附建筑物的机房和井道;运载乘客或货物的空间——轿厢;乘客或货物出入轿厢的地点——层站。即机房、井道、轿厢、层站。

从电梯各构件部分的功能上看,可分为8个部分:曳引系统、导向系统、轿厢、门系统、重量平衡系统、电力拖动系统、电气控制系统和安全保护系统,见表2-1。

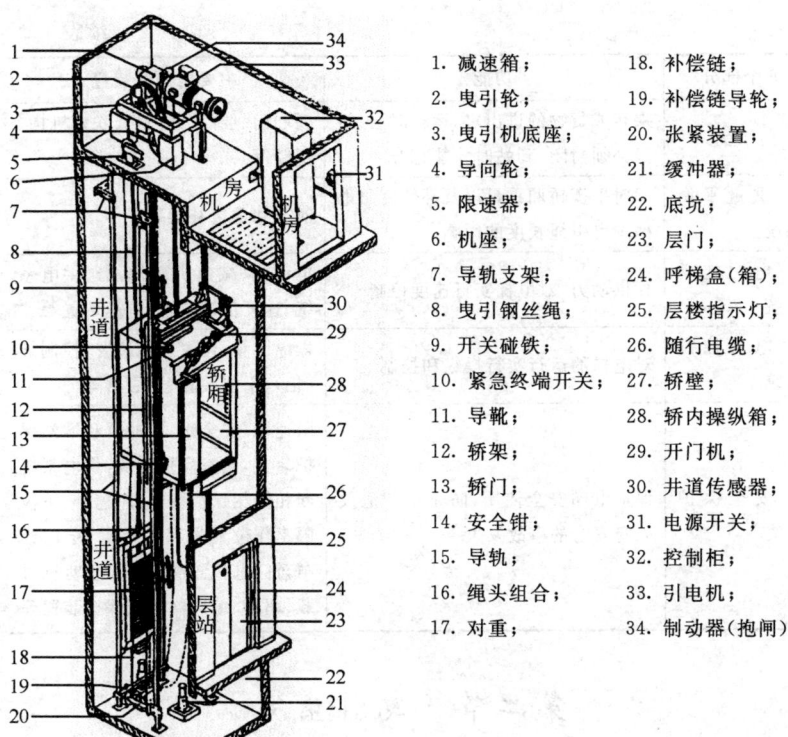

1. 减速箱；
2. 曳引轮；
3. 曳引机底座；
4. 导向轮；
5. 限速器；
6. 机座；
7. 导轨支架；
8. 曳引钢丝绳；
9. 开关碰铁；
10. 紧急终端开关；
11. 导靴；
12. 轿架；
13. 轿门；
14. 安全钳；
15. 导轨；
16. 绳头组合；
17. 对重；
18. 补偿链；
19. 补偿链导轮；
20. 张紧装置；
21. 缓冲器；
22. 底坑；
23. 层门；
24. 呼梯盒(箱)；
25. 层楼指示灯；
26. 随行电缆；
27. 轿壁；
28. 轿内操纵箱；
29. 开门机；
30. 井道传感器；
31. 电源开关；
32. 控制柜；
33. 引电机；
34. 制动器(抱闸)

图 2-1 电梯的基本结构剖视直观图

表 2-1 电梯 8 个部分的功能及其构件与装置

8 个部分	功能	主要构件及装置
1. 曳引系统	输出与传递动力，驱动电梯运行	曳引机、曳引轮及钢丝绳，导向轮、反绳轮等
2. 导向系统	限制轿厢、对重的活动自由度，使轿厢和对重只能沿着导轨运动	轿厢的导轨、对重的导轨及其导轨架等
3. 轿厢	运载乘客和(或)货物的组件	轿厢架和轿厢体

续表

8个部分	功能	主要构件及装置
4. 门系统	乘客或货物的进出口,运行时层、轿门必须封闭,到站时才能打开	轿厢门、层门、开门机、联动机构、门锁等
5. 重量平衡系统	相对平衡轿厢重量以及补偿高层电梯中曳引绳长度的影响	对重和重量补偿装置等
6. 电力拖动系统	提供动力,对电梯实行速度控制	电动机、减速机、制动器、供电系统、速度反馈装置、调速装置等
7. 电气控制系统	对电梯的运行实行操纵和控制	操纵装置、位置显示装置、控制屏(柜)、平层装置、选层器等
8. 安全保护系统	保证电梯安全使用,防止一切危及人身安全的事故发生	限速器、安全钳、缓冲器和端站保护装置,超速保护装置,供电系统断相错相保护装置,超越上、下极限工作位置的保护装置,层门锁与轿门电气连锁装置,电动机过载、超速、编码器断线保护装置等

第二节 曳引系统

一、曳引驱动工作原理

曳引式电梯曳引驱动关系如图 2-2 所示。安装在机房的电动机与减速箱、制动器等组成曳引机,是曳引驱动的动力。曳引钢丝绳通过曳引轮一端连接轿厢,一端连接对重装置。为使井道中的轿厢与对重各自沿井道中导轨运行而不相蹭,曳引机上放置一导向轮使二者分开。轿厢与对重装置的重力使曳引钢丝绳压紧在曳引轮槽内,产生摩擦力。这样,电动机转动带动曳引轮转动,驱动钢丝绳,拖动轿厢和对重做相对运动,即轿厢上升,对重下降;对重上升,轿厢下降。于是,轿厢在井道中沿导轨上下往复运行,即电梯执行垂直运送任务。

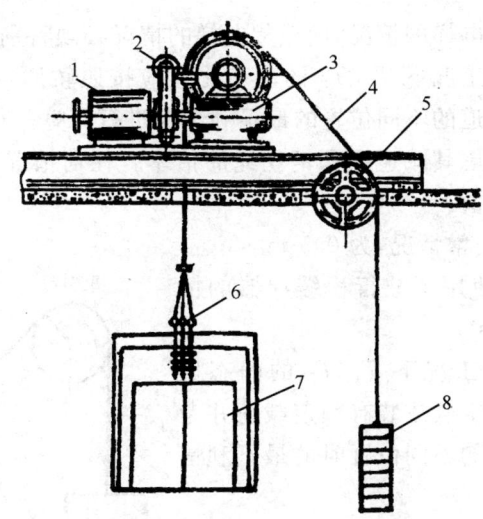

图 2-2 电梯曳引传动系统
1—电动机；2—制动器；3—减速器；4—曳引绳；5—导向轮；
6—绳头组合；7—轿厢；8—对重

轿厢与对重能做相对运动是靠曳引绳和曳引轮间的摩擦力来实现的,这种力就叫曳引力或驱动力。

运行中电梯轿厢的载荷和轿厢的位置以及运行方向都在变化。为使电梯在各种情况下都有足够的曳引力,国家标准 GB 7588—2003《电梯制造与安装安全规范》规定,曳引力计算须用下面的公式：

$T_1/T_2 \leqslant e^{f\alpha}$,用于轿厢装载和紧急制动工况；

$T_1/T_2 \leqslant e^{f\alpha}$,用于轿厢滞留工况(对重压在缓冲器上,曳引机向上方向旋转)。

式中,f——当量摩擦系数；

α——钢丝绳在绳轮上的包角；

T_1、T_2——曳引轮两侧曳引绳中的拉力。

T_1/T_2 的静态比值应按照轿厢装有 125% 额定载荷并考虑轿厢在井道的不同位置时的最不利情况进行计算。如果载荷的 125% 系数未包括载货电梯的情况,则载货电梯的情况必须特别对待。

紧急制动工况下 T_1/T_2 的动态比值应按照轿厢空载或装有额定载荷时在井道的不同位置的最不利情况进行计算。每一个运动部件都应正确考虑其减速度和钢丝绳的倍率。任何情况下,减速度不应小于下面数值:

(1)对于正常情况,为 $0.5\ \text{m/s}^2$;

(2)对于使用了减行程缓冲器的情况,为 $0.8\ \text{m/s}^2$。

轿厢滞留工况下 T_1/T_2 的静态比值应按照轿厢空载或装有额定载荷并考虑轿厢在井道的不同位置时的最不利情况进行计算。

从图 2-3 的曳引示意图可以看出,曳引力与下述几个因素有关:

①轿厢与对重的重量平衡系数。

②曳引轮绳槽形状与曳引轮材料当量摩擦系数。

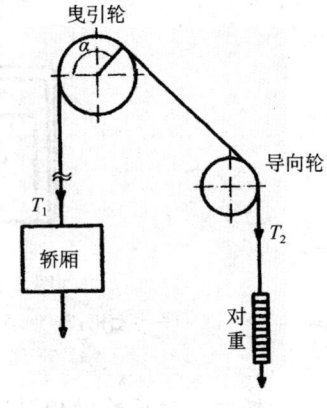

图 2-3 曳引示意图

③曳引绳在曳引轮上的包角。

(一)平衡系数

曳引力是轿厢与对重的重力共同通过曳引绳作用于曳引轮绳槽上产生的。对重是曳引绳与曳引轮绳槽产生摩擦力的必要条件,有了它,就易于使轿厢重量与有效载荷的重量保持平衡,这样在电梯运行时可以降低传动装置功率消耗。因此对重又称平衡重,相对于轿厢悬挂在曳引轮的另一端,起到平衡轿厢重量的作用。

当轿厢侧重量与对重侧重量相等时,即 $T_1=T_2$,若不考虑钢丝绳重量的变化,曳引机只需克服各种摩擦阻力就能轻松的运行。但实际上轿厢的重量随着货物(乘客)的变化而变化,因此固定的对重不可能在各种载荷下都完全平衡轿厢的重量。因此对重的轻重匹配将直接影响到曳引力和传动功率。

为使电梯在满载和空载情况下,其负载转矩绝对值基本相等,规定平衡系数(一般以 K 表示)为 $0.4\sim0.5$,即对重平衡 $40\%\sim50\%$ 额定载荷。故对重侧的总重量应等于轿厢自重加上 $0.4\sim0.5$ 倍的额定载重量,此处 $0.4\sim0.5$ 即为平衡系数。

当 $K=0.5$ 时,电梯半载,其负载转矩为零,轿厢与对重完全平衡,电梯处于最佳工作状态。而电梯负载自空载至额定载荷(满载)之间变化时,反映在曳引轮上的转矩变化只有 $\pm50\%$,减少了能量消耗,降低了曳引机的负担。

(二)当量摩擦系数 f 与绳槽形状

曳引绳与曳引轮以不同形状绳槽接触时,所产生的摩擦力是不同的,摩擦力越大则曳引力越大。从目前使用情况来看有 3 种:半圆槽、V 形槽、带切口半圆槽,如图 2-4 所示。

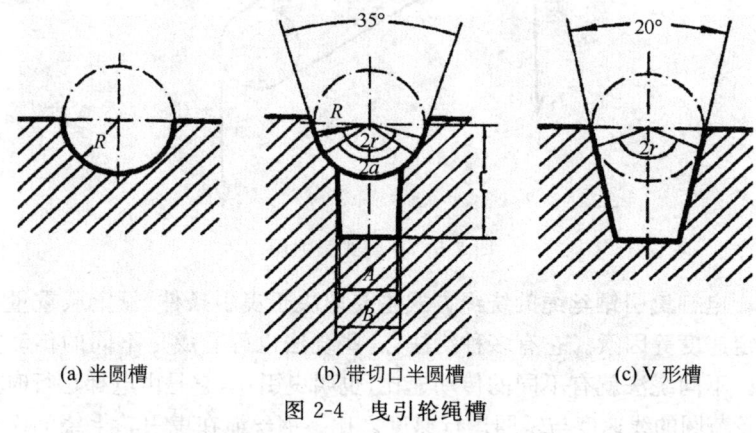

(a) 半圆槽　　(b) 带切口半圆槽　　(c) V 形槽

图 2-4　曳引轮绳槽

半圆槽的 f 最小,用于复绕式曳引轮。

V 形槽的 f 最大,并随着开口角的减小而增大,但同时磨损也增大,以致曳引绳磨损并卡绳。随着磨损 V 形槽会趋于半圆槽。

带切口半圆槽的 f 介于二者之间,而且基本不随磨损而变化,目前应用较广。

钢丝绳在绳槽内的润滑也直接影响摩擦系数,但注意只可用绳内油芯的轻微润滑,不可在绳外涂润滑油,以免降低摩擦系数,造成打滑现象,降低曳引力。

(三)曳引绳在曳引轮上的包角

包角是指曳引钢丝绳经过绳槽内所接触的弧度,用 α 表示,包角越大,摩擦力越大,曳引力也随之增大,提高了电梯的安全性。增大包角目前主要采用两种方法:一是采用 2∶1 的曳引比,使包角增至 180°;另一种是复绕式,如图 2-5 所示。

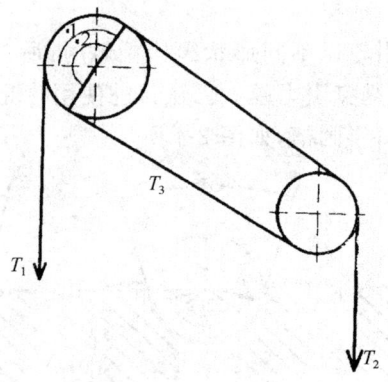

图 2-5 复绕式张力图

电梯曳引钢丝绳的绕绳方式主要取决于曳引条件、额定载重量和额定速度等因素。它有多种绕法,这些绕法也可看成是不同的传动方式。不同绕法就有不同的传动速比,也叫曳引比,它是由电梯运行时曳引轮节圆的线速度与轿厢运行速度之比。钢丝绳在曳引轮上绕的次数可分单绕和复绕,单绕时钢丝绳在曳引轮上只绕过一次,其包角小于或等于 180°,而复绕时钢丝绳在曳引轮上绕过两次,其包角大于 180°。

常用的绕法有以下 3 种。

(1)1∶1 绕法,指曳引轮的线速度与轿厢升降速度之比为 1∶1,

如图 2-6(a)所示。

(2)2∶1 绕法,指曳引轮的线速度与轿厢升降速度之比为 2∶1,如图 2-6(b)所示。

(3)3∶1 绕法,指曳引轮的线速度与轿厢升降速度之比为 3∶1,如图 2-6(c)所示。

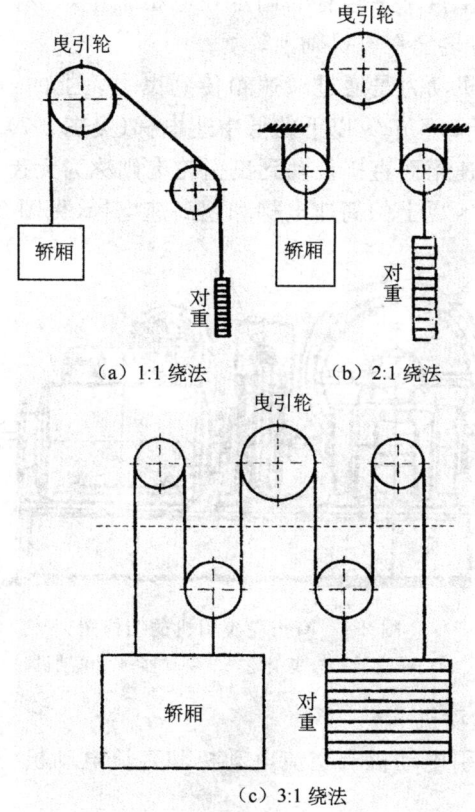

图 2-6 各种绕法示意图

二、曳引机

电梯曳引机是电梯的动力设备,又称电梯主机,功能是输送与传递动力使电梯运行。它由电动机、制动器、联轴器、减速箱、曳引轮、机架和导向轮及附属盘车手轮等组成。导向轮一般装在机架或机架下的承重梁上。盘车手轮有的固定在电机轴上,也有的平时挂在附近墙上,使用时再套在电机轴上。

如果电动机动力是通过减速箱传到曳引轮上的,称为有齿轮曳引机,一般用于 2.5 m/s 以下的低中速电梯(见图 2-7)。若电动机的动力不通过减速箱而直接传动到曳引轮上则称为无齿轮曳引机。一般用于 2.5 m/s 以上的高速电梯和超高速电梯(见图 2-8)。

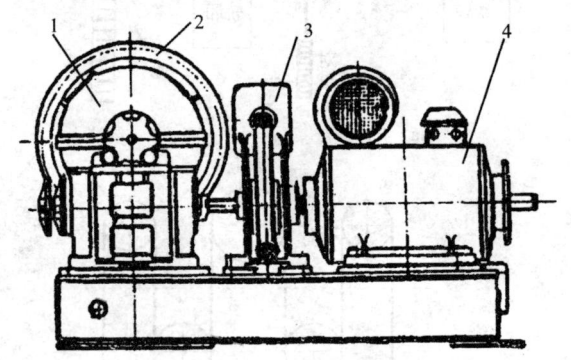

图 2-7 有齿轮曳引机的结构图
1—减速器;2—曳引轮;3—制动器;4—电动机

1. 曳引电动机

电梯的曳引电动机有交流电动机和直流电动机,是驱动电梯运行的动力源。

电梯是典型的位能性负载,根据其工作性质,电梯曳引电动机应具有以下特点。

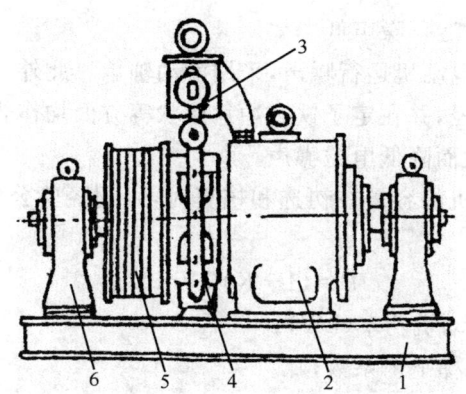

图 2-8 无齿轮曳引机的结构图
1—底座;2—直流电动机;3—电磁制动器;4—制动器抱闸;5—曳引轮;6—支座

(1)能频繁地启动和制动

电梯在运行中每小时启、制动次数常超过 100 次,最高可达到每小时 180~240 次,因此,电梯专用电动机应能够频繁启、制动,其工作方式为断续周期性工作制。

(2)启动电流较小

在电梯用交流电动机的鼠笼式转子的设计与制造上,虽然仍采用低电阻系数材料制作导条,但是转子的短路环却用高电阻系数材料制作,使转子绕组电阻有所提高。这样,一方面降低了启动电流,使启动电流降为额定电流的 2.5~3.5 倍左右,从而增加了每小时允许的启动次数;另一方面,由于只是转子短路端环电阻较大,利于热量直接散发,使电动机的温升有所下降,而且保证了足够的启动转矩,一般为额定转矩的 2.5 倍左右。不过,与普通交流电动机相比,其机械特性硬度和效率有所下降,转差率也提高到 0.1~0.2。机械特性变软,使调速范围增大,而且在堵转力矩下工作时,也不致烧毁电机。

(3)电动机运行噪声低

为了降低电动机运行噪声,采用滑动轴承。此外,适当加大定子铁芯的有效外径,并在定子铁芯冲片形状等方面均作合理处理,以减小磁通密度,从而降低电磁噪声。

曳引电动机的容量在初选和核算时,可用经验公式按静功率计算,即

$$P=(1-K)QV/102\eta$$

式中,P——电动机功率(kW);

K——电梯平衡系数;

Q——电梯额定载重量(kg);

V——电梯额定速度(m/s);

η——机械传动总效率。

2. 制动器

制动器是电梯曳引机中最重要的安全装置。它能使运行的电梯轿厢和对重在断电后立即停止运行,并在任何停车位置停止不动。制动器对主动转轴起制动作用,能使工作中的电机停止运行。它安装在电动机与减速器之间,即在电动机轴与蜗轮轴相连的制动轮处(如是无齿轮曳引机,制动器安装在电动机与曳引轮之间)。

(1)电梯上应用的制动器及基本要求

电梯采用的是机—电摩擦型常闭式制动器,如图 2-9 所示。所谓常闭式制动器,指机械不工作时制动器制动,机械运转时松闸。电梯制动时,依靠机械力的作用,使制动带与制动轮摩擦而产生制动力矩;电梯运行时,依靠电磁力使制动器松闸,因此又称电磁制动器。根据制动器产生电磁力的线圈工作电流,分为交流电磁制动器和直流电磁制动器。由于直流电磁制动器制动平稳,体积小,工作可靠,电梯多采用直流电磁制动器。因此这种制动器的全称是常闭式直流电磁制动器。

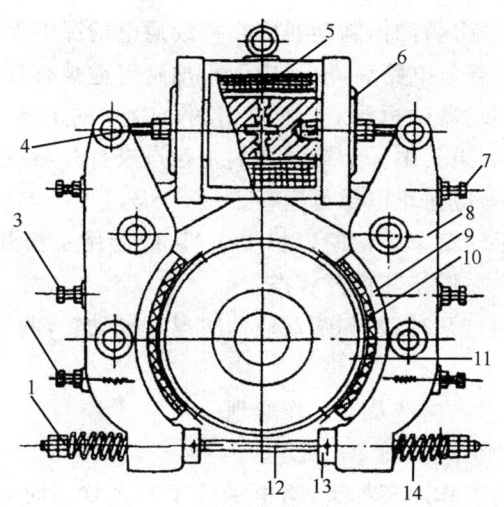

图 2-9 常见的电磁制动器

1—制动弹簧调节螺母;2—制动瓦块定位弹簧螺栓;3—制动瓦块定位螺栓;
4—倒顺螺母;5—制动电磁铁;6—电磁铁芯;7—定位螺栓;8—制动臂;
9—制动瓦块;10—制动衬料;11—制动轮;12—制动弹簧螺杆;
13—手动松闸凸轮(缘);14—制动弹簧

制动器是保证电梯安全运行的基本装置,对电梯制动器的要求是:能产生足够的制动力矩,而且制动力矩大小应与曳引机转向无关;制动时对曳引电动机的轴和减速箱的蜗杆轴不应产生附加载荷;当制动器松闸或制动时,要求平稳,而且能满足频繁启、制动的工作要求;制动器应有足够的刚性和强度;制动带有较高的耐磨性和耐热性;结构简单、紧凑、易于调整;应有人工松闸装置;噪声小。

制动器功能基本要求如下。

①当电梯动力电源失电或控制电路电源失电时,制动器能立即进行制动。

②当轿厢载有125%额定载荷并以额定速度运行时,制动器应能使曳引机停止运转。

③电梯正常运行时,制动器应在持续通电情况下保持松开状态;断开制动器的释放电路后,电梯应无附加延迟地被有效制动。

④切断制动器的电流,至少应用两个独立的电气装置来实现。电梯停止时,如果其中一个接触器的主触点未打开,最迟到下一次运行方向改变时,应防止电梯再运行。

⑤装有手动盘车手轮的电梯曳引机,应能用手松开制动器并需要一个持续力去保持其松开状态。

⑥制动器打开时,两侧闸瓦应同时离开制动轮,两侧间隙均不大于 0.7 mm。

(2)制动器的构造及其工作原理

制动器的构造如图 2-9 所示。

制动器的工作原理如下:当电梯处于静止状态时,曳引电动机、电磁制动器的线圈中均无电流通过,这时因电磁铁芯间没有吸引力、制动瓦块在制动弹簧压力作用下,将制动轮抱紧,保证电机不旋转;当曳引电动机通电旋转的瞬间,制动电磁铁中的线圈同时通上电流,电磁铁芯迅速磁化吸合,带动制动臂使其制动弹簧受作用力,制动瓦块张开,与制动轮完全脱离,电梯得以运行;当电梯轿厢到达所需停站时,曳引电动机失电,制动电磁铁中的线圈也同时失电,电磁铁芯中的磁力迅速消失,铁芯在制动弹簧的作用下通过制动臂复位,使制动瓦块再次将制动轮抱住,电梯停止工作。

(3)常见制动器的类型

①图 2-9 所示是一种常见的电磁制动器。电磁铁的铁芯通过连接螺栓与制动臂铰接,松开螺栓上的锁紧螺母,转动铁芯,就能改变铁芯在线圈套中的位置,用于调整吸合后的铁芯底部间隙。

制动瓦用销轴铰接在制动臂上,瓦块上下等重,因此在制动臂上设有上、下顶定螺钉,松闸后瓦块的活动量由顶定螺钉调定。

制动弹簧的压缩量由连杆螺栓两端的螺母调节,在螺栓内侧设有挡块,用扳手将螺栓转动 90°,挡块上的凸缘将制动臂向两侧顶开,可达到手松闸的目的。

这种制动器由于采用双弹簧,为保证两侧闸瓦对动轮的压力一致,应将压缩量调得一致。

②图 2-10 所示是卧式电磁制动器。闸瓦采用球面连接,因此无需设顶定螺钉;采用单条制动弹簧,调节方便。将弹簧螺栓转动 90°,可达到松闸目的。

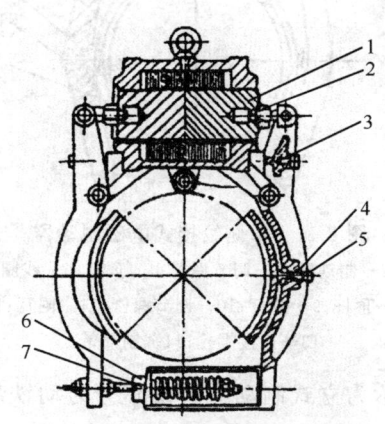

图 2-10　卧式电磁制动器

1—铁芯;2—锁紧螺母;3—限位螺钉;4—连接螺栓;
5—碟形弹簧;6—偏斜套;7—制动弹簧

③图 2-11 所示是单侧铰接式电磁制动器。将制动臂的铰点放在下面,弹簧置于上部,使压力的调整比较方便。由于铰点在下面,松闸时需将制动臂顶开,因此两块铁芯底部的顶杆均穿过对方,当铁芯吸合时,顶杆向前运动,将制动臂顶开。

这种结构的制动器,铁芯外侧端部制有凸缘,凸缘与端盖的间隙(一般用 α 表示),即为单侧角芯的吸合行程。当制动带在使用中磨损,松闸间隙过大时,只要放松调节螺栓,使间隙 α 减小,便能达到调整松闸间隙的目的。铁芯在吸合后的底部间隙是固定的,无需调整。

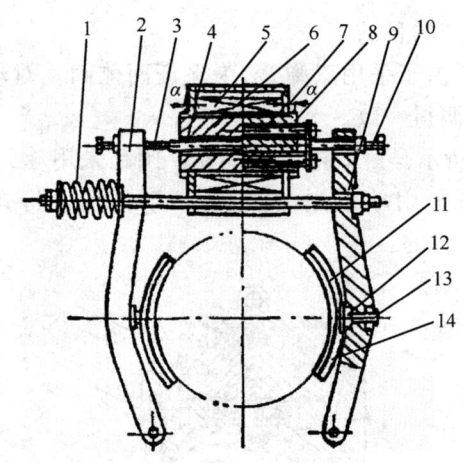

图 2-11 单侧铰接式电磁制动器
1—制动弹簧；2—制动臂；3—调节螺栓；4—顶杆；5—线圈；6—左铁芯；
7—右铁芯；8—顶杆；9—拉杆；10—调节螺栓；11—闸瓦；12—球面头；
13—连接螺栓；14—制动带

④图 2-12 所示为立式制动器。铁芯分为动铁芯和定铁芯，上部的是动铁芯。铁芯吸合时，动铁芯向下运动，顶杆推动转臂转动，将两侧制动臂推开而达到松闸目的。

⑤图 2-13 为内胀式制动器外形立面示意图。

3. 减速器

减速器用于有齿轮曳引机上，安装在曳引电动机转轴和曳引轮转轴之间。

(1) 按传动的方法，减速器分两种：蜗轮蜗杆传动-——蜗杆减速器；斜齿轮传动——齿轮减速器。其中，齿轮减速器效率高，但结构不够紧凑。

蜗杆减速器如图 2-14 所示。

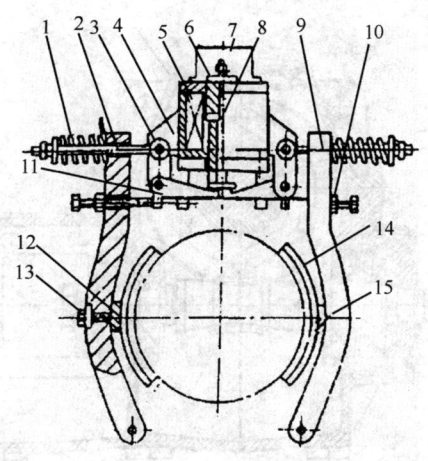

图 2-12 立式制动器
1—制动弹簧；2—拉杆；3—螺钉；4—电磁铁座；5—线圈；
6—动铁芯；7—罩盖；8—顶杆；9—制动臂；10—顶杆螺栓；
11—转臂；12—球面头；13—连接螺钉；14—闸瓦；15—制动材料

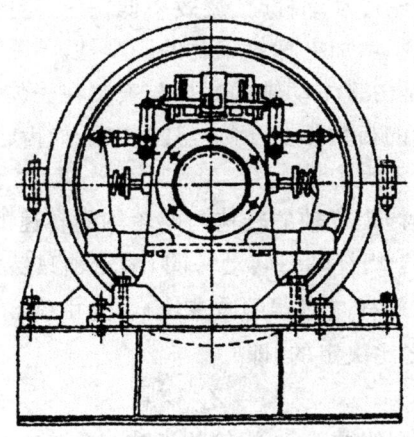

图 2-13 内胀式制动器

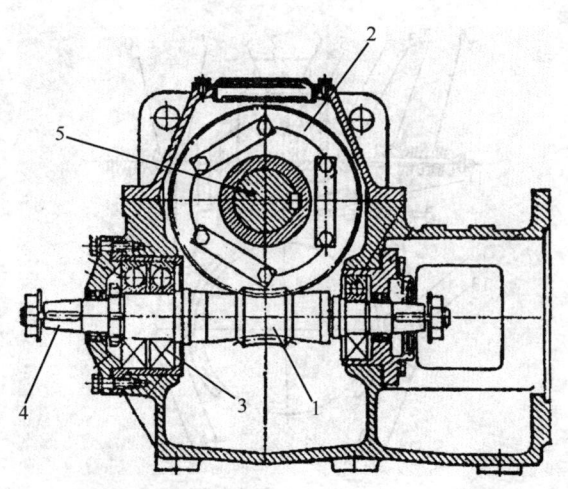

图 2-14 蜗杆减速器(立面剖视图)
1—蜗杆；2—蜗轮；3—滚动轴承；4—输入轴；5—输出轴

蜗杆减速器的特点是：传动比（也称为减速比）大，噪声小、传动平稳，而且当由蜗轮传动蜗杆时，反效率低，有一定的自锁能力；可以增加电梯制动力矩，增加电梯停车时的安全性。

蜗杆减速器是由带主动轴的蜗杆与安装在壳体轴承上带从动轴的蜗轮组成，蜗轮的齿数不少于 30，其效率不如齿轮减速器，但其结构紧凑，外形尺寸不大。

减速器工作时，蜗杆轴的转速与蜗轮轴的转速的比，称为减速器的减速比 $i_{减}$。由于蜗杆轴每转动一圈，蜗轮轴只转过蜗杆的螺线数（也称头数），所以蜗杆减速器的减速比 $i_{减}$ 是由蜗轮的齿数 $Z_{轮}$ 与蜗杆的螺线数 $Z_{杆}$ 之比决定的，即

$$i_{减} = Z_{轮}/Z_{杆}$$

例 2-1：蜗杆螺线数为 1，蜗轮的齿数为 40。

那么其减速比 $i_{减} = 40/1 = 40:1$

也就是说当蜗杆轴每转动一圈，蜗轮轴只转过 1/40 圈(周)，即

蜗杆轴转动40圈时,蜗轮轴才转过一圈(周),因为蜗杆轴与电动机连在一起,显然地这样就能使电动机的转速经过减速器后从快速渐变为慢速。

例2-2:蜗杆螺线数(头数)为2,蜗轮的齿数为64。

其减速比 $i_{减}=64/2=32:1$

即蜗杆轴每转一圈,而蜗轮轴只转1/32圈。

减速器中的蜗杆与蜗轮的啮合外形如图2-15所示。

(2)按蜗杆蜗轮的相对位置,减速器分为上置式和下置式。

①在减速器内,凡蜗杆安装在蜗轮上面的称为蜗杆上置式。其特点是:减速箱内蜗杆、蜗轮齿的啮合面不易进入杂物,安装维修方便,但润滑性较差。

②在减速器内,凡蜗杆安装在蜗轮下面的称为蜗杆下置式。其特点是:润滑性能好,但对减速器的密封要求高,否则很容易向外渗油。

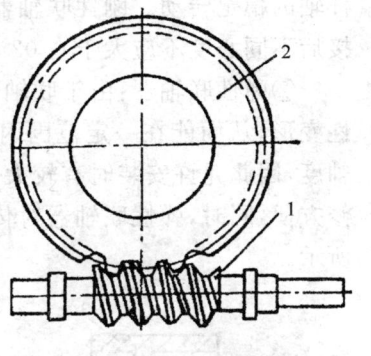

图2-15 蜗杆与蜗轮啮合
1—蜗杆;2—蜗轮

③润滑油的加入量

减速器对蜗轮蜗杆采用浸浴润滑方式,即在箱内加入润滑油。

减速器注入的油量是关系到润滑是否正常的重要因素,一般对减速器注入的油量是:当蜗杆在蜗轮下面时,注入减速器内的油,应保持在蜗杆中线以上,啮合面以下;当蜗杆在蜗轮上面时,蜗轮的浸入油的深度在两个齿高为宜。减速箱上均有油针或油镜,可用来检查注油量。对于油针,应使油面位于两条刻线之间;对于油镜,油应位于中线为宜。

4. 联轴器

联轴器是连接曳引电动机轴与减速器蜗杆轴的装置,用以传递由一根轴延续到另一根轴上的扭矩,也是制动器装置的制动轮,位于曳引电动机轴端与减速器蜗杆轴端的会合处。

电动机轴与减速器蜗杆轴是在同一轴线上,当电动机旋转时带动蜗杆轴也旋转,但是两者是两个不同的部件,需要用合适的方法把它们连接在同一轴线上,保持一定要求的同轴度。

联轴器有以下两种:

①刚性联轴器。对于蜗杆轴采用滑动轴承的结构,一般采用刚性联轴器,因为此时轴与轴承的配合间隙较大,刚性联轴器有助于蜗杆轴的稳定转动。刚性联轴器要求两轴之间有高度的同心度,在连接后不同心度不应大于 0.02 mm,如图 2-16 所示。

②弹性联轴器:由于联轴器中的橡胶块在传递力矩时会发生弹性变形,从而能在一定范围内自动调节电动机轴与蜗杆轴之间的同轴度,因此允许安装时有较大的同心度(允差 0.1 mm),使安装与维修方便,同时,弹性联轴器对传动中的振动具有减缓作用,如图 2-17 所示。

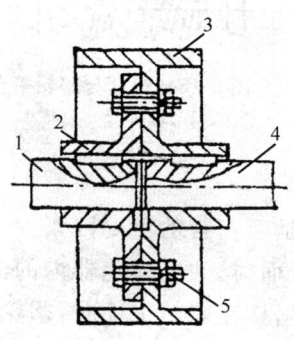
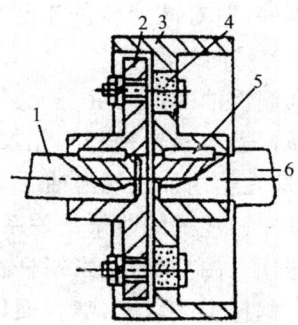

图 2-16 刚性联轴器
1—电动机轴;2—左半联轴器;
3—右半联轴器;4—蜗杆轴;5—螺栓

图 2-17 弹性联轴器
1—电动机轴;2—左半联轴器;
3—右半联轴器;4—橡胶块;
5—键;6—蜗杆轴

5. 曳引轮

曳引轮是曳引机上的绳轮,也称曳引绳轮或驱绳轮,是电梯传递曳引动力的装置,利用曳引钢丝绳与曳引轮缘上绳槽的摩擦力传递动力,装在减速器中的蜗轮轴上。如是无齿轮曳引机,装在制动器的旁侧,与电动机轴、制动器轴在同一轴线上。

(1)曳引轮的材料及结构要求

①材料及工艺要求:由于曳引轮要承受轿厢、载重量、对重等装置的全部动静载荷,因此要求曳引轮强度大、韧性好、耐磨损、耐冲击,所以在材料上多用 QT 60—2 球墨铸铁。为了减少曳引钢丝绳在曳引轮绳槽内的磨损,除了选择合适的绳槽槽型外,对绳槽的工作表面的粗糙度、硬度应有合理的要求。

②曳引轮的直径:曳引轮的直径要大于钢丝绳直径的 40 倍。在实际中,一般都取 45~55 倍,有时还大于 60 倍。为了减小曳引机体积增大,减速器的减速比增大,因此其直径大小应适宜。

③曳引轮的构造型式:整体曳引轮由两部分构成,中间为轮筒(鼓),外面制成轮圈式绳槽切削在轮圈上,外轮圈与内轮筒套装,并用铰制螺栓连接在一起成为一个曳引轮整体。其曳引轮的轴就是减速器内的蜗轮轴。

(2)曳引轮绳槽形状

曳引驱动电梯运行的曳引力是依靠曳引绳与曳引轮绳槽之间的摩擦力产生的,因此曳引轮绳槽的形状直接关系到曳引力的大小和曳引绳的寿命。曳引轮绳槽的形状,常用的有半圆槽、带切口的半圆槽(又称凹形槽)、V 形槽,如图 2-4 所示。

①半圆槽:半圆槽与曳引绳接触面积大,曳引绳变形小,有利于延长曳引绳和曳引轮寿命。但这种绳槽的当量摩擦系数小,因此曳引能力低。为了提高曳引能力,必须用复绕曳引绳的方法,以增大曳引绳在曳引轮上的包角,多用在全绕式高速无齿轮曳引机直流电梯上。半圆槽还广泛用于导向轮、轿顶轮、对重轮的绳槽。

②凹形槽(带切口的半圆槽):它是在半圆槽的底部切制一条楔形槽,曳引绳与绳槽接触面积减小,比压增大,曳引绳在楔形槽处发生弹性变形,部分楔入沟槽中,使当量摩擦系数大为增加,一般为半圆槽的 1.5~2 倍,使曳引能力增加。这种槽形既使当量摩擦系数大,又使曳引绳磨损小,特别是当槽形磨损,曳引绳中心下移,由于预制的楔形槽的作用,有当量摩擦系数基本保持不变的优点,这种槽形在电梯曳引轮上应用最多。

③V 形槽:V 形槽的两侧,对曳引绳产生很大的挤压力,曳引绳与绳槽的接触面积小,接触面的单位压力(比压)大,曳引绳变形大,曳引绳与绳槽间具有较高的当量摩擦系数,可以获得很大的驱动力。但这种绳槽的槽形和曳引绳的磨损都较快,而且当槽形磨损,曳引绳中心下移时,槽形就接近带切口的半圆槽,当量摩擦系数很快下降。因此这种槽形的范围受到限制,只在轻载、低速电梯上应用。

(3)曳引轮直径等参数与电梯运行速度的关系

电梯的运行速度与曳引机减速比、电动机转速、曳引比、曳引轮直径等参数有关,通常按下式计算:

$$v_0 = \pi D N / 60 i_曳 \, i_减$$

式中,v_0——电梯轿厢运行速度(m/s);

D——曳引轮直径(m);

N——电动机转速(r/min);

$i_曳$——曳引比,与曳引绳绕法有关;

$i_减$——曳引机减速器减速比。

例 2-3:某电梯曳引轮直径 0.62 m,电动机转速 960 r/min,减速比为 64∶2,曳引比为 2∶1,试求电梯的运行速度。

解:已知 $D=0.62$ m,$N=960$ r/min,$i_减=64/2$,$i_曳=2/1$,代入以上的公式得:

$$v_0 = \pi D N / 60 i_曳 \, i_减 = (3.14 \times 0.62 \times 960)/(60 \times 2/1 \times 64/2) \approx 0.5 \text{ m/s}$$

三、曳引钢丝绳

曳引钢丝绳也称曳引绳,是电梯专用钢丝绳,连接轿厢和对重,并靠曳引机驱动使轿厢升降。它承载着轿厢、对重装置、额定载重量等重量的总和。曳引机在机房穿绕曳引轮、导向轮,一端连接轿厢。另一端连接对重装置(曳引比 1∶1)。

(一)曳引钢丝绳的结构、材料要求

(1)曳引钢丝绳一般为圆形股状结构,主要由钢丝、绳股和绳芯组成,如图 2-18 所示。钢丝是钢丝绳的基本组成件,要求钢丝有很高的强度和韧性(含挠性)。图 2-18(a)为钢丝绳外形,图 2-18(b)、(c)为钢丝绳横截面图(放大)。

(2)钢丝绳股由若干根钢丝捻成,钢丝是钢丝绳的基本强度单元;绳股由钢丝捻成的每股绳直径相同的钢丝绳,股数多,疲劳强度就高。电梯用一般是 6 股(如图 2-18(b)所示)和 8 股(如图 2-18(c)所示)。绳芯是被绳股缠绕的挠性芯棒,通常由纤维剑麻或聚烯烃类(聚丙烯或聚乙烯)的合成纤维制成,能起到支承和固定绳的作用,且能贮存润滑剂。

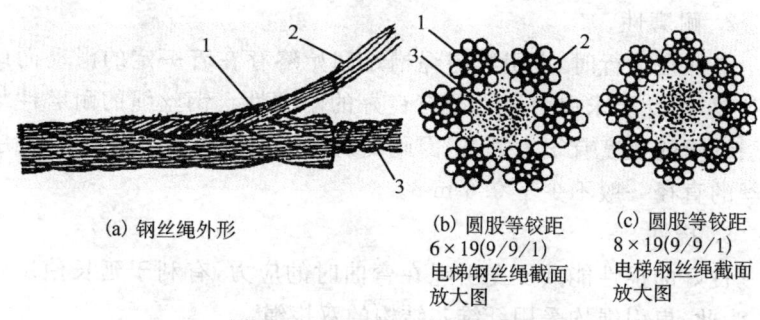

(a) 钢丝绳外形

(b) 圆股等铰距 6×19(9/9/1) 电梯钢丝绳截面放大图

(c) 圆股等铰距 8×19(9/9/1) 电梯钢丝绳截面放大图

图 2-18 圆形股电梯用钢丝绳
1—绳股;2—钢丝;3—绳芯

(3)钢丝绳中的钢丝的材料由含碳量为 0.4%~1% 的优质钢制成,为了防止脆性,材料中的硫、磷等杂质的含量不应大于 0.035%。

（二）曳引钢丝绳的性能要求

由于曳引绳在工作中受反复的弯曲，且在绳槽中承受很高的比压，并频繁承受电梯启、制动时的冲击。因此在强度、耐磨性及挠性方面，均有很高要求。

1. 强度

对曳引绳的强度要求，体现在静载安全系数 $K_{静}$ 上。

$$K_{静} = Pn/T$$

式中，$K_{静}$——钢丝绳的静载安全系数；

P——钢丝绳的最小破断拉力(N)；

n——钢丝绳根数；

T——作用在轿厢侧钢丝绳上的最大静荷力(N)。

T＝轿厢自重＋额定载重＋作用于轿厢侧钢丝绳的最大自重。

对于 $K_{静}$，我国规定大于 12。

从使用安全的角度看，曳引绳强度要求的内容还应加上对钢丝根数的要求。我国规定不少于 3 根。

2. 耐磨性

电梯在运行时，曳引绳与绳槽之间始终存在着一定的滑动而产生摩擦，因此要求曳引绳必须有良好的耐磨性。钢丝绳的耐磨性与外层钢丝的粗度有很大关系，因此曳引绳多采用外粗式钢丝绳，外层钢丝的直径一般不少于 0.6 mm。

3. 挠性

良好的挠性能减少曳引绳在弯曲时的应力，有利于延长使用寿命，为此，曳引绳均采用纤维芯结构的双挠绳。

（三）曳引钢丝绳主要规格参数与性能指标

(1) 主要规格参数：公称直径，指绳外围最大直径。

(2) 主要性能指标：破断拉力、破断拉力总和及公称抗拉强度。

①破断拉力——指整条钢丝绳被拉断时的最大拉力,是钢丝绳中钢丝的组合抗拉能力,取决于钢丝绳的强度和绳中钢丝的填充率。

②破断拉力总和——钢丝在未被缠绕前抗拉强度的总和。但钢丝绳一经缠绕成绳后,由于弯曲变形,使其抗拉强度有所下降,因此两者间关系有一定比例。

$$破断拉力 = 破断拉力总和 \times 0.85$$

③钢丝绳公称抗拉强度——指单位钢丝绳截面积的抗拉能力,单位 MPa。

钢丝绳公称抗拉强度 = 破断拉力总和/钢丝绳截面积总和

(四)曳引钢丝绳的标记方法及有关技术数据

1. 标记方法

电梯钢丝绳的标记按 GB 8903—2005 方法确定。如结构为 8×19 西鲁式,绳芯为纤维芯,公称直径为 13 mm,钢丝绳公称抗拉强度为 1370/1770(1500)MPa,表面状态光面,双强度配制,捻制方法为右交互捻的电梯钢丝绳标记如下。

电梯钢丝绳:13 NAT 8×19S+FC—1500(双)ZS—GB 8903—2005

2. 有关标记中名词的解释

(1)西鲁式

西鲁式又称外粗式钢丝绳(代号为 S),绳股以一根粗钢丝为中心,周围布以细钢丝,并在两层两条钢丝间的沟槽中多布置一条粗钢丝,内外层钢丝数量相等,粗细不同,由于外层钢丝粗于内层,因此被称为外粗式钢丝绳。这种绳挠性较差,对弯曲半径要求高,其优点是外粗耐磨性好。由于电梯要求钢丝绳具有较高的耐磨性,因此在电梯上应用最广泛。我国电梯用钢丝绳常用西鲁式结构。

钢丝绳结构除了西鲁式外,还有瓦林吞式和填充式。

(2)右交互捻

钢丝绳由于是多股的,因此在股与丝的捻向和捻法有所不同。捻指钢丝在股中或股在绳中的螺旋方向,分为右捻和左捻。

把钢丝绳成股竖起来观察,螺旋线从中心线左侧开始向上、向右旋转的称右捻,如图 2-19 所示。

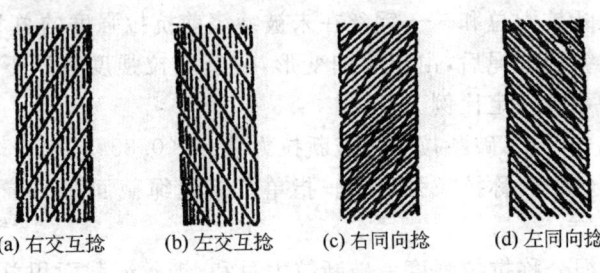

(a) 右交互捻　(b) 左交互捻　(c) 右同向捻　(d) 左同向捻

图 2-19　钢丝绳的捻法

螺线从中心线右侧开始向上、向左旋转的称左捻,如图 2-19 所示。

捻法指股的捻向与绳的捻向相互搭配的方法,有交互捻和同向捻之分。

交互捻:指股的捻向与绳的捻向相反,又称逆捻(或称交绕)。

同向捻:指股的捻向与绳的捻向相同,又称顺捻(或称顺绕)。

交互捻绳由于绳与股的扭转趋势相反,相互抵消,不易松散,在使用中没有扭转打结趋势,可用于悬挂的场合。

同向捻绳的耐磨性挠性比交互捻绳好,但有扭转趋势,容易打结,且易松散,通常用于两端等固定的场所,如牵引式运行小车的牵引绳。

电梯是以悬挂式使用钢丝绳的,因此必须使用交互捻绳,一般为右交互捻。

(五)曳引钢丝绳的固定接头方法

钢丝绳的两端总要与有关的构件连接,如用 1∶1 绕法,绳的一端与轿厢上的绳头板连接,另一端要与对重上的绳头板连接;如采用 2∶1 绕法,钢丝绳的两端都必须引到机房,与机房上的固定支架的绳头板连接固定。

固定钢丝绳端部的装置也叫绳头组合,其方法各种各样,最安全牢靠的方法是用合金固定方法——巴氏合金填充的锥形套筒法,如图 2-20 所示。这种固定法能够使钢丝绳保持 100% 的断裂力。

巴氏合金是一种低熔点合金,主要成分是锡、铅、锑等。对浇注巴氏合金固定曳引绳头,各电梯厂都制订有专门的操作规程,必须严格按规程操作,以免降低曳引绳端熔接部位的机械强度。

绳头组合中的锥形套筒由铸钢制成,小端连接曳引绳头(几条曳引绳就得用几个绳头组合),套内浇注了巴氏合金,将绳头铸在锥套中,拉杆插入轿厢或对重架上梁的绳头板孔中,并套入弹簧,加设垫圈,用双螺母固定,并加上开口销,以防脱落。如图 2-21 所示。

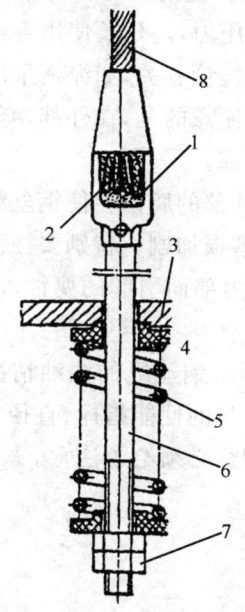

图 2-20 曳引绳端部固定法
1—锥套;2—曳引绳头与巴氏合金熔接;
3—绳头板;4—弹簧垫;5—弹簧;
6—拉杆;7—螺母

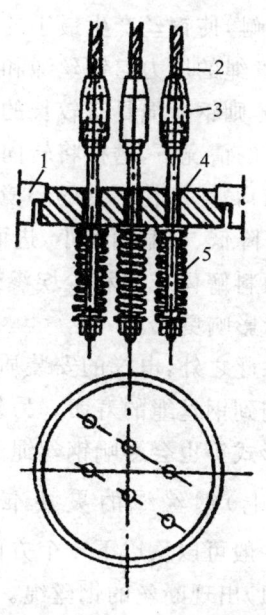

图 2-21 曳引绳头组合装置
1—轿厢上梁;2—曳引绳;
3—锥套;4—绳头板;
5—绳头弹簧

(六)曳引钢丝绳使用寿命影响因素分析

(1)拉伸荷载力。运行中的动态拉力对钢丝绳的寿命影响很大,同时各钢丝绳的荷载不均匀也是影响寿命的重要方面,如果钢丝绳中拉伸荷载变化为20%时,则钢丝绳的寿命变化达30%~200%。

(2)弯曲。电梯运行中,钢丝绳上上下下经历的弯曲次数是相当多的,由于弯曲应力是反复应力,将会引起钢丝绳的疲劳,影响寿命,而弯曲应力与曳引轮的直径成反比,所以曳引轮、反绳轮的直径不能小于钢丝绳直径的40倍。

(3)曳引轮槽形和材质。好的绳槽形状使钢丝绳在绳槽上有良好的接触,使钢丝产生最小的外部和内部压力,能延长使用寿命。另外,钢丝绳的压力与钢丝绳和绳槽的弹性模量有关,如绳槽采用较软的材料,则钢丝绳具有较长的寿命。但应注意的是,在外部钢丝绳应力降低的情况下,磨损将转向钢丝绳的内部。

(4)腐蚀。在不良的环境下,内部和外部的腐蚀会使钢丝绳的寿命显著降低、横截面减小,进而使钢丝绳磨损加剧。特别要注意的是麻质填料解体或水和尘埃渗透到钢丝绳内部而引起的腐蚀,对钢丝绳寿命影响更大。

除此之外,电梯的安装质量、维护好坏、钢丝绳的注油情况等都会影响到钢丝绳的寿命。另外,钢丝绳本身的性能指标、直径大小和捻绕形式等也会影响钢丝绳的寿命。因此,必须给予注意。

(七)钢丝绳的更换准则

一般可以从以下4个方面来考虑:

(1)出现断丝的钢丝绳。

(2)磨损与钢丝绳的断丝同时产生和发展。

(3)表面和内部产生腐蚀,特别是内部产生腐蚀,可以用磁力探伤机检查。

(4)钢丝绳使用的时间已相当长。当然不能用使用频率一概而论,一般安全期最少要有一年,如已经用 3～5 年就值得考虑,要正确地判定时间,还需从定期检查的记录中进行分析判断。

综上所述,如发现钢丝绳有下列情况之一时,应及时更换(以 8 股、每股 19 丝的钢丝绳来讲),并注意,新换的钢丝绳应与原钢丝绳同规格型号。

(1)断丝在各绳股之间均匀分布。在一个捻距内的最大断丝数超过 32 根(约为钢丝绳总丝数的 20%)。

(2)断丝集中在一个或两个绳股中。在一个捻距内的最大断丝数超过 16 根(约为钢丝绳总丝数的 10%)。

(3)曳引绳磨损后其直径小于或等于原钢丝绳公称直径的 90%。

(4)曳引绳表面的钢丝有较大磨损或腐蚀,见表 2-2。

表 2-2 曳引绳表面的钢丝磨损和腐蚀情况

断丝处表面磨损或腐蚀为其直径的比例(%)	在一个捻距内的最大断丝数	
	断丝在绳股之间均匀分布	断丝集中在 1 或 2 个绳股
10	27	14
20	22	11
30	16	8

注:假如磨损与腐蚀量为钢丝直径原始的 40% 及以上时,曳引绳必须报废。

(5)曳引绳锈蚀严重,点蚀麻坑形成沟纹,外层钢丝绳松动,不论断丝数或绳径变细多少,必须更换。

第三节 轿厢与门系统

一、轿厢系统

(一)轿厢总体构造

轿厢是电梯装载乘客或货物的金属结构件,它与装在轿厢上下的四组导靴沿着导轨作垂直升降运行,完成装载任务。轿厢总体构造如图 2-22 所示,轿厢本身主要由轿厢架和轿厢体两部分构成,其中还包括若干个构件和有关的装置。电梯轿厢内部净高度应大于 2 m,但杂物电梯每格高度应小于 1.2 m。

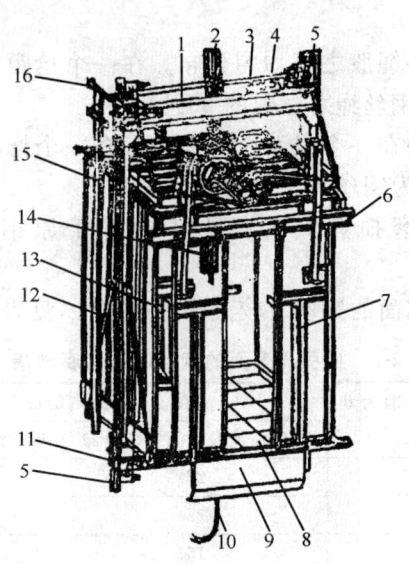

图 2-22 普通客梯轿厢构造

1—轿厢架;2—绳头装置;3—检修开关盒;4—自动门机构;5—导靴;
6—门框;7—中分式板门;8—轿厢;9—护板;10—控制电缆;
11—安全钳的安全嘴;12—拉杆;13—操纵箱;14—门刀;
15—行程开关挡板;16—极限开关挡块

轿厢架是承重结构件,是一个框形金属架,由上、下、立梁和拉条(拉杆)组成。框架的材质选用槽钢或按要求压成的钢板,上、下、立梁之间一般采用螺栓连结。在上、下梁的四角有供安装轿厢导靴和安全钳的平板,在上梁中部下方有供安装轿顶轮或绳头组合装置的安装板,在立梁上(也称侧立柱)留有安装轿厢开关板的支架。

轿厢体形态像一个大箱子,由轿底、轿壁、轿顶及轿门等组成,轿底框架采用规定型号及尺寸的槽钢和角钢焊成,并在上面铺设一层钢板或木板。为使之美观,常在钢板或木板之上再粘贴一层塑料地板。轿壁由几块薄钢板拼合而成。每块构件的中部有特殊形状的纵向筋,目的是增强轿壁的强度,并在每块物体的拼合接缝处,用装饰嵌条遮住。轿内壁板面上通常贴有一层防火塑料板或采用具有图案、花纹的不锈钢薄板等,也有把轿壁填灰磨平后再喷漆的。轿壁间,以及轿壁与轿顶、轿底之间一般采用螺钉连接、紧固。轿顶的结构与轿壁相似,要求能承受一定的载重(因电梯检修工有时需在轿顶上工作),并有防护栏以及根据设计要求设置安全窗。有的轿顶下面装有装饰板(一般客梯有,货梯没有),在装饰板的上面安装照明、风扇。

另外,为防止电梯超载运行,多数电梯在轿厢上设置限超载装置。限超载装置安装方式,有轿底称重式(超载装置安在轿厢底部)及轿顶称重式(超载装置安在轿厢上梁)等。

(二)轿厢架

轿厢架是个承重构架,其钢材的强度和构架的结构,要求都很高,牢固性要好。

1. 轿厢架的构造

不论是哪一种轿厢架的结构型式,一般均由上梁立柱、底梁、拉杆等组成,其基本结构如图 2-23 所示。这些构件一般都采用型钢或专门摺边而成的型材,通过搭接板用螺栓接合,可以拆装,以便进入井道组装。对轿厢架的整体或每个构件的强度要求都较高,要保证电梯运行过程中,万一产生超速而导致安全钳扎住导轨掣停轿厢,或轿厢下坠与底坑内缓冲器相撞

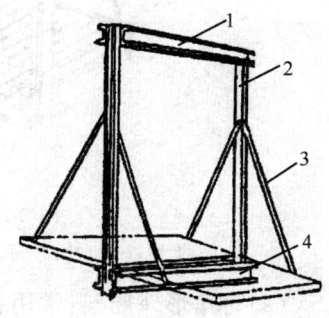

图 2-23 轿厢架的基本构件
1—上梁;2—立柱;3—拉杆;4—底梁

时,不致发生损坏情况。对轿厢架的上梁、下梁还要求在受载时发生的最大挠度应小于其跨度的 1/1000。

2. 轿厢架型式分类

轿厢架有两种基本构造,如图 2-24 和图 2-25 所示。

(1) 对边形轿厢架:适用于具有一面或对面设置轿门的电梯。这种轿厢架受力情况好,当轿厢作用有偏心载荷时,只在轿架支撑范围内发生拉力,或在立柱发生推力,这是大多数电梯所采用的构造方式,如图 2-24 所示。

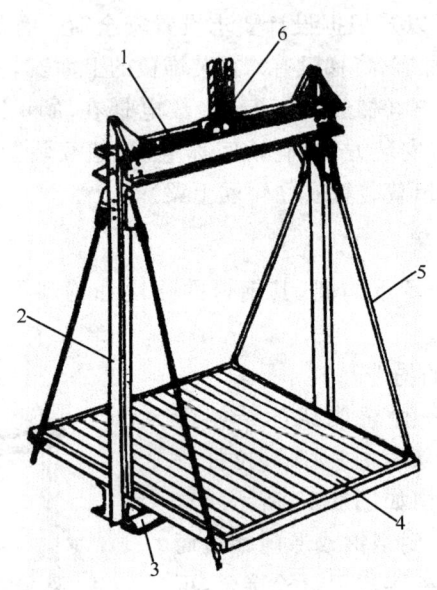

图 2-24 对边形轿厢架

1—上梁;2—立柱;3—底梁;4—轿厢底;5—拉杆;6—绳头组合

(2) 对角形轿厢架:常用在具有相邻两边设置轿门的电梯上,这种轿厢架在受到偏心载荷时各构件不但受到偏心弯曲,而且其顶架还会受到扭转的影响。受力情况较差的,特别是重型电梯,应尽量避免采用,如图 2-25 所示。

第二章 电梯结构原理与安全保护装置

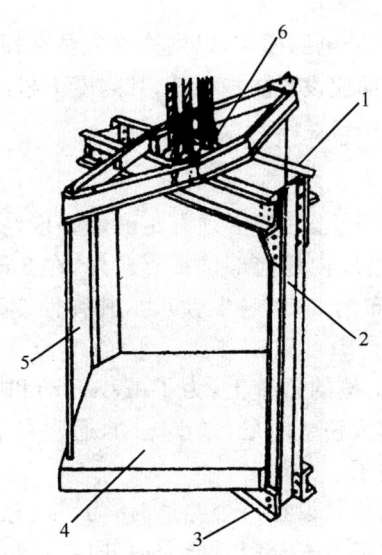

图 2-25 对角形轿厢架
1—上梁;2—立柱;3—底梁;4—轿厢底;5—拉杆;6—绳头组合

(三)轿厢顶的构造和强度要求

由于安装、检修和营救的需要,轿厢顶有时需要站人,我国有关技术标准规定,轿顶要能承受 3 个携带工具的检修人员(每人以 100 kg 计)时,其弯曲挠度应不大于跨度的 1/1000。

此外轿顶上应有一块不小于 $0.12 \, m^2$ 的站人用的净面积,其小边长度至少应为 0.25 m。对于轿内操作的轿厢,轿顶上应设置活板门(即安全窗*),其尺寸应不小于 0.35 m×0.5 m。该活板门应有手动锁紧装置,可向轿外打开,活板门打开后,电梯的电气连锁装置就断开,使轿厢无法开动,以保证安全。同时轿顶还应设置排气风扇以及

---

* 注:一般规定轿顶的安全窗只能在轿顶向外打开,在轿厢内用专用钥匙打开,并规定安全窗只能由专业人员使用。

检修开关、急停开关和电源插座,以供检修人员在轿顶上工作时使用。轿顶靠近对重的一面应设置防护栏杆,其高度不超过轿厢的高度。

(四)轿壁、轿底的强度及使用要求

1. 轿壁

为了保证使用安全,轿壁必须有足够的强度,我国电梯制造与安装安全规范规定,轿厢内任何部位垂直向外,在 5 cm² 圆形或方形面积上,施加均匀分布的 300 N(牛顿)力,其弹性变形不大于 15 mm,且无永久变形。

另外,在靠井道侧的轿壁上,为了减小振动和噪声,要黏吸振动隔音材料。为了增大轿壁阻尼,减小振动,通常在壁板后面粘贴夹层材料或涂上减振黏子。

当两台以上电梯共设在一个井道时,为了应急的需要,可在轿厢内侧壁上开设安全门。安全门只能向内开启,并装有限位开关,当门开启时,切断电路。门的宽度不小于 0.4 m,高度不小于 1.5 m。

2. 轿底

为了防止箱体振动,常采用框架式底梁,在底框与轿底之间加入 6~8 块专门制造的橡皮块。

在轿底的前沿应设轿门地坎及护脚板(挡板),以防人在层站将脚板插入轿厢底部造成挤压的情况,护脚板的宽度与层站入口处一样,其高度至少为 0.75 m,且斜面向下延伸。

(五)轿厢与曳引钢丝绳的连接方法

曳引式的电梯,曳引钢丝绳在机房绕过曳引轮与导向轮后,一端和轿厢相连,另一端和对重相连,其连接的方式有两种。

(1)当曳引比为 1:1 时,如图 2-26 所示,钢丝绳直接与轿厢顶部相连,把曳引绳的末端通过绳头组合装置固定在轿厢的上梁。连接时将绳头板 6 焊接在轿架的上梁,如有 4 根曳引钢丝绳,在绳头板上钻 4 个孔,然后用绳头组合装置的拉杆穿过绳头板,用弹簧和螺母紧固,拉杆的另一端是钢丝绳与拉杆的锥孔,用巴氏合金熔合。

(2)当曳引比为 2∶1 时,如图 2-27 所示,在轿厢架必须增设 1 个或 2 个反绳轮(也称轿顶轮),这时钢丝绳必须绕过反绳轮 6 后把钢丝绳的端部用绳头组合装置,固定在机房的承重梁上。因此,如图 2-28 所示,在轿厢架的上梁必须增设一对支架 1,然后将反绳轮 2 的轴穿过支架的孔,使它们能灵活地转动。

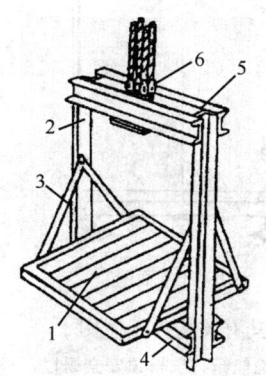

图 2-26 曳引比 1∶1 钢丝绳和
轿厢架的连接
1—轿底;2—立柱;3—拉杆;4—底梁;
5—上梁;6—绳头板及绳头组合

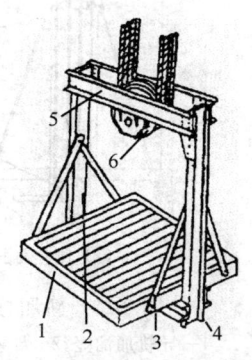

图 2-27 曳引比 2∶1 钢丝绳
绕过轿厢架上的反绳轮
1—轿底;2—立柱;3—拉杆;
4—底梁;5—上梁;6—反绳轮

(六)轿厢总体结构及其有关的构件

轿厢总体结构主要由轿厢架和轿厢体组成。但还必须了解,在其轿厢的周围还连接着有关的构件,使其在电梯的整体中执行各自的功能。

轿厢总体结构及其有关构件如图 2-29 所示,图(b)为正立面图,图(a)为侧立面图。

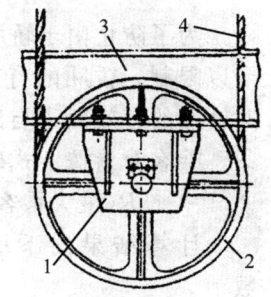

图 2-28 轿厢架上的反绳轮
1—支架;2—反绳轮;
3—上梁;4—曳引绳

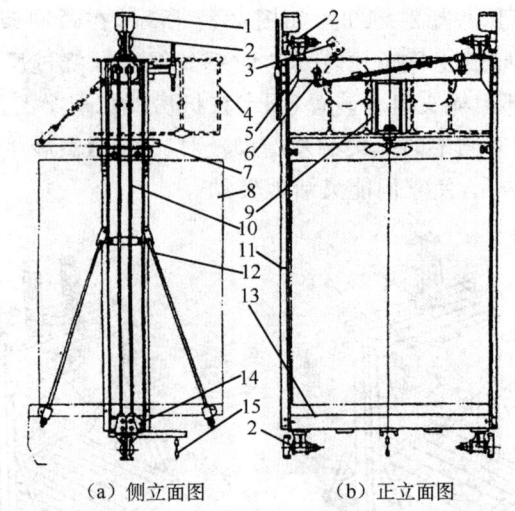

(a) 侧立面图　　　(b) 正立面图

图 2-29　轿厢总体结构及其有关构件示意图

1—导轨加油壶；2—导靴；3—轿顶检修箱；4—轿顶安全栅栏；
5—轿架上梁；6—安全钳传动机构；7—开门机架；8—轿厢；
9—风扇架；10—安全钳拉条；11—轿架立柱；12—轿架拉条；
13—轿架底梁；14—安全钳嘴；15—补偿链

（七）轿厢面积

为了防止由于轿厢内人员过多而引起超载，轿厢的有效面积应予以限制。轿厢的有效面积指轿厢内的实用面积，GB 7588—2003 对轿厢的有效面积与额定载重量、乘客人数都做了具体规定。

乘客数量按下式确定：

$$R(最大乘客人数)=Q 额定载重量(kg)/75(kg)$$

计算结果向下取整到最近的整数或按表 2-3 取其较小的数值。

表 2-3 乘客人数与轿厢最小有效面积

乘客人数（人）	轿厢最小有效面积(m^2)	乘客人数（人）	轿厢最小有效面积(m^2)	乘客人数（人）	轿厢最小有效面积(m^2)	乘客人数（人）	轿厢最小有效面积(m^2)
1	0.28	6	1.17	11	1.87	16	2.57
2	0.49	7	1.31	12	2.01	17	2.71
3	0.60	8	1.45	13	2.15	18	2.85
4	0.79	9	1.59	14	2.29	19	2.99
5	0.98	10	1.73	15	2.43	20	3.13

注：超过 20 位乘客时，每超出一位乘客轿厢最小有效面积增加 0.115 m^2。

额定载重量与最大有效面积之间的关系见表 2-4。

表 2-4 额定载重量与轿厢最大有效面积

额定载重量(kg)	轿厢最大有效面积(m^2)	额定载重量(kg)	轿厢最大有效面积(m^2)	额定载重量(kg)	轿厢最大有效面积(m^2)	额定载重量(kg)	轿厢最大有效面积(m^2)
100[①]	0.37	525	1.45	900	2.20	1275	2.95
180[②]	0.53	600	1.60	975	2.35	1350	3.10
225	0.70	630	1.66	1000	2.40	1425	3.25
300	0.90	675	1.75	1050	2.50	1500	3.40
375	1.10	750	1.90	1125	2.55	1600	3.56
400	1.17	800	2.00	1200	2.65	2000	4.20
450	1.30	825	2.05	1250	2.90	2500[③]	5.00

注：①一人电梯的最小值；②二人电梯的最小值；③超过 2500 kg 时，每增加 100 kg 最大有效面积增加 0.16 m^2，对中间的载重量其面积用线性插入法确定。

（八）轿厢的超载装置

超载装置是当轿厢超过额定载荷时，能发出警告信号并使轿厢不关门不能运行的安全装置。

1. 轿底超载装置

一般轿厢底是活动的，称之为活动轿厢式。这种形式的超载装置，采用橡胶块作为称量元件。橡胶块均布在轿底框上，有6～8个，整个轿厢支承在橡胶块上，橡胶块的压缩量能直接反映轿厢的重量，如图2-30所示。

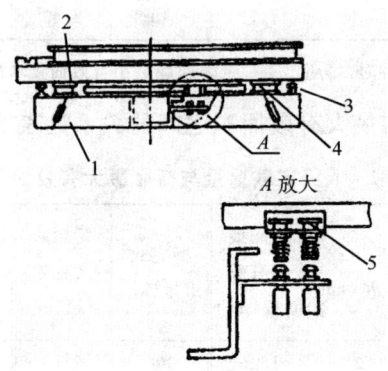

图2-30 橡胶块式活动轿厢式轿底超载装置
1—轿底框；2—轿厢底；3—限位螺钉；4—橡胶块；5—微动开关

在轿底框中间装有两个微动开关，一个在80％负重时起作用，切断电梯外呼载停电路；另一个在110％负重时起作用，切断电梯控制电路。碰触开关的螺钉直接装有轿厢底上，只要调节螺钉的高度，就可调节对超载量的控制范围。

这种结构的超载装置有结构简单、动作灵敏等优点，橡胶块既是称量元件，又是减振元件，大大简化了轿底结构，调节和维护都比较容易。

2. 轿顶称量式超载装置

(1) 机械式

图 2-31 所示是一种常见结构,以压缩弹簧组作为称量元件。

称杆的头部铰支在轿厢上梁的秤座上,尾部浮支在弹簧座上。摆杆装在上梁上,尾部与上梁铰接。采用这种装置时,绳头板装在秤杆上,当轿厢负重变化时,秤杆就会上下摆动,牵动摆杆也上下摆动,当轿厢负重达到超载控制范围时,摆杆的上摆量使其头部碰压微动开关触头,切断电梯控制电路。

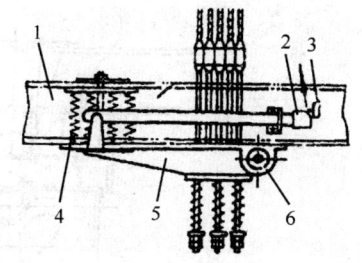

图 2-31 机械式轿顶称量式超载装置
1—上梁;2—摆杆;3—微动开关;
4—压簧;5—称杆;6—称座

(2) 橡胶块式

如图 2-32 所示,四个橡胶块装在上梁下面,绳头板承支在橡胶块上,轿厢负重时,微动开关 2 就会分别与装在上梁下面的触头螺钉触动,达到超载控制的目的。

橡胶块式称量装置结构简单,灵敏度高,且橡胶块既是称量的敏感元件,又是减震元件。但它的缺点是橡胶易老化变形,当出现较大称量误差时,需要更换橡胶块。

(3) 负重传感器式

前面两种形式的装置,只能设定一个或两个称量限值,不能给出载荷变化的连续信号。为了适应其他的控制要求,特别是计算机应用于群控后,为了使电梯运行达到最佳的调度状态,须对每台电梯的容流量或承载情况作统计分析,然后选择合适的群控调度方式。因此可采用负重式传感器作为称量元件,以便输出载荷变化的连续信号。

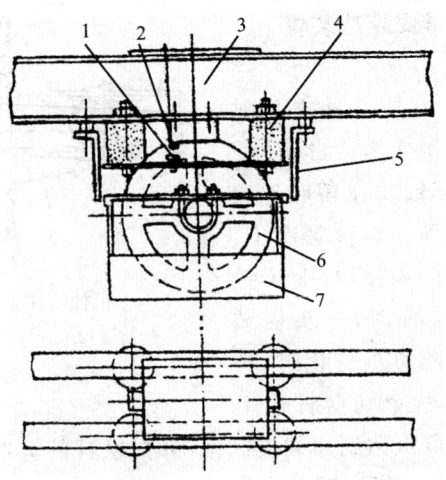

图 2-32 橡胶块式轿顶称量式超载装置

1—触头螺钉;2—微动开关;3—上梁;4—橡胶块;5—限位板;6—轿顶轮;7—防护板

目前用得较多的是应变式负重传感器。图 2-33 所示是一种将应变式负重传感器装于轿顶的称量式超载装置,也可将传感器安装于机房,也可安装于活络轿底下。

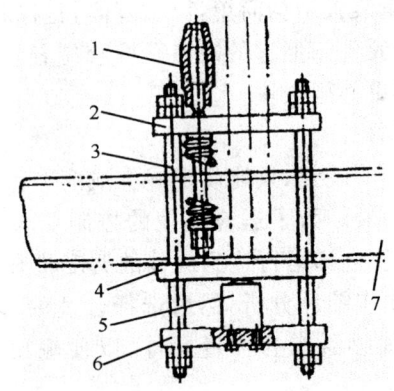

图 2-33 负重传感器称量式超载装置

1—绳头锥套(4~5只);2—绳吊板;3—拉杆螺栓;4—托板;5—传感器;6—底板;7—轿厢上梁

3. 机房称量式超载装置(机械式)

当轿底和轿顶都不能安装超载装置时,可将其移至机房之中。此时电梯的曳引绳绕法应采用2∶1(曳引比非1∶1)。图2-34所示是这种装置的结构示意图。

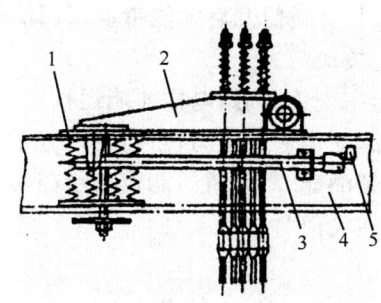

图 2-34　机房称量式超载装置(机械式)
1—压簧;2—称杆;3—摆杆;4—承重梁;5—微动开关

由于安装在机房之中,它具有调节、维护方便等方面的优点。

二、电梯门系统

(一)电梯门系统及其作用

1. 门系统的组成

门系统主要包括轿门(轿厢门)、层门(厅门)与开门关门等系统及其附属的零部件。

层门和轿门都是为了防止人员和物品坠入井道或轿内乘客和物品与井道相撞而发生危险,都是电梯的重要安全保护设施。特别是电梯层门,是乘客在使用电梯时首先看到或接触到的部分,是电梯很重要的一个安全设施。根据不完全统计,电梯发生的人身伤亡事故约有70%是由于层门的质量及其使用不当等引起的。因此,保证层门的开闭与锁紧质量是使电梯使用者安全的首要条件。

2. 轿门、层门及其相互关系

轿门是设置在轿厢入口的门,是设在轿厢靠近层门的一侧,供司机、乘客和货物的进出。简易电梯开关门是用手操作的,称为手动门。一般的电梯都装有自动开启,由轿门带动,层门上装有电气、机械连锁装置的门锁,只有轿门开启才能带动层门的开启,所以轿门称为主动门,层门称为被动门。

只有轿门、层门完全关闭后,电梯才能运行。

为了将轿门的运动传递给层门,轿门上设有系合装置(如门刀),门刀通过与层门门锁的配合,使轿门能带动层门运动。

为了防止电梯在关门时将人夹住,在轿门上常设有关门安全装置(如防夹保护装置)。

(二)层门、轿门的型式及结构

为了方便乘客和货物进出层门和轿厢,门的型式和结构都应适应这个要求,不仅能进出方便,且要求结构简单,构造科学。

1. 门的型式

电梯门主要有两类,即滑动门和旋转门,目前普遍采用的是滑动门。

滑动门按其开门方向又可分为中分式、旁开式和直分式三种,层门必须和轿门是同一类型的。

(1)中分式门

门由中间分开。开门时,左右门扇以相同的速度向两侧滑动;关门时,则以相同的速度向中间合拢,如图 2-35 所示。

这种门按其门扇多少,常见的有两扇中分式和四扇中分式。四扇中分式用于开门宽度较大的电梯,此时单侧两个门扇的运动方式与两扇旁开式门相同。

(2)旁开式门

门由一侧向另一侧推开或由一侧向另一侧合拢,如图 2-36 所示。按照门扇的数量,常见的有单扇、双扇和三扇旁开门。

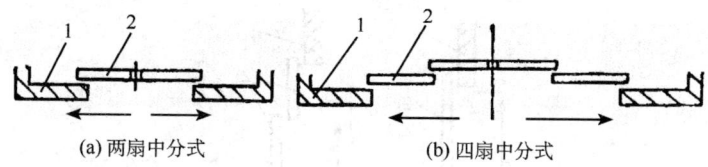

(a) 两扇中分式　　　　(b) 四扇中分式

图 2-35　中分式门（平面图）
1—井道墙；2—门

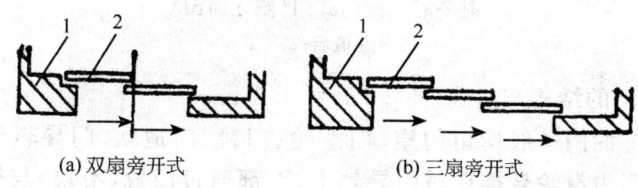

(a) 双扇旁开式　　　　(b) 三扇旁开式

图 2-36　旁开式门（平面图）
1—井道墙；2—门

当旁开式门为双扇时，两个门扇在开门和关门时各自的行程不相同，但运动的时间必须相同，因此两扇门的速度有快慢之分。速度快的称快门，反之称慢门，所以双扇旁开式门又称双速门。由于门在打开后是折叠在一起的，因而又称双折式门。

同理，当旁开式门为三扇时，称为三速门和三折式门。

旁开式门按开门方向，又可分为左开式门和右开式门。区分的方法是：人站在轿厢内，面向外，门向右开的称右开式门；反之，为左开式门。图 2-36 所示均为左开式门。

(3) 直分式门

门由下向上推开，称直分式门，又称闸门式门，按门扇的数量，可分为单扇、双扇和三扇等。与旁开式门同理，双扇门称双速门，三扇门称三速门，如图 2-37 所示。

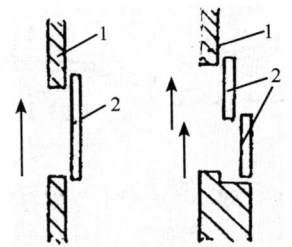

图 2-37　闸门式门（侧立面图）
1—井道墙；2—门

2. 门的结构与组成

电梯的门一般均由门扇、门滑轮、门靴、门地坎、门导轨架等组成。轿门由滑轮悬挂在轿门导轨上，下部通过门靴（滑块）与轿门地坎配合；层门由门滑轮悬挂在厅门导轨架上，下部通过门滑块与厅门地坎配合，如图 2-38 所示。

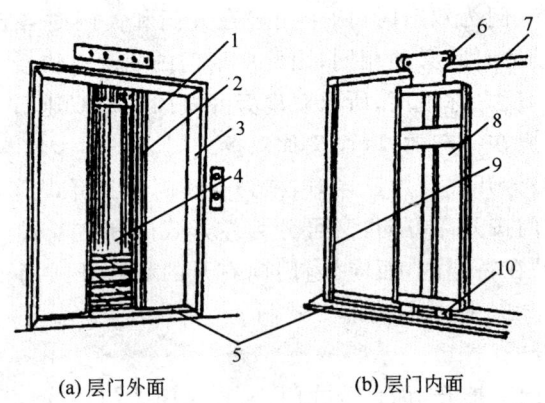

(a) 层门外面　　(b) 层门内面

图 2-38　门的结构与组成
1—层门；2—轿厢门；3—门套；4—轿厢；5—门地坎；6—门滑轮；
7—层门导轨架；8—门扇；9—厅门门框立柱；10 门滑块（门靴）

(1) 门扇

电梯的门扇有封闭式、空格式及非全高式之分。

封闭式门扇一般用 1~1.5 mm 厚的钢板制造,中间辅以加强筋。有时为了加强门扇的隔音效果和提高减振作用,在门扇的背面涂设一层阻尼材料,如油灰等。

空格式门扇一般指交栅式门,具有通气透气的特点,但为了安全,空格不能过大,我国规定栅间距离不得大于 100 mm。这种门扇出于安全性能考虑,只能用于货梯轿厢厢门。

非全高式门扇,其高度低于门口高,常见于汽车梯和货物不会有倒塌危险的专门用途货梯。用于汽车梯,其高度一般不应低于 1.4 m;用于专门用途货梯,一般不应低于 1.8 m。

(2) 导轨

门导轨架安装在轿厢顶部前沿,层门导轨架安装在层门框架上部,对门扇起导向作用。门滑轮安装在门扇上部,对全封闭式门扇以两个为一组,每个门扇一般装一组;交栅式门扇,由于门的伸缩需要,在每个门档上部均装有一个滑轮。

门导轨架和门滑轮有多种形式,图 2-39 所示是最常见的三种,(a) 图是 V 形导轨;(b) 图是板条型直线导轨;(c) 图是交栅门导轨。

(3) 门地坎和门滑块

门地坎和门滑块是门的辅助导向组件,与门导轨和门滑轮配合,使门的上、下两端均受导向和限位。门在运动时,滑块顺着地坎槽滑动。

层门地坎安装在层门口的井道牛腿上;轿门地坎安装在轿门口。地坎一般用铝型材料制成,门滑块一般用尼龙制造,在正常情况,滑块与地坎槽的侧面和底部均有间隙。

电梯的门结构应具有足够的强度。在我国的《电梯制造与安装安全规范》中规定,当层门在锁住位置时,用 300 N 的力垂直作用于该层门的任何一个面上的任何位置,且均匀地分布在 5 cm^2 的圆形或方形面积上时,应能无永久性变形;弹性变形不大于 15 mm;试验期间和试验后,门的安全功能不受影响。

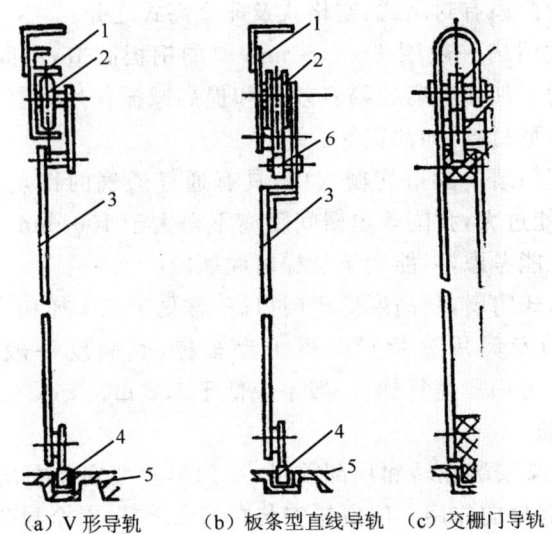

(a) V形导轨　　(b) 板条型直线导轨　(c) 交栅门导轨

图 2-39　门导轨架与门滑轮(侧立面图)

1—导轨;2—滑轮;3—门扇;4—门滑块(门靴);5—地坎;6—门挡轮

3. 门的结构总体组合示例

为了说明层门结构总体组合后装置在门框上的情况,也包括联动机构,可以参见以下两种。

(1) 中分式层门结构总体组合,如图 2-40 所示。

(2) 旁开式层门结构总体组合,如图 2-41 所示。

三、开关门结构及门安全保护

电梯轿门、层门的开关结构,分手动和自动两种。

(一) 手动开关门结构及其工作原理

手动开关门结构,仅在少数的货梯中使用。门的开、闭,完全由司机用手进行,如图 2-42 所示。

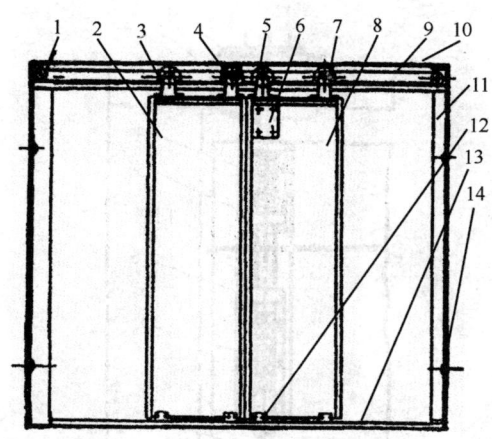

图 2-40　中分式层门结构总体组合的立面图(从层门内面看)
1—固定滑轮;2—左层门;3—左层门滚轮;4—钢丝绳夹;5—左层门钢丝绳夹;
6—连锁开关;7—右层门滚轮;8—右层门;9—钢丝绳;10—门框上坎;
11—立柱;12—滑块(门靴);13—地坎;14—缓冲垫

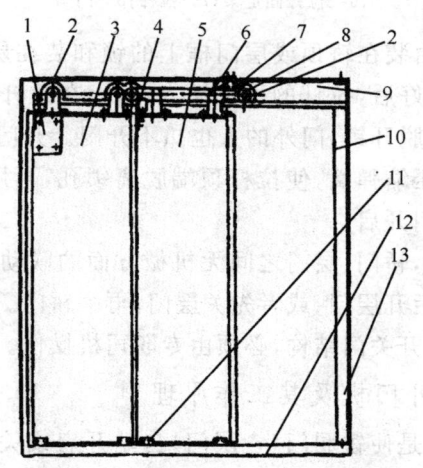

图 2-41　旁开式层门结构总体组合的立面图(从层门内面看)
1—连锁开关;2—滚轮;3—快门;4—钢丝绳固定夹;5—慢门;6—钢丝绳;7—定滑轮;
8—滑轮;9—门框上坎;10—立柱;11—门靴;12—地坎;13—缓冲垫

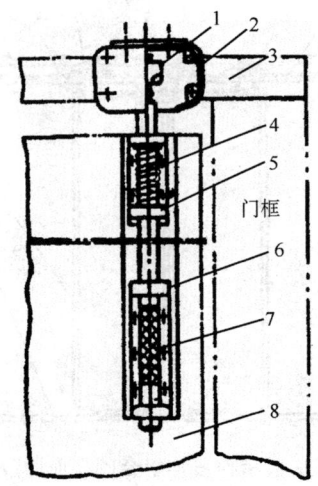

图 2-42 手动拉杆门锁
1—电连锁开关;2—锁壳;3—门框上导轨;4—复位弹簧;
5、6—拉杆固定架;7—拉杆;8—门扇

拉杆门锁,由装在轿顶或层门框上的锁和装在层门上的拉杆两部分组成。门关好后,拉杆的顶端插入锁孔,在拉杆压簧的作用下,拉杆既不会自动脱开锁,门外的人也扒不开门。开门时,司机手抓拉杆往下拉,拉杆压缩弹簧,使拉杆顶端脱离锁孔,再用手将门往开门方向推,便可将门开启。

手动开关门,轿门、层门之间无机械方面的联动关系,因而司机必须先开轿门,后开层门;或者先关层门,再关轿门。

采用手动的开关门结构,必须由专职司机操作。

(二)自动开门机及其工作原理

自动开门机是使轿厢门(含层门)自动开启或关闭的装置(层门的开闭是由轿门通过门刀带动的)。它装设在轿门的上方及轿门的连接处。

除了能自动启、闭轿厢门,还应具有自动调速的功能,以避免在起端与终端发生冲击。根据使用要求,一般关门的平均速度要低于开门平均速度,这样可以防止关门时将人夹住,而且客梯的门还应设有安全触板。

另外,为了防止关门时门对人体的冲击,有必要对门速实行限制,我国《电梯制造与安装安全规范》中规定,当门的动能超过 10 J（焦耳）时,最快门扇的平均关闭速度要限制在 0.3 m/s。

根据门的型式不同,自动开门机有适合于两扇中分式的门、旁开式的门和交栅式的门使用的。

1. 两扇中分式自动开门机的工作原理

这种开门机可同时驱动左、右门,以相同的速度,做相反方向的运动。这种开门机的开门机构一般为曲柄摇杆和摇杆滑块的组合。

(1) 单臂中分式开门机

如图 2-43 所示,这种开门机以带齿轮减速器的永磁直流电机为动力,以一级链条传动。连杆的一端铰接在链轮(即曲柄轮)上,另一端与摇杆铰接。摇杆的上端铰接在机座框架上,下端与门连杆铰接,门连杆则与左门铰接(相当于摇杆滑块机构)。当曲柄链轮按图示作顺时针转动时,摇杆向左摆动,带动门连杆使左门向左运动,进入开门过程。

右门由钢丝绳联动机构间接驱动。两个绳轮分别装在轿门导轨架的两端,左门扇与钢丝绳的下边连接；右门扇与钢丝绳的上边相连接。左门在门连杆带动下向左运动时,带动钢丝绳作顺时针回转,从而使右门在钢丝绳的带动下向右运动,与左门扇同时进入开门行程。

门在启、闭时的速度变化,由改变电动机电枢的电压来实现,曲柄链轮与凸轮箱中的凸轮相连,凸轮箱装有行程开关(一般为 5 个,开门方向 2 个,关门方向 3 个),链轮转动时使凸轮依次动作行程开关,使电动机接上或断开电器箱中的电阻,以此改变电动机电枢电压,使其转速符合门速要求。

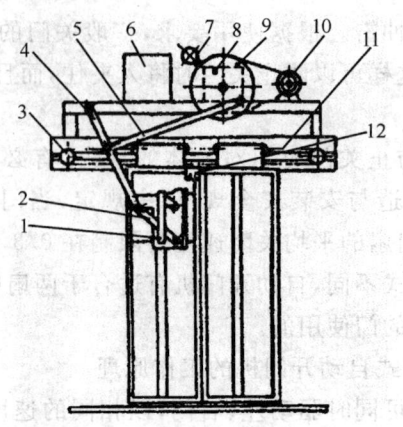

图 2-43 单臂中分式门的开门机构
1—门锁压板机构；2—门连杆；3—绳轮；4—摇杆；
5—连杆；6—电器箱；7—平衡锤；
8—凸轮箱；9—曲柄链轮；10—带齿轮减速直流电机；
11—钢丝绳；12—门锁

曲柄链轮上平衡锤的作用是抵消门在关闭后的自开趋势,这是因为摇杆机构中各构件自重的合力,使门扇受到回开力,如不加以抵消,门就不能关严。平衡锤还使门在关闭后产生紧闭力,不会受轿厢在运行中的振动而松开。

(2)双臂中分式开门机

如图 2-44 所示,这种开门机同样以直流电动机为动力,但电机不带减速箱,常以两级三角皮带传动减速,经第二级的大皮带作为曲柄轮。当曲柄轮按图示逆时针转动 180°,左右摇杆同时推动左右门扇,完成一次开门行程;曲柄轮顺时针转动 180°,就能使左右门扇同时合拢,完成一次关门行程。

这种开门机,同样采用电阻降压调速。用于速度控制的行程开关装在曲柄轮背面的开关架上,一般亦为 5 个。开关打板装在曲柄轮上,在曲柄轮转动时依次动作各开关,达到调速的目的。改变开关在架上的位置,就能改变运动阶段的行程。

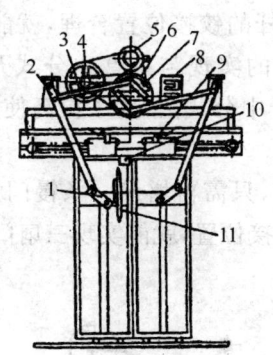

图 2-44　双臂中分式门的开门机构

1—门连杆;2—摇杆;3—连杆;4—皮带轮;5—电机;6—曲柄轮;
7—行程开关;8—电阻箱;9—强迫锁紧装置;10—自动门锁;11—门刀

2. 旁开式自动开门机的工作原理

如图 2-45 所示,这种开门机与单臂中分式门机具有相同的结构,不同之处是多了一条慢门连杆。

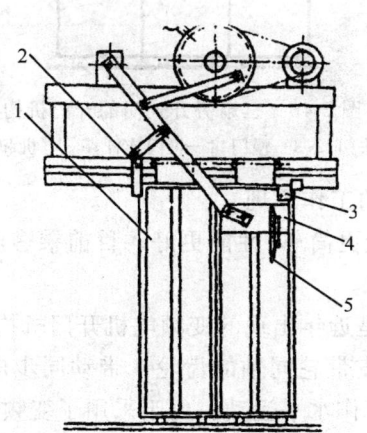

图 2-45　双扇旁开式门的开门机构

1—慢门;2—慢门连杆;3—自动门锁;4—快门;5—开门刀

曲柄连杆转动时,摇杆带动快门运动,同时慢门连杆也使慢门运动,只要慢门连杆与摇杆的铰接位置合理,就能使慢门的速度为快门的1/2。自动调速功能的实现与单臂中分式开门机组相同,但由于旁开式门的行程要大于中分式门,为了提高使用效率,门的平均速度一般高于中分式门。

对于三扇旁开式门,只需再增设一条慢门连杆,并合理确定两条慢门连杆在摇杆上的铰接位置,就能实现三扇门的速度比为3:2:1,如图2-46所示。

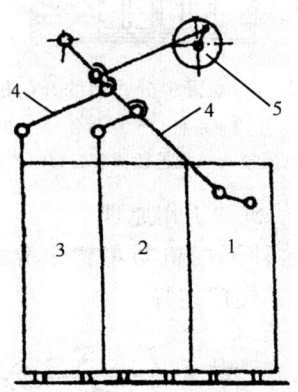

图2-46 三扇旁开式门的开门机构
1—快门;2、3—慢门;4—慢门连杆;5—电机和曲柄

3. 变频门机的工作原理

变频门机构造更简单,性能更好。目前乘客电梯多采用变频门机机构。

图2-47所示是近年出现的变频电机开门机构示意图。由电机1带动皮带轮2,与皮带轮同轴的齿轮7带动同步皮带3,使连接在同步皮带上的门扇5作水平运动。由于采用了变频电机,同步皮带,不但省掉了复杂的减速和调速装置使结构简单化,而且开关平稳,噪声小,能耗低。

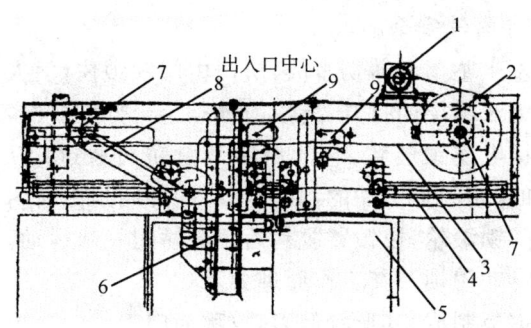

图 2-47 变频开门机构

1—变频电机;2—皮带轮;3—防滑同步皮带;4—门导轨;
5—轿门门扇;6—门刀;7—齿轮;8—门刀控制杆;9—安全触点

图 2-48 所示是层门启闭机构的示意图。当轿厢停在层站时,门刀(见图 2-47)就卡在门锁轮两边。当轿门开启时,门刀首先压动上面的开锁轮使门锁开启,然后通过门锁带动右门扇向右开启,同时通过传动钢丝绳使左门扇也同步向左侧开启。

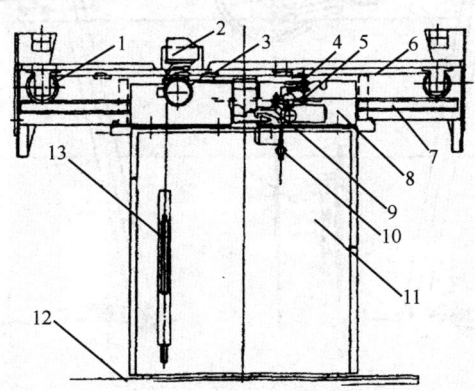

图 2-48 层门启闭机构

1—滑轮;2—安全触点;3—钢丝绳连接扣;4—门锁轮;5—钢丝绳连接扣;
6—传动钢丝绳;7—门滑轨;8—门吊板;9—门锁;
10—手工开门顶杆;11—层门;12—层门地坎;13—自动关门重锤

4. 门锁和电气安全触点

为防止发生坠落和剪切事故,层门由门锁锁住,使人在层站外不用开锁装置无法将层门打开,所以门锁是个十分重要的安全部件。

门锁是机电连锁装置,它的启闭是由轿门通过门刀来带动的。层门是被动的,轿门是主动的,因为层门的开闭是由轿门上的门刀插入(夹住)层门锁滚轮,使锁臂脱钩后跟着轿门一起运动。

门刀式自动门锁及其工作原理如下。

门刀用钢板制成,其形状似刀,故称为门刀。

门刀用螺栓紧固在轿门上,在每一层站能准确插入两个锁滚轮中间,如图 2-49 所示。

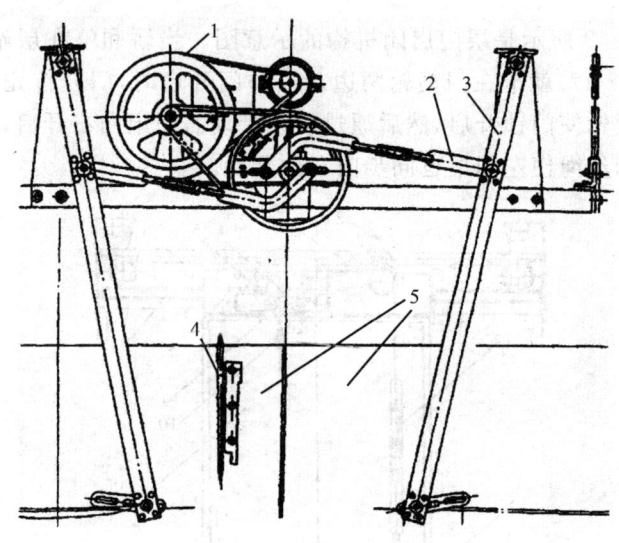

图 2-49 轿门及其上的门刀
1—自动开门机;2—连杆;3—摇杆;4—门刀;5—轿门门扇

开门时,门刀向左推动锁臂滚动,使锁臂作顺时针转脱离锁钩,同时锁臂头上的导电座与电开关触头脱离,当锁臂的转动被限位块挡住时,门刀的开锁动作结束,层门被带动。层门的移动使得碰轮被挡块挡住而作顺时针翻转,在拉簧的作用下,动滚轮随之迅速靠向门刀,两个滚轮将门刀夹住,如图2-50所示。

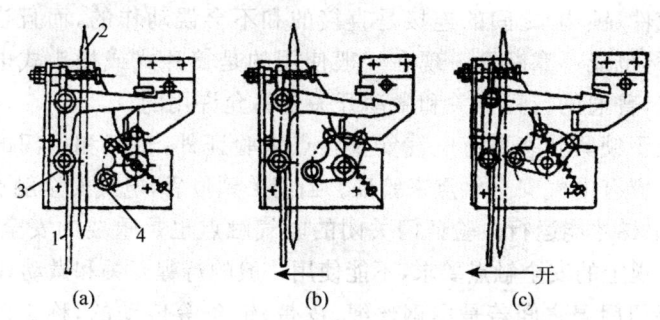

图2-50　GS 75—11型门锁动作示意图
1—开门机械锁拨板;2—门刀;3—开门轮;4—关门碰轮

关门时,门刀向右推动动滚轮,接近闭合位置时,碰轮被挡块挡住而作逆时针翻转,带动整个滚轮座迅速翻转复位,使动滚轮脱离门刀,锁臂在弹簧力的作用下与锁钩锁合,导电座与电开关触头接触,电梯控制电路接通。

这种门锁在锁合时同样需要用门的动力将上滚轮翻转,但由于只需要克服拉力较小的拉簧拉紧力,使门扇可以以较小的速度闭合,减小了冲击。同时,这种门锁以电气开关和导电座代替了前一种电气开关,排除了由于开关触头粘连使电气连锁失灵的可能。

门锁由底座、锁钩、钩挡、施力元件、滚轮、开锁门轮和电气安全触点组成,即使弹簧(施力元件)失效,也可靠重力使门锁钩闭合,非常安全。门锁要求十分牢固,在开门方向施加1000 N的力应无永久变形,所以锁紧元件(锁钩、锁挡)应耐冲击,由金属制造或加固。

锁钩的啮合深度(钩住的尺寸)是十分关键的,标准要求在啮合深度达到和超过7 mm时,电气触点才能接通,电梯才能启动运行。锁钩锁紧的力是由施力元件(即压紧弹簧)和锁钩的重力供给的。以往曾广泛使用的从下向上钩的门锁,由于当施力元件(弹簧)失效时,锁钩的重力会导致开锁,已禁止生产和使用。

门锁的电气触点是验证锁紧状态的重要安全装置,要求与机械锁紧元件(锁钩)之间的连接是直接的和不会误动作的,而且当触头粘连时,也能可靠断开。现在一般使用的是簧片式或插头式电气安全触点,普通的行程开关和微动开关是不允许用的。

除了锁紧状态要有电气安全触点来验证外,轿门和层门的关闭状态也应有电气安全触点来验证。当门关到位后,电气安全触点才能接通,电梯才能运行。验证门关闭的电气触点也是重要的安全装置,应符合规定的安全触点要求,不能使用一般的行程开关和微动开关。

层门门扇之间若是用钢丝绳、皮带、链条等传动的,称为间接机械传动,应在每个扇上安装电气安全触点。由于门锁的安全触点可兼任验证门关闭的任务,所以有门锁的门扇可以不再另装安全触点。

当层门门扇之间的联动是由刚性连杆传动的称为直接机械传动,则电气安全触点可只装在被锁紧的门扇上。

轿门的各门扇若与开门机构是由刚性结构直接机械传动的,则电气安全触点可安装在开门机构的驱动元件上。若门扇之间是直接机械连接的,则可只装在一个门扇上。若门扇之间是间接机械连接即由钢丝绳、皮带、链条等连接传动的,而开门机构与门扇之间是刚性结构直接机械连接的,则允许只在被动门扇(不是开门机直接驱动的门扇)安装电气安全触点。如果开门机构与门扇之间也不是由刚性结构直接机械连接的,则每个门扇均要有电气安全触点。

5. 人工紧急开锁和强迫关门装置

为了在必要时(如救援)能从层站外打开层门,标准规定每个层门都应有人工紧急开锁装置。工作人员可用三角形的专用钥匙从层门上部的锁孔中插入,通过门后的装置(如图2-51所示的开门顶杆)将门锁打开。在无开锁动作时,开锁装置应自动复位,不能仍保持开锁状态。

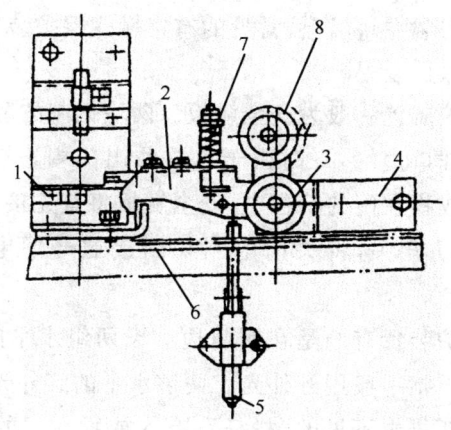

图 2-51　SL 型门锁结构
1—触点开关；2—锁钩；3—滚轮；4—底座；
5—外推杆；6—钩挡；7—压紧弹簧；8—开锁门轮

在以往的电梯上紧急开锁装置只设在基站或两个端站。由于电梯救援方式的改变,现在要求每个层站的层门均应设紧急开锁装置。

当轿厢不在层站时,层门无论什么原因开启时,必须有强迫关门装置使该层门自动关闭,如图 2-48 所示的强迫关门装置是利用重锤的重力,通过钢丝绳、滑轮将门关闭。强迫关门装置也有利用弹簧来实现关门的。

(三)门运动过程中的保护

为了尽量减少在关门过程中发生人和物被撞击或夹住的事故,对门的运动提出了保护性的要求。首先门扇朝向乘员的一面要光滑,不得有可能钩挂人员和衣服的大于 3 mm 的凹凸。同时阻止关门的力(实际上也就是关门的力)不大于 150 N,以免对被夹的人造成伤害。同时设置一种保护装置,当乘客在门的关闭过程中被门撞击或可能会被撞击时,保护装置将停止关门动作使门重新自开启。

保护装置一般安装在轿门上,常见的有接触式保护装置、光电式保护装置和感应式保护装置。

接触式保护装置一般为安全触板。两块铝制的触板由控制杆连接悬挂在轿门开口边缘,平时由于自重凸出门扇边缘约 30 mm,当关门时若有人或物在门的行程中,安全触板将首先接触并被推入,使控制杆触动微动开关,将关门电路切断接通开门电路,使门重新开启。

光电式保护装置有的是在轿门边上设两组水平的光电装置,为防止可见光的干扰一般用红外光。两道水平的红外光好似在整个开门宽度上设了两排看不见的"栏杆",有人或物在门的行程中遮断了任一根光线都会使门重开。还有一种光电保护装置是在开门整个高度和宽度中由几十根红外线交叉成一个红外光幕,就像一个无形的门帘,遮断其中的一部分门就会重新开启。

感应式保护装置是借助磁感应的原理,在保护区域设置 3 组电磁场,当人和物进入保护区造成电磁场的变化,就能通过控制机构使门重开。

(四)门的整体要求

为保证电梯的安全运行,层门和轿门与周边结构如门框,上门楣等的缝隙只要不妨碍门的运动应尽量小,标准要求客梯门的周边缝隙不大于 6 mm,货梯不大于 8 mm。在中分门层门下部用人力向两边拉开门扇时,其缝隙不得大于 30 mm。从安全角度考虑电梯轿门地坎与层门地坎的距离不得大于 35 mm。轿门地坎与所对的井道壁的距离不得大于 150 mm。

电梯的门刀与门锁轮的位置要调整精确,在电梯运行中,门刀经过门锁轮时,门刀与门锁轮两侧的距离要均等;通过层站时,门刀与层门地坎的距离和门锁轮与轿门地坎的距离均应在 5~10 mm 之间。距离太小容易碰擦地坎,太大则会影响门刀在门锁轮上的啮合深度,一般门刀在工作时应与锁轮在全部厚度上接触。

当电梯在开锁区内切断门电机电源或停电时,应能从轿厢内部用手将门拉开,开门力应不大于 300 N,但大于 50 N。要能从轿厢内将门拉开,要求如图 2-43、图 2-44、图 2-45 所示的开门机构在关门状态时曲柄不能在死点。而要求开门力大于 50 N 是为了防止电梯运行过程中门自动开启,一般采用运行中不切断门电机励磁电流或在门机上设平衡锤等方法防止门在电梯运行中关不严或自动开启。

电梯开门后若没有运行指令,电梯门应在一段必要的时间后自动关闭,不应该出现电梯开着门在层站等待的现象。

层门外的候梯部位应有不低于 50 Lux 的照明,保证在层门开启时能看清层门内的情况。

第四节 导向系统

导向系统的功能是限制轿厢和对重的活动自由度,使轿厢和对重只沿着各自的导轨作升降运动,使两者在运行中平稳,不会偏摆,如图 2-52 所示。

有了导向系统,轿厢只能沿着左右两侧的竖直方向的导轨上下运行,对重只能沿着位于对重两侧的竖直方向的导轨上下运行。所以电梯的导向系统,包括轿厢的导向和对重的导向两部分。

不论是轿厢导向和对重导向均由导轨、导靴和导架组成,如图 2-53、图 2-54 所示。

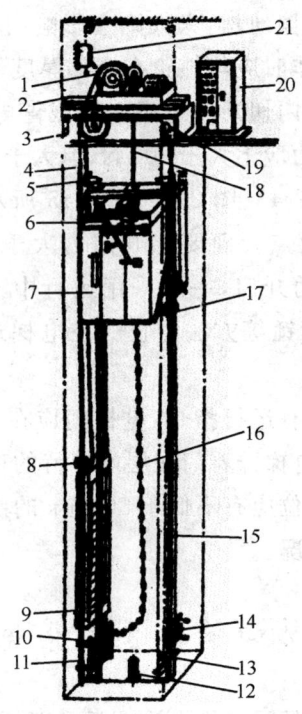

图 2-52 电梯总体的导向系统和重量平衡系统

1—曳引机;2—承重梁;3—导向轮;4—曳引绳;5—轿厢导靴;6—开门机;
7—轿厢;8—对重导靴;9—对重装置;10—防护栏;
11—对重导轨;12—缓冲器;13—限速器张紧装置;14—限位开关;
15—轿厢导轨;16—补偿链;17—安全钳嘴;18—曳引绳;
19—限速器;20—控制柜;21—极限开关

连接轿厢和对重的曳引钢丝绳,如楼层高,钢丝绳长,自身的重量增多,通过连接在轿厢底和对重的补偿链(见图 2-52 中的补偿链)起着平衡两边重量的补偿作用。这样,导向系统配合了重量平衡系统,从而保证了电梯曳引的正常传动,运行的平衡可靠。

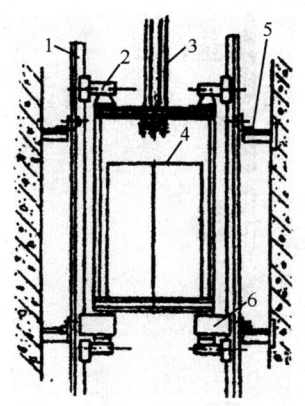 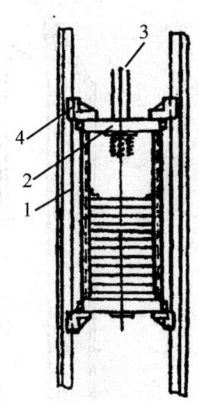

图 2-53 轿厢导向系统(立面图)
1—导轨;2—导靴;3—曳引绳;4—轿厢;
5—导轨架;6—安全钳

图 2-54 对重导向系统(立面图)
1—导轨;2—对重;
3—曳引绳;4—导靴

综上所述,导向系统的主体构件是导轨和导靴;重量平衡系统的主体构件是对重和补偿链(绳)。

一、导轨

1. 导轨的种类和规格

(1)导轨的横截面(断面)形状

一般钢导轨,常采用机械加工方式或冷轧加工方式制作。常见的导轨横截面形状如图 2-55 所示。

电梯中大量使用的"T"形导轨如图 2-55(a)所示,但对于货梯对重导轨和速度为 1 m/s 以下的客梯对重导轨,一般多采用"L"形[图 2-55(b)]导轨(规格为 L75×75×8~10)。

图 2-55(c)(d)(e)所示导轨,常用于速度低于 0.63 m/s 的电梯,导轨表面一般不作机械加工。

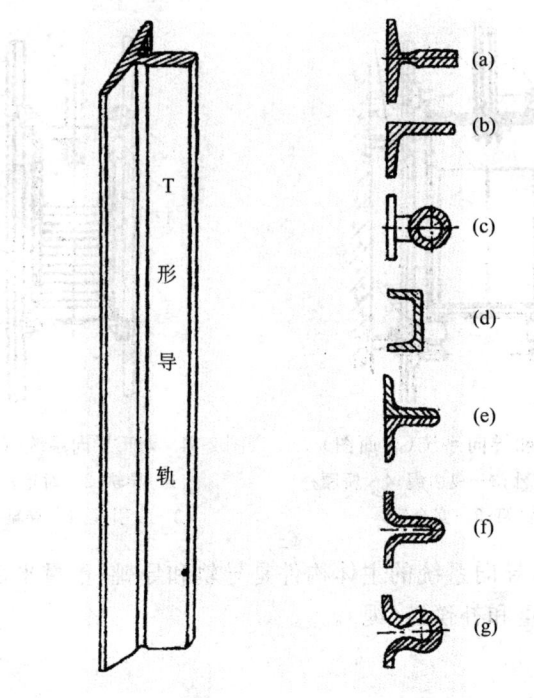

(1)"T"形导轨直观图　　(2)常见的导轨横截面形状

图 2-55　导轨及其横截面形状

图 2-55(f)(g)所示为一次冷轧成型的导轨。

(2)T 形导轨的规格

T 形导轨是电梯常见的专用导轨,具有良好的抗弯性能及良好的可加工性能。

T 形导轨的主要规格参数,是底宽 b、高度 h 和工作面厚度 k,如图 2-56 所示。我国原先用 $b×k$ 作为导轨规格标志,现已推广使用国际标准 T 形导轨,共有 13 个规格,以底面宽及工作面和加工方法,即以"b/加工方法"作为规格标志。

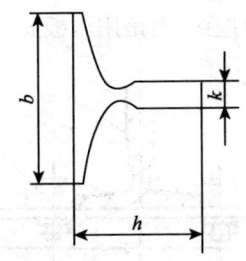

图 2-56　T 形导轨横截面

2. 导轨的安装

(1) 导轨的连接

架设在井道空间的导轨从下至上贯穿井道,但由于每根的导轨一般为 3~5 m,因此必须进行连接安装。在安装时,两根导轨的端部要加工成凹凸形的榫头与榫槽楔合定位,底部用连接板将两根导轨固定连接,如图 2-57 所示(表示两根导轨端部连接后的正立面图与侧立面图)。

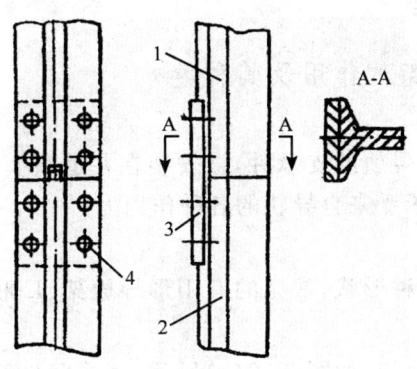

图 2-57　导轨的连接

1—上导轨;2—下导轨;3—连接板;4—螺栓孔

(2) 导轨的固定

导轨不能直接紧固在井道内壁上,需要固定在导轨架上,固定方法一般不采用焊接或用螺栓连接,而是用压板固定法,如图 2-58 所示。

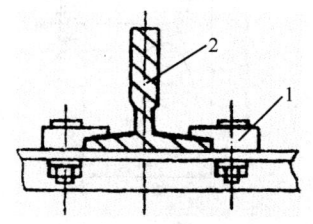

图 2-58 压板固定法
1—压板;2—导轨

压板固定法,指用导轨压板将导轨压紧在导轨架上,当井道下沉,导轨因热胀冷缩,导轨受到的拉伸力超出压板的压紧力时,导轨就能作相对移动,从而避免了弯曲变形。这种方法被广泛用在导轨的安装上,压板的压紧力可通过压板上螺栓的拧紧程度来调整,拧紧力的确定与电梯的规格,导轨上、下端的支承形式等有关。

二、导轨架

(一)导轨架的作用及其种类

1. 作用

导轨架作为导轨的支承件,被安装在井道壁上。它固定了导轨的空间位置,并承受来自导轨的各种作用力。

2. 种类

导轨架有各种形状,常见的有山形导轨架、L 形导轨架、框形导轨架三种。

(1)山形导轨架:如图 2-59(a)所示,其撑臂是斜的,倾斜角常为 15°或 30°,具有较好的刚度。这种导轨架一般为整体式结构,常用作轿厢导轨架,其平面示意图如图 2-60 所示。

(2)L 形导轨架:如图 2-59(b)所示,这种导轨架结构简单,用于对重的导轨架,其平面图示意如图 2-61 所示。

(3)框形导轨架:如图2-59(c)和2-62所示。

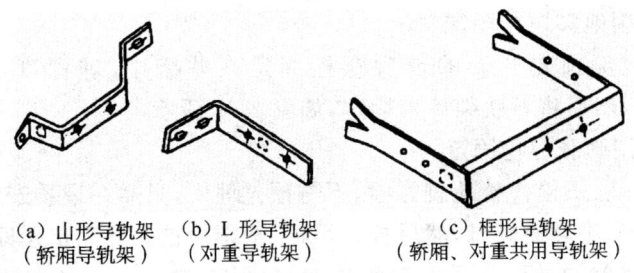

（a）山形导轨架　　（b）L形导轨架　　　（c）框形导轨架
（轿厢导轨架）　　（对重导轨架）　　（轿厢、对重共用导轨架）

图2-59　导轨架种类

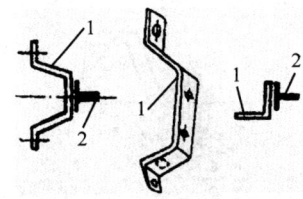 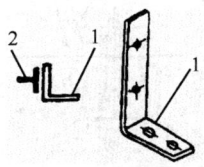

图2-60　山形导轨架应用　　　图2-61　L形导轨架应用
1—导轨架;2—轿厢T形导轨　　1—导轨架;2—对重T形导轨

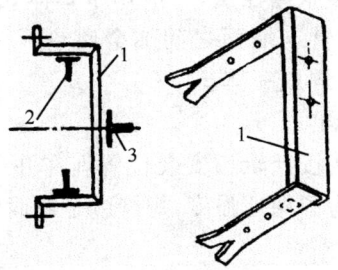

图2-62　框形导轨架应用
1—导轨架;2—对重T形导轨;3—轿厢T形导轨

(二)导轨架的固定与安装方法

1. 用地脚螺栓固定

将尾部预先开叉的地脚螺栓固定在井壁中,埋深度不小于 120 mm,然后将导轨架旋紧固定,如图 2-63 所示。

2. 用膨胀螺栓固定

以膨胀螺栓代替地脚螺栓,不需预先埋入,只需在现场安装时打孔,放入膨胀套筒螺母,然后拧入螺栓,至螺栓被胀开固定死即可,因此具有简单、方便、灵活可靠的特点,是目前常用的一种方法,如图 2-64 所示。

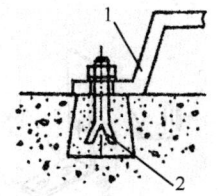 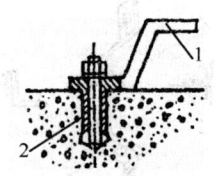

图 2-63 用地脚螺栓固定　　图 2-64 用膨胀螺栓固定
1—导轨架;2—地脚螺栓　　1—导轨架;2—膨胀螺栓

地脚螺栓法和膨胀螺栓法,一般用于整体式导轨架。为了调整架的高度,允许在撑臂与墙面之间加金属垫板,但当垫板厚度超过 10 mm 时,应与撑臂焊成一体。

3. 预埋钢板弯钩

预先将钢板弯钩按导轨架安装位置埋在井道壁中,在安装时将导轨架焊在上面。为了保证强度,焊缝应是双面的,如图 2-65 所示。

4. 用螺栓穿入紧固

当井道壁的厚度小于 100 mm 时,以上几种方法都不能采用,这时可采用螺栓穿过井道壁,同时要在外部加垫尺寸不小于 100 mm×100 mm×10 mm(长×宽×厚)的钢板,如图 2-66 所示。

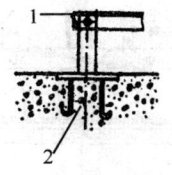 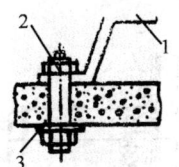

图 2-65　预埋钢板弯钩　　　图 2-66　用螺栓穿入紧固
1—导轨架；2—钢板弯钩　　1—导轨架；2—螺栓；3—钢板垫

5. 预埋导轨架

在土建时，井道壁上预留埋入孔，然后在安装时将导轨架端部开叉埋入，深度不小于 120 mm。如图 2-67 所示。

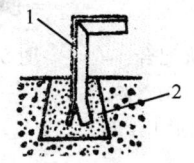

图 2-67　预埋导轨架
1—导轨架；2—井道壁

三、导靴

导靴的凹形槽（靴头）与导轨的凸形工作面配合，使轿厢和对重装置沿着导轨上下运动，防止轿厢和对重运行过程中偏斜或摆动，如图 2-68 所示。

导靴分别装在轿厢和对重装置上。轿厢导靴安装在轿厢上梁和轿厢底部安全钳座（嘴）的下面，共 4 个，如图 2-69 所示。对重导靴是安装在对重架的上部和底部，一组共 4 个，如图 2-70 所示。实际上导靴是在水平方向固定轿厢与对重的位置。

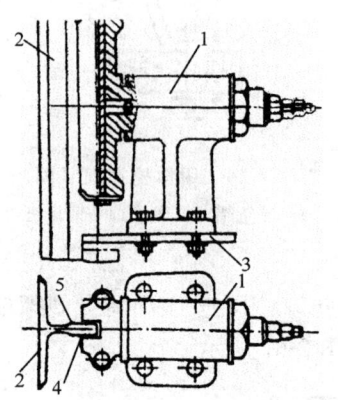

图 2-68 导靴与导轨配合
1—导靴;2—导轨;3—轿架或对重架;
4—导靴凹凸槽;5—导轨凸形工作面

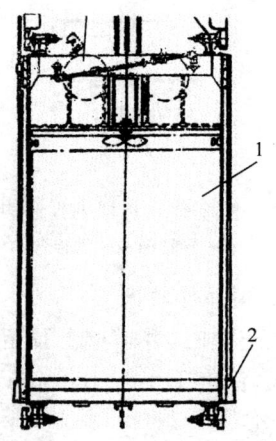

图 2-69 装在轿厢上的导靴
1—轿厢;2—安全钳座(嘴)

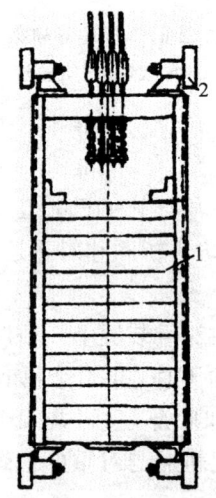

图 2-70 装在对重装置上的导靴
1—对重装置;2—导靴

一个导靴一般可以看成是由带凹形槽的靴头、靴体和靴座组成,如图 2-71 所示。简单的导靴可以由靴头和靴座构成。靴头可以是固定的,也可以是滚动(滑动)的;靴头可以是凹形槽与导轨配合,也可以用三个滚轮与导轨配合运行。

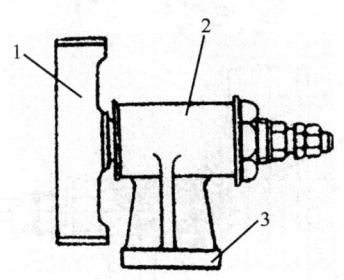

图 2-71　导靴的组成
1—靴头;2—导靴体;3—靴座

由于固定式导靴的靴头是固死的,没有调节的机构,导靴与导轨的配合存在一定的间隙,随着运行时间的增长,其间隙会越来越大,这样轿厢在运行中就会产生一定的晃动,甚至会出现冲击,因此固定式导靴只用于额定速度低于 0.63 m/s 的电梯。

1. 弹簧式滑动导靴

弹簧式滑动导靴由靴座、靴头、靴衬、靴轴、压缩弹簧或橡胶弹簧、调节套或调节螺母组成,如图 2-72 所示。

弹簧式滑动导靴的导靴头只能在弹簧的压缩方向上作轴向浮动,因此又称单向弹性导靴。

弹簧式滑动导靴与固定式导靴的不同之处在于前者的靴头是浮动的,在弹簧力的作用下,靴衬的底部始终压贴在导轨端面上,因此能使轿厢保持较稳定的水平装置,同时在运行中具有吸收振动与冲击的作用。

2. 滚动导靴

刚性滑动导靴和弹性滑动导靴的靴衬无论是铁的、钢的或尼龙的,在电梯运行过程中,靴衬与导轨之间总有摩擦力存在。这个摩擦力不但会增加曳引机的负荷,而且是轿厢运行时引起振动和噪声的原因之一。为了减少导靴与导轨之间的摩擦力,节省能量,提高乘坐舒适感,在运行速度 $v>2.0$ m/s 的高速电梯中,常采用滚动导靴取代滑动导靴。

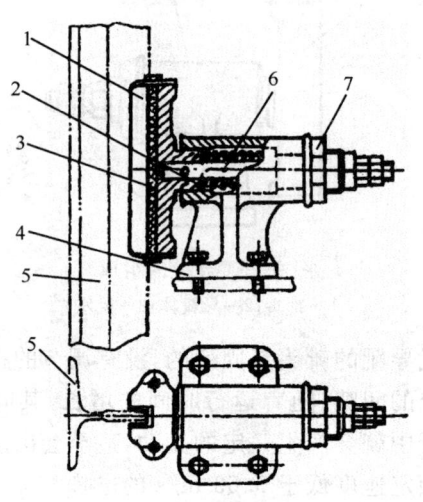

图 2-72 弹簧式滑动导靴
1—靴头;2—弹簧;3—尼龙靴衬;4—靴座;5—导轨;6—靴轴;7—调节套

滚动导靴由滚轮、弹簧、靴座、摇臂等组成,如图 2-73 所示。

滚动导靴以 3 个滚轮代替了滑动导靴的 3 个工作面。3 个滚轮在弹簧的作用下,压贴在导轨 3 个工作面上,电梯运行时,滚轮在导轨面上作滚动。

滚动导靴以滚动摩擦代替了滑动摩擦,大大减少了摩擦损耗,节省了能量;同时还在导轨的 3 个工作面方向,都实现了弹性支承,从而对冲击力具有良好的缓冲作用,并能在 3 个方向上自动补偿导轨的各种几何形状误差及安装偏差。滚动导轨的这些优点,使它能适应高的运行速度,在高速电梯上得到广泛应用。

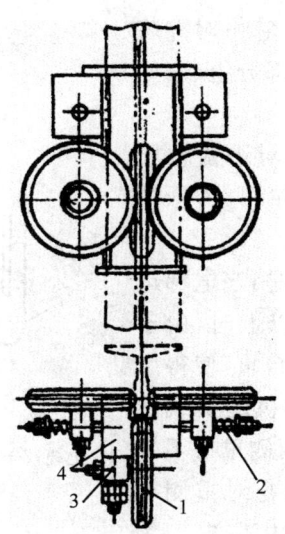

图 2-73 滚动导靴(上为立面图,下为俯视图)
1—滚轮;2—弹簧;3—摇臂;4—靴座

滚动导靴的滚轮常用硬质橡胶制成。为了提高与导轨的摩擦力,在轮圈上制出花纹。滚轮对导轨的压力,其意义与滑动导靴相同。初压力的大小可以通过调节弹簧的被压缩量加以调节。

应当注意的是,滚动导靴不允许在导轨工作面上加润滑油,否则,会使滚轮打滑,无法工作。滚轮转动应灵活、平稳、可靠。

对于重载高速电梯,为了提高导靴的承载能力,有时也采用 6 个滚轮的滚动导靴。滚动导靴可以在干燥的不加润滑的导轨上工作,因此不存在油污染,减少了火灾的危险。

第五节 重量平衡系统

重量平衡系统的作用是使对重与轿厢达到相对平衡,在电梯工作中使轿厢与对重间的重量差保持在某一个限额之内,保证电梯的曳引传动平稳、正常。它由对重装置和重量补偿装置两部分组成,如图 2-74 所示。

对重装置起到相对平衡轿厢重量的作用,它与轿厢相对,悬挂在曳引绳的另一端。

补偿装置的作用是:当电梯运行的高度超过 30 m 以上时,由于曳引钢丝绳和电缆的自重,使得曳引轮的曳引力和电动机的负载发生变化,可弥补轿厢两侧重量不平稳。这就保证轿厢侧与对重侧重量比在电梯运行过程中不变。

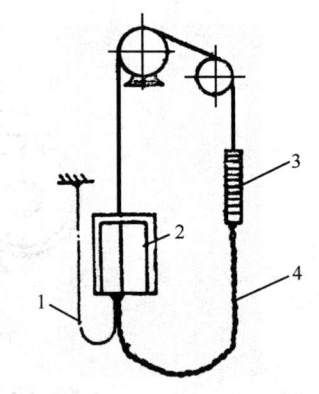

图 2-74　重量平衡系统示意图
1—电缆;2—轿厢;3—对重;4—补偿装置

一、重量平衡系统分析

1. 对重装置的平衡分析

对重又称平衡重,绕过曳引轮上的曳引绳的两侧,相对于轿厢悬挂在曳引绳的另一侧,起到相对平衡轿厢的作用。因为轿厢的载重量是变化的,因此不可能任何时刻两侧的重量都是相等而处于完全平衡状态。一般情况下,只有轿厢的载重量达到 50% 的额定载重量时,对重一侧和轿厢一侧才处于完全平衡,这时的载重量称为电梯的平衡点。这时由于曳引绳两端的静荷重相等,使电梯处于最佳的工作状态。但是在电梯运行中的大多数情况下,曳引绳两端的荷重是不相等的,是变化的,因此对重的作用只能起到相对平衡。

2. 补偿装置的平衡分析

在电梯运行中,对重的相对平衡作用在电梯升降过程中还在不断地变化。当轿厢位于最低层时,曳引绳本身存在的重量大部分都集中在轿厢侧;相反,当轿厢位于顶层时,曳引绳的自身重量大部分作用在对重侧。还有电梯上控制电缆的自重,也会对轿厢和对重两侧的平衡带来变化。轿厢一侧的重量 Q 与对重一侧的重量 W 的比例 Q/W 在电梯运行中是变化的,尤其当电梯的提升高度超过 30 m 时,这两侧的平衡变化就更大,因而必须增设平衡补偿装置来减弱这种变化。

平衡补偿装置是悬挂在轿厢和对重的底面(如补偿链,如图2-75所示),在电梯升降时,其长度的变化正好与曳引绳长度变化对重相反。当轿厢位于最高层时,曳引绳大部分位于对重侧;而补偿链(绳)大部分位于轿厢侧;而当轿厢位于最低层时,情况与上正好相反,这样就对轿厢一侧和对重一侧起到了平衡的补偿作用,保证了对重起到的相对平衡。

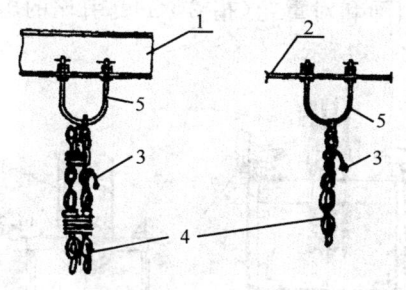

图 2-75　补偿链接头
1—轿厢底;2—对重底;3—麻绳;4—铁链;5—U形卡箍

假设,有一 60 m 高建筑内使用的电梯,使用 6 根 $\Phi 13$ mm 的钢丝绳,其中不可忽视的是绳的总重量(约 360 kg)。随着轿厢和对重位置的变化,这个总重量将轮流地分配到曳引轮的两侧。为了减少电梯传动中曳引轮所承重的载荷差,提高电梯的曳引性能,就必须采用补偿装置。

二、对重

对重可以平衡(相对平衡)轿厢的重量和部分电梯负载重量,减少电机功率的损耗。当电梯负载与对重十分匹配时,还可以减小钢丝绳与绳轮之间的曳引力,延长钢丝绳的寿命。

由于曳引式电梯有对重装置,如果轿厢或对重撞在缓冲器上后,电梯失去曳引条件,避免了冲顶事故的发生。

由于曳引式电梯设置了对重,使电梯的提升高度不像强制式驱动电梯那样受到卷筒的限制,因而提升高度也大大提高。

1. 对重装置的种类及其结构

对重装置,一般分为无对重轮式(曳引比为 1∶1 的电梯)和有对重轮(反绳轮)式(曳引比为 2∶1 的电梯)两种。

不论是有对重轮式,还是无对重轮式的对重装置,其结构组成是基本相同的。一般由对重架、对重块、导靴、缓冲器碰块、压块,以及与轿厢相连的曳引绳和对重轮(指 2∶1 曳引比的电梯)组成。各部件安装位置如图 2-76 所示。

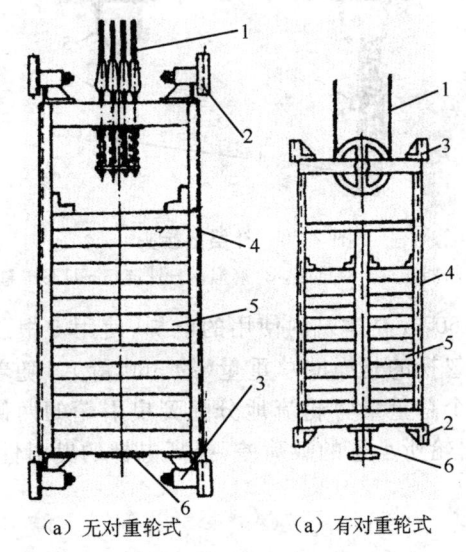

(a) 无对重轮式　　(a) 有对重轮式

图 2-76　对重装置

1—曳引绳;2—导靴;3—导靴;4—对重架;5—对重块;6—缓冲器碰块

其中的对重架是用槽钢制成,其高度一般不宜超出轿厢高度,对重块用铸铁制造,安放在对重架上后,要用压板压紧,以防运行中移位和运行中的振动声响。

2. 对重重量值的确定

为了使对重装置能对轿厢起最佳的平衡作用,必须正确计算其重量。对重的重量值与电梯轿厢本身的净重和轿厢的额定载重量有关。一般在电梯满载和空载时,曳引钢丝绳两端的重量差值应为最小,以使曳引机组消耗功率少,钢丝绳也不易打滑。

对重装置过轻或过重,都会给电梯的调整工作造成困难,影响电梯的整机性能和使用效果,甚至造成冲顶或蹾底事故。

对重的总重量通常用下面的公式计算:

$$对重的总重量 W = G + KQ$$

式中,G——轿厢自重(kg);

Q——轿厢额定载重量(kg);

K——电梯平衡系数,为 0.4~0.5,以钢丝绳两端重量之差值最小为好,选值原则是尽量使电梯接近最佳工作状态。

当电梯的对重装置和轿厢侧完全平衡时,只需克服部分摩擦力就能运行,且电梯运行平稳,平层准确度高。因此对平衡系数 K 的选取,应尽量使电梯能经常处于接近平衡状态。对于经常处于轻载的电梯,K 可取 0.4~0.45;对于经常处于重载的电梯,K 可取 0.5。这样有利于节省动力,延长机件的使用寿命。

例 2-4:有一部客梯的额定载重量为 1000 kg,轿厢净重为 1000 kg,若平衡系数取 0.45,求对重装置的总重量。

解:已知 $G = 1000$ kg $Q = 1000$ kg $K = 0.45$

代入对重总重量计算公式得:

$$W = G + KQ = 1000 + 0.45 \times 1000 = 1450 \text{ kg}$$

三、补偿装置

1. 补偿链

这种补偿装置以铁链为主体,链环一个扣一个,并用麻绳穿在铁链环中,其目的是利用麻绳减少运行时铁链相互碰撞引起的噪声。补偿链与电梯设备连接,通常是一端悬挂在轿厢下面,另一端则挂在对重装置的下部,如图 2-75 所示的接头。这种补偿装置的特点是:结构简单,但不适用于梯速超过 1.75 m/s 的电梯;另外,为防止铁链掉落,应在铁链两个终端分别穿套一根 $\Phi 6$ 钢丝绳与轿底和对重底穿过后紧固。这样能减少运行时铁链互相碰撞引起的噪声。

2. 补偿绳

这种补偿装置以钢丝绳为主体,补偿绳是把数根钢丝绳经过钢丝绳卡钳和挂绳架,一端悬挂在轿厢底梁上,另一端悬挂在对重架上,如图 2-77 所示的接头。这种补偿装置的特点是:电梯运行稳定,噪声小,故常用在电梯额定速度超过 1.75 m/s 的电梯上。缺点是装置比较复杂,除了补偿绳外,还需张紧装置等附件。电梯运行时,张紧轮能沿导轮上下自由移动,并能张紧补偿绳。正常运行时,张紧轮处于垂直浮动状态,本身可以转动。

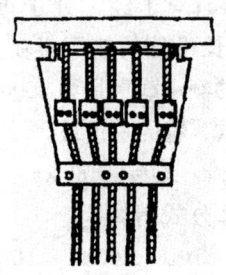

图 2-77 补偿绳接头

3. 补偿缆

补偿缆是最近几年发展起来的新型的、高密度的补偿装置。补偿缆中间有低碳钢制成的环链,中间填塞物为金属颗粒以及聚乙烯与氯化物混合物,形成圆形保护层,链套采用具有防火、防氧化的聚乙烯护套。这种补偿缆质量密度高,最重的每米可达 6 kg,最大悬挂长度可达 200 m,运行噪声小,可适用于各种中、高速电梯的补偿装置。补偿缆的接头方法如图 2-78 所示。

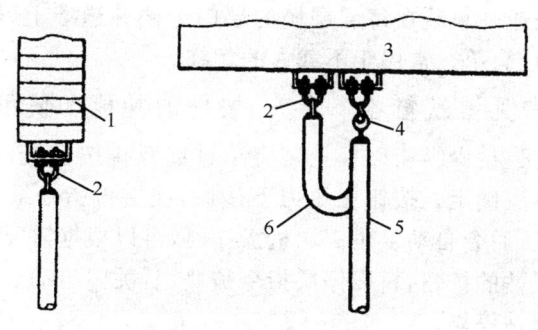

图 2-78 补偿缆的接头
1—对重;2—U形螺栓;3—轿厢底;4—S形悬钩;5—补偿缆;6—安全回环

第六节 电气控制装置

一、操纵箱

(一)操纵箱的型式

1. 手柄操纵箱

一般由司机操纵使电梯门开启或关闭、启动或制停轿厢的手柄开关装置。扳手有向上、向下、停车三个位置。板面上一般设有安全开关、指示灯开关、信号灯开关、照明开关、风扇开关、应急开关等。

常用在货梯上。

2. 按钮操纵箱

由乘客或司机通过按钮操纵电梯上、下、急停等的装置,并设有钥匙开关,用以选择司机操纵或自动操纵方式。另外还备有与电梯停站数相对应的指令按钮、记忆呼梯信号的指示灯、上下行方向指示灯、超载指示灯、警铃等。

3. 轿厢外操纵箱

操纵按钮一般装在每层层楼的层门旁侧井道墙上,按钮数量不多,形式比较简单。常用于不载人的货梯。

(二)常见操纵箱各个开关、按钮的功能和使用方法

(1)按钮组:操纵箱面板上装有单排或双排按钮组,按钮的数量由楼层的多少确定。按钮在压力下接通,使层楼指令继电器自我保护,按钮失压后会自动复位。司机操作时,可以根据需要按下一个或几个欲去层站的按钮,轿厢停层指令被登记,关门启动后轿厢就会按被登记的层站停靠。

(2)启动按钮:一般在盘面左右各装一个,一个用于向上启动,一个用于向下启动。当司机按下选层指令按钮,选好要去的层站,再按所要去的方向按钮,轿厢就会驶向欲去的楼层。有的电梯不用按钮启动而采用手柄左右旋转的办法启动,效果相同,一般多用于货梯。

(3)照明开关:是控制轿厢内照明电路的。轿厢内照明是由机房专用电源供电,不受电梯其他供电部分控制。一旦电梯主电路停电,轿厢内照明电路不会断电,就便于驾驶员或维修人员检修。不过维修人员处理故障时,要特别注意照明电路和开关仍带电,以免触电。

(4)钥匙开关:一般采用汽车钥匙开关。其作用是控制电梯运行状态,一般用机械锁带动电器开关,有的只控制电源,有的是控制电梯快速运行状态的检修(慢速)状态。在信号控制的电梯中,钥匙开关只有运行和检修两档;而在集选控制电梯中钥匙开关有三档,即自动(无司机)、司机和检修。司机离开轿厢,应将开关放在停止位置,

并将钥匙带走,防止他人乱动设备(无司机电梯除外)。

(5)通风开关:用来控制轿厢内的电风扇。轿厢无人时,应将风扇开关关闭,以防时间过长烧坏风扇或引起火灾。

(6)直驶按钮:(专用)开启这个开关,厅外招呼停层即告无效,电梯只按轿厢内指令停层。尤其在满载时,通过轿厢满载装置,将直驶电路接通,电梯便直达所选楼层。

(7)独立服务按钮(或专用按钮):当此开关合上后,只应答轿内指令,外呼无效,即电梯专用,有的电梯甚至也没有厅外楼层显示。

(8)检修开关:也称慢车开关。在检修电梯时,用来断开电气自动回路的一个手动开关。在司机操作时,只可在平层区域内作慢速对接(调平)操作,不可用于行驶。

(9)急停按钮(安全开关):按动或搬动此开关,电梯控制电源即被切断,立即停止运行。当轿厢在运行中突然出现故障或失控现象,为避免重大事故发生,司机可以按动急停开关,迫使电梯立即停驶。检修人员在检修电梯时,为了安全,也可以使用它。

(10)开关门按钮:在轿厢停止行驶状态时,开关门按钮才能起开关作用,在正常行驶状态下,该按钮将不起作用。有的电梯,开关门按钮只在检修时起开关门作用。

(11)警铃按钮:当电梯运行中突然发生事故停车,司机与乘客无法从轿厢中走出时,可按此开关向外报警,以便及时解除困境。

(12)召唤蜂鸣器:当厅外有人发出召唤信号时,接通装于操纵箱内的蜂鸣器电源,将会发出蜂鸣声,提醒司机及时应答。

(13)召唤楼层和运行方向指示灯:当电梯厅站乘客发出召唤信号时,与其相应的继电器吸合,接通指示灯电源,点亮相应的召唤楼层指示灯,电梯轿厢应答到位后,指示灯自行熄灭。有的电梯把指示灯装在操纵箱上楼层选择按钮旁边,有的电梯把指示灯横装在操纵箱的上方。运行方向指示灯装在操纵箱盘面上,用箭头图形表示,当向上方向继电器吸合后使向上箭头指示灯点亮,当向下方向继电器吸合后使向下箭头指示灯点亮。以标志电梯轿厢运行方向。指示灯电压各不相同,一般采用6.3、12、24 V,灯泡则选用7、14、26 V,即灯泡额定电压略高于线路给定电压,这样可以延长指示灯泡的使用寿命。

另外,在信号控制电路操纵箱面板上,不设超载信号指示,而在集选控制电梯操纵箱面板上,设有超载指示灯和讯响器。

轿厢内轿门上方的上坎装设有楼层指示灯,用以显示轿厢所在楼层位置。旧式指层装置采用低电压(6.3、12、24 V)等小容量指示灯显示,由楼层继电器驱动,每层由一只指示灯显示。旧式指层装置体积大,灯泡寿命短,维修量大。新式楼层指示装置采用LED数码管显示,具有体积小、美观清晰、寿命长等优点,在电梯上得到了广泛的使用。

二、指层灯箱(层灯)

指层灯箱是给司机、轿厢内、外乘用人员提供电梯运行方向和所在位置指示灯信号的装置。

位于层门上方的指层灯箱称厅外指层灯箱,位于轿门上方的指层灯箱称轿内指层灯箱。同一台电梯的厅外指层灯箱和轿内指层灯箱在结构上是完全一样的。

指层灯箱内装置的电器元件一般有以下两种:电梯上下运行方向灯;电梯所在层楼指示灯。

除杂物电梯外,一般电梯都在各停靠站的层门上方设置有指层灯箱。但是,当电梯的轿厢门为封闭门,而且轿门没有开设监视窗时,在轿厢内的轿门上方也必须设置指示灯箱。

指层灯箱上的层楼指示灯,一般采用信号灯和数码管层灯两种。

1. 层楼指示信号灯

在层楼指示器上装有和电梯运行层楼相对应的信号灯。每个信号灯外,都有数字表示。当电梯运行中经过某层时,此时层数指示灯亮,电梯通过后,指示楼层的信号灯就熄灭。也就是说:当电梯轿厢运行过程中,进入某层,该层的层楼信号灯就发亮,离开某层后,则该层的层楼信号灯灭,它可以告诉司机和乘客轿厢目前所在的位置。其电路接法是:把所要指示同一层的灯并联在一起,再经同一层楼层楼继电器动合(常开)触点接到电源上。每层均是这种接法,当电梯在某一层时,该层的层楼继电器通电,其动合触点闭合,使安在这层厅外及轿厢内指示灯箱内的指示灯发亮;同理,装在指层灯箱内的上、下方向指示灯,根据选定方向而指示。

2. 数码管层灯

数码管层灯,一般在微机控制的电梯上使用,层灯上有译码器和驱动电路,以数字显示轿厢位置。其型式多采用 7 段发光体 a、b、c、d、e、f、g 组成。若电梯运行楼层超过 9 层后,则在每层指示用的数码管需用两个(层门外上方和轿厢上方均用两个),可显示 00~99 这 100 个不同的层楼数。同理,装于指层灯箱内的上、下方向指示灯,一般装在厅外门上方,用塑料凸出上、下行三角。指示灯一般为白炽灯,有的为提醒乘客和厅外候梯人员,电梯已到本层,在指示灯箱内,装有喇叭(俗称到站钟),以声响来传达信息。

3. 无层灯的层楼指示器

有的电梯,除一层层门装有层楼指示器的层灯外,其他层楼门是无层灯的层楼指示器,只有上、下方向指示灯和到站钟。

三、召唤按钮盒(呼梯按钮盒)

召唤按钮盒是设置在电梯停靠层站门外侧,给厅外乘用人员提供召唤电梯的装置。

一般根据位置不同,设置以下几种按钮(箱):位于上端站,只装设一个下行召唤按钮;位于下端站,只装设一个上行召唤按钮(单钮召唤箱)。

在基站上,则装设一只上行召唤按钮和一只下行召唤按钮的双钮召唤箱。当厅外候梯人员按下向上或向下按钮时(只许按一个按钮),相应的指示灯亮,于是司机和乘客便知某层楼有人要梯。当要梯人所在的层次在运行电梯的前方,而且是顺向时,则电梯到达该层时,立即停车,开门,厅外候梯人员上梯;若要梯人所在的层次在运行电梯的后方,而且其要求与运行中电梯方向相反,则电梯只作记忆(从轿厢内操作盘上可知),等到做完当前方向运行后,再按要求接相反方向运行的乘客。

若电梯的呼梯登记(即呼梯系统)是采用继电器控制的,则每一个呼梯按钮对应相应的一只继电器,按钮与对应继电器动合触点并联构成自保持环节。若电梯的呼梯登记(即呼梯系统)是采用电脑控制时,则呼梯按钮对应的是专用的呼梯记忆系统。当电梯到达厅外候梯人员所等候的层站时,此层呼梯信号就被取消。

四、轿顶检修盒

在机房电气控制柜上及轿厢顶上,设有供电梯检修运行的检修开关箱。其电器元件一般包括有:电梯慢上、慢下的按钮,点动开门按钮,急停按钮,轿顶检修转换开关,轿顶检修灯开关。

五、换速平层装置

换速平层装置是为使电梯实现到达预定的停靠站前,提前一定距离,把快速运行切换为平层前的慢速运行,并使平层时能自动停靠的控制装置。

这种装置通常分别装在轿顶支架和轿厢导轨支架上,所装的平层部件配合动作来完成平层功能。

1. 遮磁板式

此种装置主要由以下两部分组成,如图 2-79 所示。装置固定在轿厢架上的换速遮磁板 6 和上下平层传感器 3;装置固定在轿厢导轨固定架上的换速传感器7和平层隔磁板4。

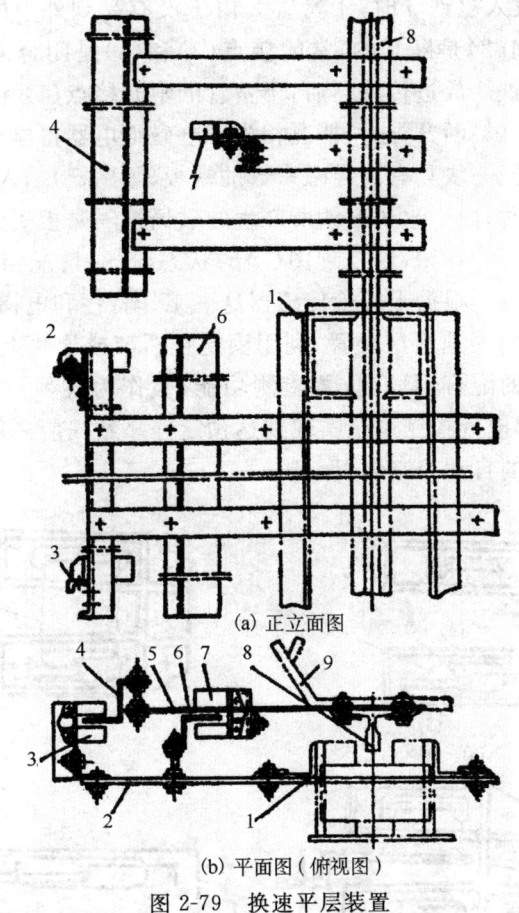

图 2-79 换速平层装置

1—轿架直梁；2—换速隔磁板及平层传感固定架；3—平层传感器；4—平层隔磁板；
5—平层隔磁板固定架；6—换速隔磁板；7—换速传感器；8—轿厢导轨；9—撑架

装置在井道内轿厢导轨旁边固定架上的换速传感器7和装置在轿厢架上的平层传感器3在结构上是相同的，如图2-80所示，均由塑料盒1、永久磁铁3、干簧管2组成。这种干簧管传感器相当于一只永磁式的继电器,其结构和工作原理可结合图 2-80 叙述如下。图(a)表示未放入磁铁 3 时,干簧管 2 由于没有受到外力的作用,其常开接点(1)和(2)是断开的,常闭接点(2)和(3)是闭合的。图(b)表示把永久磁铁 3 放进传感器后,干簧管的常开接点(1)和(2)闭合,常闭接点(2)和(3)断开,这一情况相当于电磁继电器得电动作。图(c)表示当外界把一块具有高导磁系数的铁板(隔磁板)插入永久磁铁和干簧管之间时,由于永久磁铁所产生的磁场被隔磁板短路,干簧管的接点失去外力的作用,恢复到图(a)的状态,这一情况相当于电磁继电器失电复位。根据干簧管传感器这一工作特性和电梯运行特点设计制造出来的换速平层装置,利用固定在轿架或导轨上的传感器和隔磁板之间的配合,具有位置检测功能,被作为各种控制方式的低速、快速电梯电气控制系统实现到达预定停靠站提前一定距离换速、平层时停靠的自动控制装置。

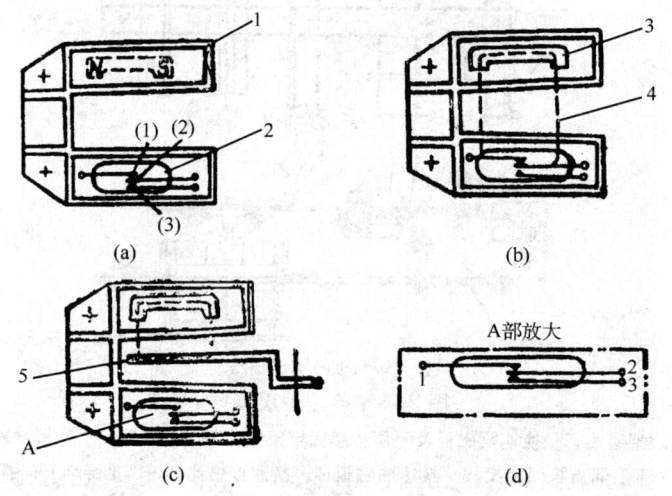

图 2-80 干簧管传感器工作原理
1—塑料盒;2—干簧管;3—永久磁铁;4—磁力线;5—隔磁板

提前换速点与停靠站楼面的距离与电梯额定运行速度有关,速度越快,距离越长。可按表2-5的参数进行调整。

表 2-5 提前换速点与层站楼面距离的确定值

电梯额定速度 $V(m/s)$	提前换速点与停靠层站楼面距离 $S(mm)$
$V \leqslant 0.25$	$400 \leqslant S \leqslant 500$
$0.25 \leqslant V \leqslant 0.5$	$500 \leqslant S \leqslant 750$
$0.5 \leqslant V \leqslant 1$	$750 \leqslant S \leqslant 1800$
$1.00 \leqslant V \leqslant 2$	$1800 \leqslant S \leqslant 3500$

2. 圆形永久磁铁式(双稳态磁开关)

如图2-81所示的轿厢顶部分支架上的装置和上方的井道内部分导轨旁边支架上装置的直观图,此种开关主要是由装置在轿厢顶部的双稳态磁性开关2和装置在井道内导轨旁边支架上的并对应于每个层站适当位置的各个圆形永久磁铁3所组成。

圆形永久磁铁的磁性较强,有N、S两个极,外直径一般为20 mm,厚为10 mm,中间有固定的孔,其结构如图2-82所示。双稳态磁性开关的结构,如图2-83所示。

双稳态磁性开关的工作原理如下:从图2-83中可知,在干簧管上设置两个极性相反磁性较小的磁铁2,因有它的存在,可使干簧管中的触点维持现有状态。但因两个小磁铁吸力不足,不会使干簧管吸合,只有受到外界同极性的磁场作用时才能吸合,受到异性磁场时断开。例如,干簧管在未受到外界磁场影响时,触点处于断开状态,当电梯轿厢运行时,双稳态磁性开关与固定在井道里轿厢导轨上磁体架上的一个S极的圆形永久磁铁的相遇,在通过双稳态磁性开关中N极小磁铁时,由于两个相遇磁场相反(磁力削减),这时干簧管触点仍为断开状态;当通过S极小磁铁时,由于磁场方向相同,干簧管触点受磁力影响而吸合(磁力增强所致)。当这个S极的圆形永久磁铁离开双稳态磁开关后,双稳态磁开关内的触点仍吸合。当外界的S

极圆形永久磁铁由右向左与双稳态磁性开关相遇,通过 S 极小磁铁时,由于磁场方向相同,则保持干簧管吸合;通过 N 极小磁铁时,其磁场方向相反,磁力降低,不能再保持状态,使干簧管触点断开。

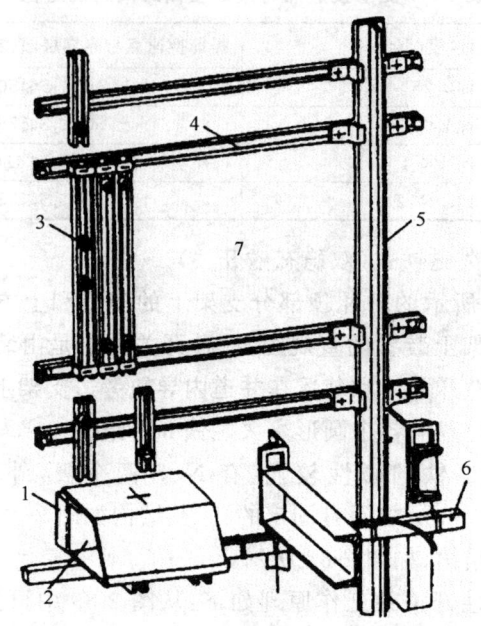

图 2-81　圆形永久磁铁式平层装置直观图
1—双稳态磁开关架;2—双稳态磁性开关;3—圆形永久磁铁;
4—磁体支架;5—轿厢导轨;6—轿厢顶支架;7—中间停站

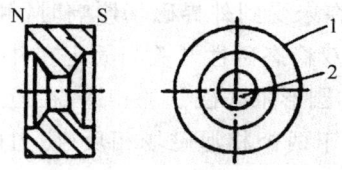

图 2-82　圆形永久磁铁结构(主、侧立面图)
1—外缘;2—固定孔

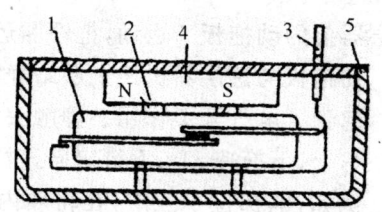

图 2-83 双稳态磁性开关结构
1—干簧管;2—维持状态磁体;3—引出线;4—定位弹性体;5—壳体

六、选层器

选层器设置在机房或隔层内,是模拟电梯运行状态,向电气控制系统发出相应信号的装置。

1. 机械式选层器

它是一种以机械传动模拟电梯运行,以缩小的比例准确反映轿厢运行位置,并以电气触头的电信号实行多种控制功能的装置。其作用多为发出减速指令,指示轿厢位置,消除应答完毕的召唤信号,确定运行方向,控制开门等。

图 2-84 所示是常用的机械式选层器传动系统示意图。穿孔钢带 9 与轿厢连接,轿厢运动驱动安装在机房中选层器的钢带轮 3 转动,由于是采用链齿式传动,钢带在轮上无打滑现象,因此能准确反映电梯实际运行速度。然后再通过一对链轮 2 将运动传给箱体中的动拖板 6,动拖板随着电梯的升降而升降,且以缩小的比例,准确地反映轿厢运动位置,其缩小的比例称为缩比尺(也称压缩比)。

缩比尺可以根据层楼高度、电梯的运行速度、减速距离等条件确定。在国产电梯中常用的缩比尺有 1∶60、1∶100 等。

选层器箱体除了传动机构及动拖板外,还装有静触头盘,有的还装有磁感应开关的隔磁板,作为减速指令发出装置。

机械式选层装置工作过程见图 2-84,当电梯做上或下运动时,带动钢带 9 运动,钢带牙轮(钢带轮)3 带动链条 4,经减速器 8 又经链条传动,带动选层器上的动拖板6运动,把轿厢运动模拟到动拖板上。根据运动情况,动拖板与选层器机架上层站静触头接触和离开,完成电气接点离合,起到了电气开关作用。静触头每层一块,其功能通常有轿厢位置指示,上、下换速,上、下行定向,轿内选层消号,厅外上、下呼梯消号等。例如,电梯位于三层,在轿厢内按动五层内选按钮,控制柜的内选继电器吸合,因动拖板位于选层器机架上三层,当电梯轿厢向上运行时,动拖板也同时向上运动。一旦动拖板的换速触点接触到五层的换速接点时,换速继电器动作,电梯减速。电梯平层后,动滑板打开内选自保回路,消去五层内选信号。

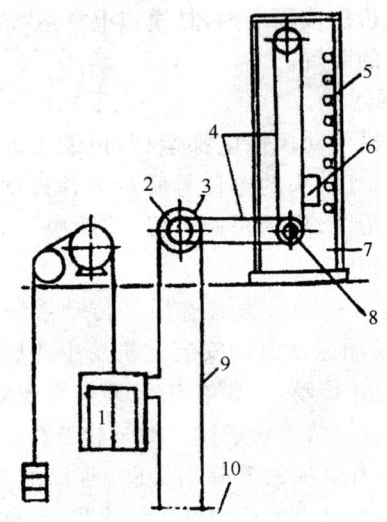

图 2-84 机械式选层器

1—轿厢;2—链轮;3—钢带轮;4—链条;5—层站静触头;6—动拖板(触头);
7—选层器箱;8—减速器;9—穿孔钢带;10—张紧轮

2. 电动式选层器

电动式选层器又称刻槽式选层器,如图 2-85 所示,可装置在控制柜内。其结构由伺服电动机 1、螺杆 2、螺母 3 和继电器接点 4

组成。

电动式选层器的工作过程是:当电梯轿厢在井道内移动时,井道内安装的遮磁板和轿厢上安装的感应器相互插入发出信号,此信号送给伺服电动机,电动机便转动一定的角度(90°或180°等),螺杆跟着转动,而与螺杆配合的螺母(不转动)则向上或向下移动一定的距离(一层楼或几层楼),与轿厢位置成比例作同步运动,由于螺母的移动,会拨动继电器的接点,使之接通或断开,达到选层的目的。

3. 电气选层器(继电器式选层器)

这种选层器实际上是一个步进开关装置,可代替机械式选层器。对于电气选层器来说,必须特别注意依次顺序前进和后退的规定。

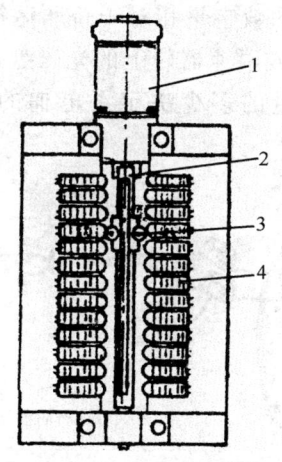

图 2-85　电动式选层器结构
1—伺服电动机;2—螺杆;3—螺母;4—继电器接点

这种选层装置通常由双稳态磁性开关、圆形永久磁铁、选层器方向记忆继电器、选层器步进限位器、记忆继电器选层继电器,以及选层器的端站校正装置等组成。

井道信息是由装在轿厢导轨上各层支架上的圆形永久磁铁和装

在轿厢顶上一组双稳态磁开关来完成。各层选层信号是由机房内控制屏上的层楼继电器来执行。

其工作原理是：轿厢在井道内的位置信号，由双稳态开关与圆形永磁铁之间位置决定，用这信号控制继电器组成选层器。选层器在双稳态磁开关离开相应的楼层后，双稳态磁开关与圆形永久磁铁相遇，使双稳态磁开关中的接点动作，一个位置一个位置地递进，继电器选层器动作超前于轿厢，并使控制系统有足够的时间，决定停车的距离。

4. 电脑选层器（电子选层器）

这种选层器是利用数字脉冲信号、微处理机等手段组成的选层器。它是将脉冲信号的数字量相对于轿厢运行的距离量进行选层，利用装在曳引电动机或限速器轮上的光码盘，在电动机转动时产生光脉冲信号，其脉冲量的多少决定了电梯的平层精度，如图2-86所示。

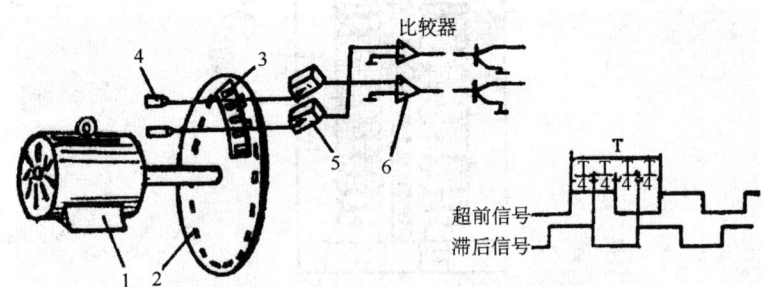

图 2-86 旋转编码器计脉冲数
1—电动机；2—光码盘；3—定盘；4—发光器；5—接收器；6—比较器

旋转编码器与电动机同轴连接，随电动机的转动，产生脉冲信号输出。根据脉冲的输出，可以检测运行距离。光码盘（转盘）随轿厢的运行旋转，LED发出的光线通过定盘穿过转盘的间隙。每一转产生1024个脉冲，采用两相检测，两相相差90°，因此可以判断轿厢是上行还是下行。

图 2-87 所示为电脑选层器的构成图。用旋转编码器检测的电动机的转数检出轿厢的移动距离。由方向判断回路检测运行方向送至副微机。电梯安装完成后,将电梯停在底层,通过 MPU(微处理器)上的小键盘操作,使电梯进入自动高测定运行,将各层数据写入 EEPROM(存储芯片)。每层数据是通过轿顶感应器经过隔磁板取得的。微机内部设层高表记录各层的层高数据。

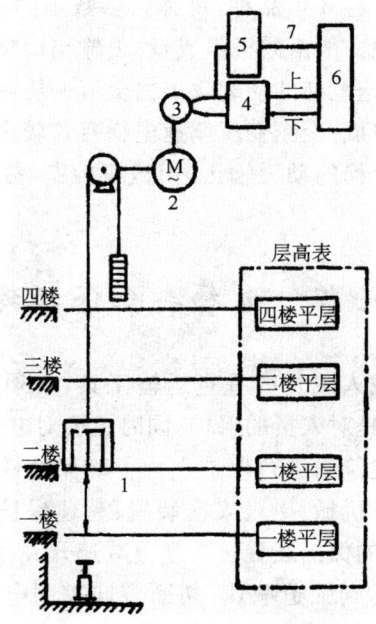

图 2-87 电脑选层器的构成
1—计数值;2—电动机;3—旋转编码器;4—方向检测;5—计数器;
6—副微机;7—指移动距离

旋转编码器取得了电梯的位置信号,要完成选层器的功能,微机内部设置了同步位置、先行位置、先行层等几个变量,分析之间的关系,并进行同步位置的校正。校正是利用轿顶的感应器进行的。

七、控制柜

控制柜是电梯电气系统完成各种控制任务,实现各种功能的控制中心。

控制柜由柜体和各种控制电器元件组成。控制柜中装配的元件,其数量规格主要与速度、控制方式、曳引电机大小等参数有关。目前交流电梯主要有3个品种,每种因参数不同略有区别。交流双速电梯控制系统现一般由微机组成,动力输出由接触器完成,接触器较多;交流调压调速电梯的动力输出由交流调压调速器完成,配以相对较少的接触器组成;变频变压调速电梯目前较多,由变频器配以很少的接触器完成电梯的动力输出,由微机控制,故障率较低,结构紧凑、美观。

第七节 电梯安全保护装置

电梯是频繁载人载货的垂直运输工具,必须有足够的安全性。电梯的安全,首先是对人员的保护,同时也要对电梯本身和所载物资以及安装电梯的建筑物进行保护。为了确保电梯运行中的安全,在设计时设置了多种机械、电气安全装置:超速保护装置——限速器、安全钳;超越行程的保护装置——强迫减速开关、终端限位开关。终端极限开关分别达到强迫减速、切断方向控制电路、切断动力输出(电源)的三级保护:冲顶(蹾底)保护装置——缓冲器;门安全保护装置——层门门锁与轿门电气连锁及门防夹人的装置;轿厢超载保护装置及各种装置的状态检测保护装置(如限速器断绳开关、钢带断带开关)——确保功能完好下电梯工作;电气安全保护系统——供电系统保护、电机过载、过流等装置及报警装置等。这些装置共同组成了电梯安全保护系统,以防止任何不安全的情况发生。同时,电梯的维护和使用必须随时注意,随时检查安全保护装置的状态是否正常有效,很多事故就是由于未能发现、检查到电梯状态不良和未能及时维护检修及不正确使用造成的。所以司机必须了解并掌握电梯的工作原理,能及时发现隐患并正确合理地使用电梯。

一、防超越行程的保护

为防止电梯由于控制方面的故障,轿厢超越顶层或底层端站继续运行,必须设置保护装置以防止发生严重的后果。

防止超越行程的保护装置一般是由设在井道内上下端站附近的强迫换速开关、限位开关和极限开关组成。这些开关或碰轮都安装在固定于导轨的支架上,由安装在轿厢上的打板(撞杆)触动而动作。

图2-88所示是目前广泛使用的电气开关或极限开关的安装示意图。其强迫换速开关、限位开关和极限开关均为电气开关,尤其是限位和极限开关必须符合电气安全触点要求。图2-89所示是使用铁壳刀闸作极限开关的安装示意图,刀闸极限开关安装在机房,刀闸刀片转轴的一端装有棘轮上绕有钢丝绳。钢丝绳的一端通过导轮接到井道顶上、下极限开关碰轮,另一端吊有配重以张紧钢丝绳。当轿厢的打板撞动碰轮时,由钢丝绳传动将刀闸断开。由于刀闸是串在主电路上,所以就将主电路断开了。在轿厢打板与碰轮脱离后,再由人工将刀闸复位。这种极限开关由于传动比较复杂,在大提升高度时钢丝绳不易张紧而易出现误动作,目前只在一些旧电梯和低层站的货梯中有使用。

强迫换速开关是防止越程的第一道关,一般设在端站正常换速开关之后。当开关撞动时,轿厢立即强制转为低速运行。在速度比较高的电梯中,可设几个强迫换速开关,分别用于短行程和长行程的强迫换速。

限位开关是防越程的第二道关,当轿厢在端站没有停层而触动限位开关时,立即切断方向控制电路使电梯停止运行。但此时仅仅是防止向危险方向运行,电梯仍能向安全方向运行。

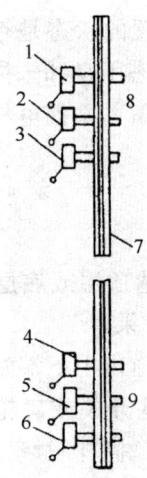 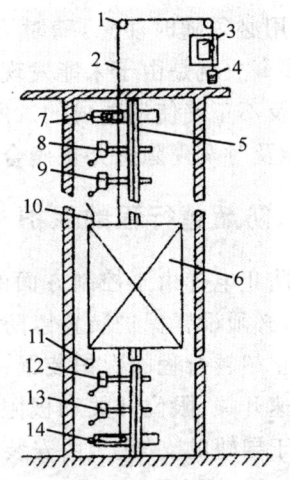

图 2-88 电气(极限)开关示意图
1、6—终端极限开关;2—上限位开关;3—上强迫减速开关;4—下强迫减速开关;5—下限位开关;7—导轨;8—井道顶部;9—井道底部

图 2-89 铁壳刀闸极限开关示意图
1—导轮;2—钢丝绳;3—终端极限开关;4—张紧配重;5—导轨;6—轿厢;7—极限开关上碰轮;8—上限位开关;9—上强迫减速开关;10—上开关打板;11—下开关打板;12—下强迫减速开关;13—下限位开关;14—极限开关下碰轮

极限开关是防越程的第三道保护。当限位开关动作后电梯仍不能停止运行时,会触动极限开关切断电路,使驱动主机迅速停止运转。对交流调压调速电梯和变频调速电梯极限开关动作后,应能使驱动主机迅速停止运转,对单速或双速电梯应切断主电路或主接触器线圈电路,极限开关动作应能防止电梯在两个方向的运行,而且不经过有资质的人员调整,电梯不能自动恢复运行。

极限开关安装的位置应尽量接近端站,但必须确保与限位开关不联动,而且必须在对重(或轿厢)接触缓冲之前动作,并在缓冲器被压缩期间保持极限开关的保护作用。

限位开关和极限开关必须符合电气安全触点要求,不能使用普通的行程开关和磁开关、干簧管开关等传感装置。

防越程保护开关都是由安装在轿厢上的打板(撞杆)触动的,打板必须保证有足够的长度,在轿厢整个越程的范围内都能压住开关,而且开关的控制电路要保证开关被压住(断开)时,电路始终不能接通。

防越程保护装置只能防止在运行中控制故障造成的越程,若是由于曳引绳打滑、制动器失效或制动力不足造成轿厢越程,上述保护装置是无能为力的。

二、限速器和安全钳

正常运行的轿厢,一般发生坠落事故的可能性极少,但也不能完全排除这种可能性。一般常见的有以下几种可能的原因:

(1)曳引钢丝绳因各种原因全部折断;

(2)蜗轮蜗杆的轮齿、轴、键、销折断;

(3)曳引摩擦绳槽严重磨损,造成当量摩擦系数急剧下降,而致平衡失调,轿厢又超载,则钢丝绳和曳引轮打滑;

(4)轿厢超载严重,平衡失调,制动器失灵;

(5)因某些特殊原因,例如平衡对重偏轻、轿厢自重偏轻,造成钢丝绳对曳引轮压力严重减少,致使轿厢侧或对重侧平衡失调,使钢丝绳在曳引轮上打滑。

只要发生以上 5 种原因之一,就可能发生轿厢(或对重)急速坠落的严重事故。

因此按照国家有关规定,无论是乘客电梯、载货电梯、医用电梯等,都应装置限速器和安全钳系统。

在电梯的安全保护系统中,提供综合的安全保障是限速器、安全钳和缓冲器。限速器和安全钳是防止电梯超速和失控的保护装置。当电梯在运行中无论何种原因使轿厢发生超速,甚至坠落的危险状况而所有其他安全保护装置均未起作用的情况下,则靠限速器、安全钳(轿厢在运行途中起作用)和缓冲器的作用使轿厢停住而不致使乘客和设备受到伤害。

限速器是速度反应和操作安全钳的装置。当轿厢运行速度达到限定值时(一般为额定速度的115%以上),能发出电信号并产生机械动作,以引起安全钳工作的安全装置。所以限速器在电梯超速并在超速达到临界值时起检测及操纵作用。

安全钳是由于限速器的作用而引起动作,迫使轿厢或对重装置制停在导轨上,同时切断电梯和动力电源的安全装置。安全钳是在限速操纵下强制使轿厢停住的执行装置。

限速器通常安装在电梯机房或隔音层的地面,它的平面位置一般在轿厢的左后角或右前角处,如图 2-90 所示。限速器绳的张紧轮安装在井道底坑。限速器绳绕经限速器轮和张紧轮形成一全封闭的环路,其两端通过绳头连接架安装在轿厢架上操纵安全钳的杠杆系统。张紧轮的重量使限速器绳保持张紧,并在限速器轮槽和限速器绳之间形成摩擦力。轿厢上、下运行同步地带动限速器绳运动从而带动限速器轮转动。如图 2-91 所示。

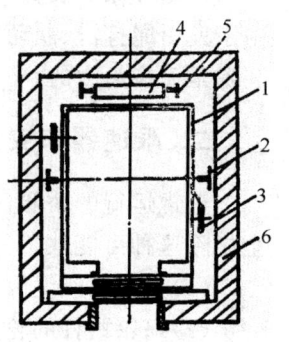

图 2-90 限速器与轿厢的相对位置平面图
1—轿厢;2—轿厢导轨;
3—限速器;4—对重
5—对重导轨;6—井道围壁

根据电梯安全规程的规定,任何曳引电梯的轿厢都必须设有安全钳装置,并且规定此安全钳装置必须由限速器来操纵,禁止使用由电气、液压或气压装置来操作安全钳。当电梯底坑的下方有人通行或是能进入的过道或空间时,则对重也应设有限速器安全钳装置。

安全钳装置装设在轿厢架或对重架上,它由两部分组成。

(1)操纵机构:它是一组连杆系统,限速器通过此连杆系统操纵安全钳起作用。如图 2-92 中的 6,图 2-93 中的 6。

第二章 电梯结构原理与安全保护装置

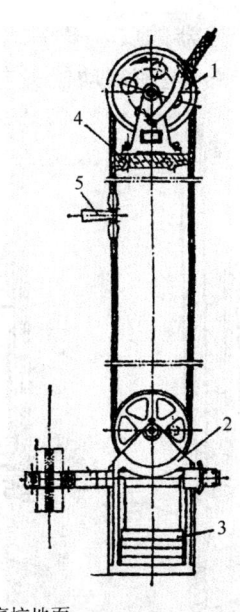

图 2-91 限速器装置的传动系统
1—限速器；2—张紧轮；3—重砣；4—固定螺钉；5—连接轿厢架

(2)制停机构：也叫做安全钳(嘴)，作用是使轿厢或对重制停，夹持在导轨上。如图 2-92 中的 1，图 2-93 中的 5。

安全钳需要有两组，对应地安装在与两根导轨接触的轿厢外两侧下方处。常见的是把安全钳安装在轿厢架下梁的上面。

如图 2-92 和图 2-93 所示，限速绳两端的绳头与安全钳杠杆的驱动连杆相连接。电梯正常运行时，轿厢运动通过驱动连杆带动限速器绳和限速器运动，此时，安全钳处于非动作状态，其制停元件与导轨之间保持一定的间隙。当轿厢超速达到限定值时，限速器动作使夹绳夹住限速器绳，于是随着轿厢继续向下运动，限速器绳提起驱动连杆促使连杆系统 6 联动，两侧的提升拉杆被同时提起。带动安全钳制动楔块与导轨接触，两安全钳同时夹紧在导轨上，使轿厢制停。安全钳动作时,限速器的安全开关或安全钳提拉杆操纵的安全开关,都会断开控制电路,迫使制动器失电制动。

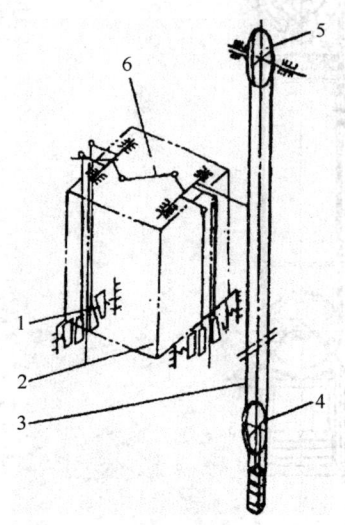 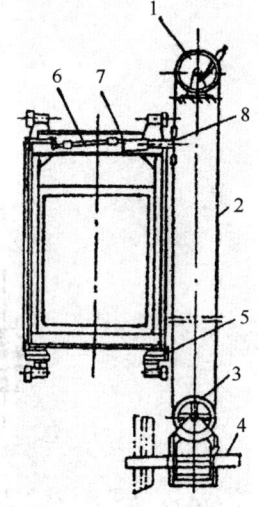

图2-92 限速器与安全
钳联动原理示意图
1—安全钳;2—轿厢;
3—限速器绳;4—张紧轮;
5—限速器;6—连杆系统

图2-93 限速器与安全
钳联动原理立面示意图
1—限速器;2—限速器绳;
3—张紧轮;4—限速器断绳开关;
5—安全钳;6—连杆系统;
7—安全钳动作开关;
8—限速器绳头

只有当所有安全开关复位,轿厢向上提起时,才能释放安全钳。安全钳不恢复到正常状态,电梯不能重新使用。

1. 限速器

限速器按动作原理可分为摆锤式和离心式两种,离心式限速器较为常用。如图2-94所示为摆锤式凸轮棘爪限速器。轿厢在运行时,通过限速器绳头拉动限速器绳,使限速器绳轮和连在一起的凸轮和控制轮(棘轮)同步转动。摆锤由调节弹簧拉住,锤轮压在凸轮上,凸轮转动使摆锤上下摆动。转动速度大,摆锤的摆动幅度也大。当轿厢运行超速时,由于摆锤摆动幅度加大,触动超速开关,切断电梯安全电路,使电梯停止运行。若电梯在向下运行,超速开关动作后没有停止而继续超速运动,则当速度超过额定速度115%以后,因摆锤摆动幅度的进一步加大,棘爪卡入制动轮中,使制动轮和连在一起的限速器绳轮停止转动,由限速器绳头和联动机构将安全钳拉动,轿厢制停。摆锤式限速器一般用于速度较低的电梯。

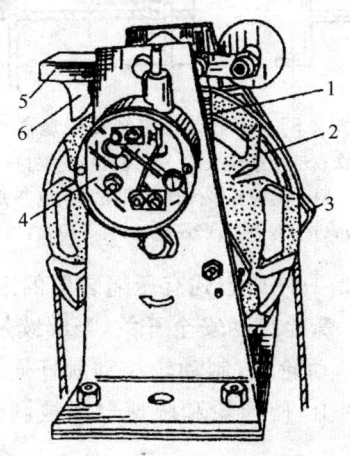

图 2-94　摆锤式凸轮棘爪限速器
1—调节弹簧;2—制动轮;3—凸轮;4—超速开关;5—摆杆;6—棘爪

如图 2-95 所示是离心式带夹绳钳的限速器。当轿厢运行时限速器绳带动限速器绳轮旋转,通过拉簧 13 使同轴的离心甩块旋转并向外甩开。当电梯超速时甩块首先将开关打板 2 打动,使电气触点断开,切断安全电路。在下行时若电梯还在继续超速,由于甩块的进一步甩开将夹绳打板 10 打动,使正常时被夹绳打板卡住的夹绳钳块掉下卡住限速器绳。卡绳的力量可由弹簧 4 进行调节。

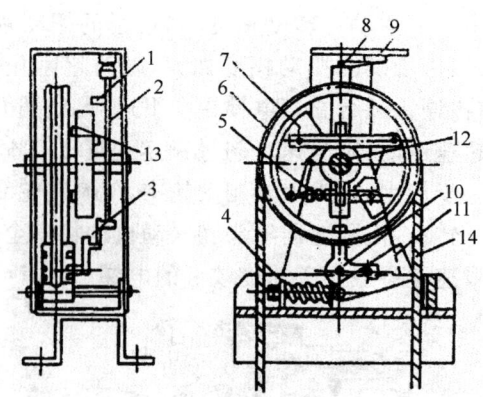

图 2-95 离心式带夹绳钳限速器
1—开关打板碰铁;2—开关打板;3—夹绳打板碰铁;4—夹绳钳弹簧;
5—离心重块弹簧;6—限速器绳轮;7—离心重块;8—电开关触头;9—电开关;
10—夹绳打板;11—夹绳钳;12—轮轴;13—拉簧;14—限速器绳

如图 2-96 所示是一种离心式有压绳装置的限速器。在超速时,首先由甩块上的一个螺栓打动安全开关,当继续超速时,甩块进一步甩开触动棘爪卡在制动轮上,制动轮拉动触杆通过压杆将压块压在限速器绳轮的钢丝绳上,使绳轮和限速器绳被刹住。压块的压紧力由弹簧 5 调定。

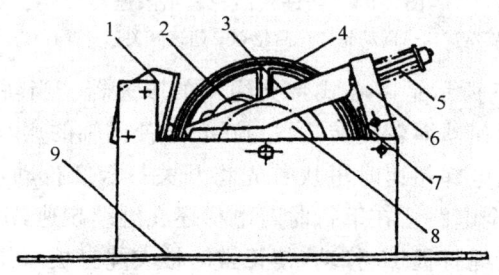

图 2-96 离心式压绳限速器
1—电气开关;2—甩块;3—触杆;4—绳轮;5—弹簧;6—压杆;
7—压块;8—制动轮;9—底板

限速器的动作速度应不低于额定速度的115%,但应小于下列值:
(1) 配合楔块式瞬时式安全钳的为 0.8 m/s;
(2) 配合不可脱落滚柱式瞬时式安全钳的为 1.0 m/s;
(3) 配合额定速度小于或等于 1 m/s 的渐进式安全钳的为1.5 m/s;
(4) 配合速度大于 1 m/s 的渐进式安全钳的为 $1.25v+(0.25/v)$ (v 为电梯额定速度)。

对于载重量大、额定速度低的电梯,应专门设计限速器,并用接近下限的动作速度,若对重也设安全钳,则对重限速器的动作速度应大于轿厢限速器的动作速度,但不得超过10%。

限速器绳应选柔性良好的钢丝绳,其绳径不小于 6 mm,安全系数不小于 8。限速器绳由安装于底坑的张紧装置予以张紧,张紧装置的重量应使正常运行时钢丝绳在限速器绳轮的槽内不打滑,且悬挂的限速器绳不摆动。张紧装置应有上下活动的导向装置。限速器绳轮和张紧轮的节圆直径应不小于所用限速器绳直径的 30 倍。为了防止限速器绳断裂或过度松弛而使张紧装置丧失作用,在张紧装置上应有电气安全触点,当发生上述情况时能切断安全电路使电梯停止运行。

限速器动作时,限速器对限速器绳的最大制动力应不小于 300 N,同时不小于安全钳动作所需提拉力的两倍。若达不到这个要求,很可能发生限速器动作时限速器绳在限速器绳轮上打滑提不动安全钳,而轿厢继续超速向下运动。为了提高制动力,没有夹绳、压绳装置的限速器绳轮应采用 V 形绳槽,绳槽应作硬化处理。

限速器必须有非自动复位的电气安全装置,在轿厢上行或下行达到动作速度以前动作,使电梯主机停止运转。过去曾用过没有电气安全开关的摆锤式和离心压杆限速器现都应停止使用。

限速器上调节甩块或摆锤动作幅度(也是限速器动作速度)的弹簧,在调整后必须有防止螺帽松动的措施,并予以铅封,压绳机构、电

电梯
操作与维护

气触点触动机构等调整后,也要有防止松动的措施和明显的封记。

限速器上的铭牌应标明使用的工作速度和额定的动作速度,最好还应标明限速器绳的最大张力。

2. 安全钳装置

安全钳装置包括安全钳本体、安全钳提拉联动机构和电气安全触点,如图 2-97 所示。

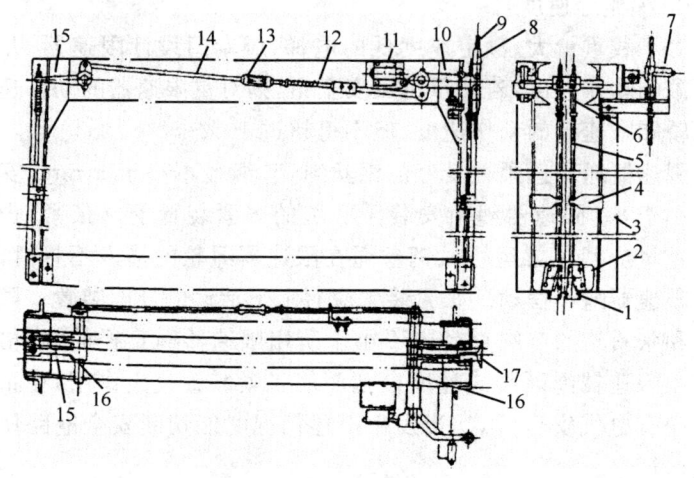

图 2-97 安全钳结构及安装位置

1—安全钳楔块;2—安全钳座;3—轿厢架;4—防晃架;5—垂直拉杆;6—压簧Ⅰ;
7—防跳器;8—绳头;9—限速器绳;10—主动杠杆;11—安全钳急停开关;
12—压簧Ⅱ;13—正反扣螺母;14—横拉杆;15—从动杠杆;16—转轴;17—导轨

安全钳及其操纵机构一般均安装在轿厢架 3 上。安全钳座 2 装设在轿厢架下梁内,楔块 1 在安全钳动作时夹紧导轨使轿厢制停。轿厢架上梁的两侧各装有一根转轴 16,操纵机构的一组杠杆均固定在这两根轴上。主动杠杆 10 的端部通过绳头 8 与限速器绳 9 连接。4 个从动杠杆 15 分别安装在两侧的转轴 16 上。横拉杆 14 连接两侧的转轴以保证两侧的从动杠杆同步摆动,横拉杆 14 上的正反扣螺母 13 可调节从动杠杆的位置。从动杠杆的端部各连接一条垂直拉杆 5,通过它带动安全钳的楔块 1。垂直拉杆上的防晃架 4 起定位导引作用,并防止垂直拉杆晃动。横拉杆的压簧Ⅱ12 使拉杆系统复位。垂直拉杆的压簧Ⅰ6 促使安全钳楔块 1 在正常情况下处于松开状态。

当电梯超速达到使限速器动作时,限速器绳 9 被夹住不动,随着轿厢继续向下运动,主动杠杆 10 被限速器绳带动向上摆动,通过转轴 16 使 4 个从动杠杆 15 同时向上摆动,带动 4 根垂直拉杆 5 提起安全钳楔块 1,使楔块与电梯导轨 17 发生接触,接着依靠自锁楔紧作用使安全钳夹紧在导轨上,轿厢被制停。这里要注意操纵机构杠杆的作用只是摆动一定角度使安全钳楔块与导轨相接触,一经接触之后,将靠自锁楔紧作用而产生制动力,不再依赖操纵机构。楔块在自锁楔紧过程中,将继续抬起垂直拉杆 5,压缩压簧Ⅰ6,那时从动杠杆 15 将不再起作用。

主动杠杆 10 上附有碰铁,当操纵机构带动安全钳动作时,此碰铁使安全钳急停开关 11 被打开,曳引机停止转动。此急停开关不能自动复位,只有在松开安全钳并排除故障之后,靠手动才能复位。

电气安全开关应符合安全触点的要求,规定要求安全钳释放后需经有资质人员调整后电梯方能恢复使用,所以电气安全开关一般应是非自动复位的,安全开关应在安全钳动作以前动作,所以必须认真调整主动杠杆上的打板与开关的距离和相对位置,以保证安全开关准确动作。

提拉联动机构一般都安装在电梯轿顶,也有安装在轿底的,此时应将电气安全开关设在可以恢复的位置。

安全钳按结构和工作原理可分为瞬时式安全钳和渐进式安全钳。

(1)瞬时式安全钳

该安全钳的动作元件有楔块、滚柱,其工作特点是:制停距离短,基本是瞬时制停,动作时轿厢承受很大冲击,导轨表面也会受到损伤。滚柱型的瞬时式安全钳制停时间约 0.1 s 左右,而双楔块瞬时式安全钳的制停时间最少只有 0.01 s 左右,整个制停距离只有几毫米至几十毫米。轿厢的最大制停减速度约为 5~10 倍重力加速度。所以标准规定瞬时式安全钳只能用于额定速度不大于 0.63 m/s 的电梯。

如图 2-98 所示,是使用最广泛的楔块瞬时式安全钳,钳体一般由铸钢制成,安装在轿厢的下梁上。每根导轨由两个楔型钳块(动作元件)夹持,也有只用一个楔块单边动作的。安全钳的楔块一旦被拉起与导轨接触楔块自锁,安全钳的动作就与限速器无关,并在轿厢继续下行时,楔块将越来越紧。

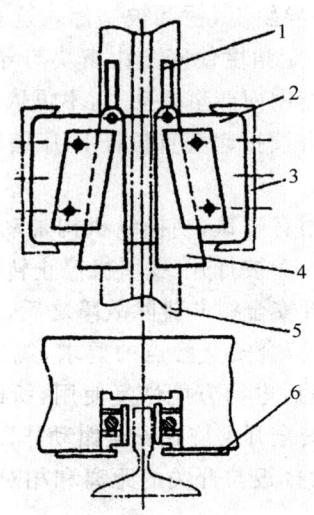

图 2-98　楔块瞬时式安全钳
1—拉杆;2—安全钳座;3—轿厢下梁;4—楔(钳)块;5—导轨;6—盖板

(2)渐进式安全钳

渐进式安全钳与瞬时式安全钳在结构上的主要区别在于动作元件是弹性夹持的,在动作时动作元件靠弹性夹持力夹紧在导轨上滑动,靠与导轨的摩擦消耗轿厢的动能和势能。标准要求轿厢制停的平均减速度在 0.2~1.0 倍重力加速度之间,所以安全钳动作时,轿厢必须有一定的制停距离。

额定速度大于 0.63 m/s 或轿厢装设数套安全钳装置的情况下，都应采用渐进式安全钳。对重安全钳若速度大于 1.0 m/s,也应采用渐进式安全钳。

如图 2-99 所示,是夹钳式渐进安全钳结构。动作元件为两个楔块,但其与导轨接触的表面没有加工成花纹而是开了一些槽,背面有滚轮组以减少楔块与钳座的摩擦。

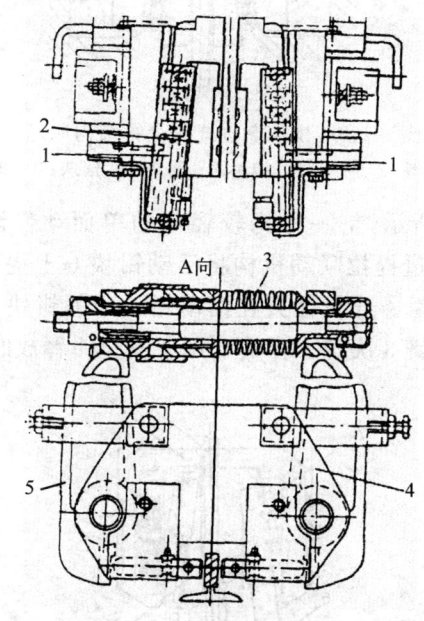

图 2-99　夹钳式渐进安全钳
1—滚柱组;2—楔块;3—蝶形弹簧组;4—钳座;5—导轨

当限速器动作楔块被拉起夹在导轨上时,由于轿厢仍在下行,楔块就继续在钳座的斜槽内上滑,同时将钳座向两边挤开。当上滑到限位停止时,楔块的夹紧力达到预定的最大值,形成一个不变的制动力,使轿厢的动能与势能消耗在楔块与导轨的摩擦上,轿厢以较低的减速度平滑制动。最大的夹持力由钳尾部的弹簧调定。如图 2-100

所示,是其结构示意图。

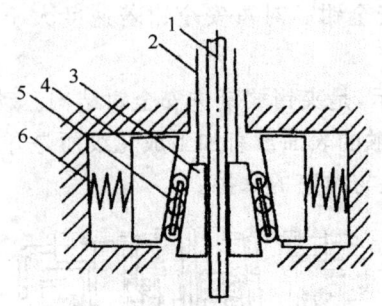

图 2-100 楔块渐进式安全钳结构原理
1—导轨;2—拉杆;3—楔块;4—钳座;5—滚珠;6—弹簧

如图 2-101 所示,是一种比较轻巧的单面动作渐进式安全钳。限速器动作时通过提拉联动机构将活动钳块 6 上提,与导轨接触并沿斜面滑槽 7 上滑。导轨被夹在活动钳块与静钳块之间,其最大的夹紧力由蝶形弹簧 3 决定。弹簧 5 用于安全钳释放时钳块复位。

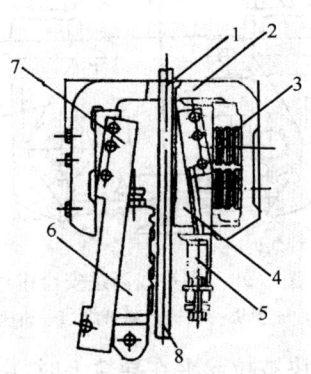

图 2-101 单面动作渐进式安全钳
1—导轨;2—钳座;3—蝶形弹簧;4—静钳块;5—弹簧;
6—活动钳块;7—滑槽;8—导轨

当电梯曳引钢丝绳为两根时,应设保护装置,当有一根断裂或过度松弛时,安全触点动作使电梯停止运行,这也是防止发生断绳轿厢坠落的保护装置。

三、防人员剪切和坠落的保护和要求

在电梯事故中人员被运动的轿厢剪切或坠入井道的事故所占比例较大,而且这些事故后果都十分严重,所以防止人员剪切和坠落的保护十分重要。

防人员坠落和剪切的保护主要由门、门锁和门的电气安全触点联合承担,标准要求:

(1)当轿门和层门中任一门扇未关好和门锁啮合 7 mm 以上时,电梯不能启动。

(2)当电梯运行时轿门和层门中任一门扇被打开,电梯应立即停止运行。

(3)当轿厢不在层站时,在层站门外不能将层门打开。

(4)紧急开锁的钥匙只能交给一个负责人员,有紧急情况时才能由有资质人员使用。

轿门、层门必须按规定装设验证门紧闭状态的电气安全触点并保持有效。门关闭后门扇之间、门与周边结构之间的缝隙不得大于规定值。尤其是层门滑轮下的挡轮要经常调整,以防中分门下部的缝隙过大。

门锁必须符合安全规范要求,并经型式试验合格,锁紧元件的强度和啮合深度必须保证。

电气安全触点必须符合安全规范要求,绝不能使用普通电气开关。接线和安装必须可靠,而且要防止由于电气干扰而误动作。

在电梯操作中严禁开门"应急"运行。在一些电梯中为了方便检修常设有开门运行的"应急"运行功能,有的是设专门的应紧运行开关,有的是用检修状态下按着开门按钮来实现开门运行。

GB 7588—2003规定门开着情况下的平层和再平层控制的特殊情况下,具备下列条件,允许层门和轿门打开时进行轿厢的平层和再平层运行。

(1)运行只限于开锁区域(对坠落危险的保护):

①应至少有一个开关防止轿厢在开锁区域外的所有运行。该开关装于门及锁紧电气安全装置的桥接或旁接式电路中。

②该开关应是满足安全触点要求的一个安全触点,或者其连接方式满足安全电路的要求。

③如果开关的动作是依靠一个不与轿厢直接机械连接的装置,例如绳、带或链,则连接件的断开或松弛,应通过一个符合电气安全装置要求的电气安全装置的作用,使电梯驱动主机停止运转。

④平层运行期间,只有在已给出停站信号之后才能使门电气安全装置不起作用。

(2)平层速度不大于 0.8 m/s,对于手控层门的电梯,应检查:

①对于由电源固有频率决定最高转速的电梯驱动主机,只用于低速运行的控制电路已经通电。

②对于其他电梯驱动主机,到达开锁区域的瞬时平层速度不大于 0.8 m/s。

(3)再平层速度不大于 0.3 m/s,应检查:

①对于由电源固有频率决定最高转速的电梯驱动主机,只用于低速运行的控制电路已经通电;

②对于由静态换流器供电的电梯驱动主机,再平层速度不大于 0.3 m/s。

只有在进行平层和再平层及采取特殊措施的货梯在进行对接操作时,轿厢可在不关门的情况下短距离移动,其他情况,包括检修运行均不能开门运行。

装有停电应急装置和故障应急装置的电梯,在轿厢层门未关好或被开启的情况下,不能自动投入应急运行移动轿厢。

四、缓冲装置

电梯由于控制失灵、曳引力不足或制动失灵等发生轿厢或对重蹲底时,缓冲器将吸收轿厢或对重的动能,提供最后的保护,以保证人员和电梯结构的安全。

缓冲器分蓄能型缓冲器和耗能型缓冲器两类。前者主要以弹簧和聚氨酯材料等为缓冲元件,后者主要是油压缓冲器。

当电梯额定速度很低时(如小于 0.4 m/s),轿厢和对重底下的缓冲器也可以使用实体式缓冲块来代替,其材料可用橡胶、木材或其他具有适当弹性的材料制成。但使用实体式缓冲器也应有足够的强度,能承受具有额定载荷的轿厢(或对重),并以限速器动作时的规定下降速度冲击而无损坏。

1. 弹簧缓冲器

(1)弹簧缓冲器的结构及其型式

弹簧缓冲器(见图 2-102)一般由缓冲橡皮、缓冲座、弹簧、弹簧座等组成,用地脚螺栓固定在底坑基座上。

为了适应大吨位轿厢,压缩弹簧可由组合弹簧叠合而成。行程高度较大的弹簧缓冲器,为了增强弹簧的稳定性,在弹簧下部设有导套(如图 2-103 所示)或在弹簧中设导向杆。

(2)弹簧缓冲器的工作原理和特点

弹簧缓冲器是一种蓄能型缓冲器,因为弹簧缓冲器在受到冲击后,它将轿厢或对重的动能和势能转化为弹簧的弹性变形能(弹性势能)。由于弹簧的反力作用,使轿厢或对重得到缓冲、减速。但当弹簧压缩到极限位置后,弹簧要释放缓冲过程中的弹性变形能使轿厢反弹上升,撞击速度越高,反弹速度越大,并反复进行,直至弹力消失、能量耗尽,电梯才完全静止。

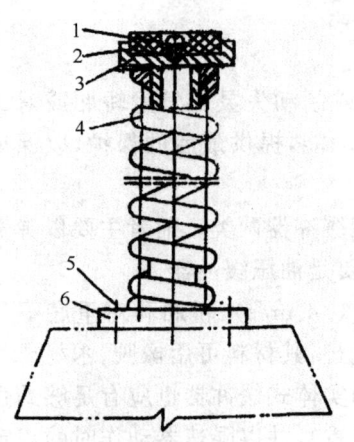 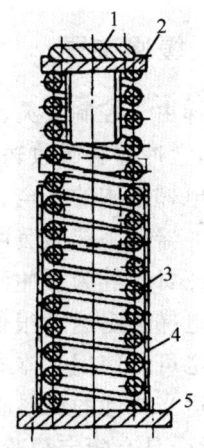

图 2-102 弹簧缓冲器构造
1—螺钉及垫圈；2—缓冲橡皮；3—缓冲座；
4—压弹簧；5—地脚螺栓；6—底座

图 2-103 有弹簧导套的弹簧缓冲器
1—橡胶缓冲垫；2—上缓冲座；
3—弹簧；4—弹簧套；5—底座

因此弹簧缓冲器的特点是缓冲后存在回弹现象，有缓冲不平稳的缺点，所以弹簧缓冲器仅适用于低速电梯。

2. 油压缓冲器

常用的油压缓冲器的结构如图 2-104 所示（该图为半剖视的立面图）。它的基本构件是缸体 10、柱塞 4、缓冲橡胶垫 1 和复位弹簧 3 等。缸体内注有缓冲器的油 13。

其工作原理是：当油压缓冲器受到轿厢和对重的冲击时，柱塞 4 向下运动，压缩缸体 10 内的油，油通过环形节流孔 14 喷向柱塞腔。当油通过环形节流孔时，由于流动截面积突然减小，就会形成涡流，使液体内的质点相互撞击、摩擦，将动能转化为热量散发掉，从而消耗了电梯的动能，使轿厢或对重逐渐缓慢地停下来。

油压缓冲器是一种耗能型缓冲器，利用液体流动的阻尼作用，缓冲轿厢或对重的冲击。当轿厢或对重离开缓冲器时，柱塞 4 在复位弹簧 3 的作用下，向上复位，油重新流回油缸，恢复正常状态。

由于油压缓冲器是以消耗能量的方式实现缓冲的,因此无回弹作用。同时,由于变量棒9的作用,柱塞在下压时,环形节流孔的截面积逐步变小,能使电梯的缓冲接近匀速运动。因而,油压缓冲器具有缓冲平稳的优点,在使用条件相同的情况下,油压缓冲器所需的行程可以比弹簧缓冲器缩短一半。所以油压缓冲器适用于各种电梯。

复位弹簧在柱塞全伸长位置时应具有一定的预压缩力,在全压缩时,反力不大于 1500 N,并应保证缓冲器受压缩后柱塞完全复位的时间不大于 120 s。为了验证柱塞完全复位的状态,耗能型缓冲器上必须装有电气安全开关。安全开关在柱塞开始向下运动时即被触动,切断电梯的安全电路,直到柱塞向完全复位时开关才接通。

缓冲器油的黏度与缓冲器能承受的工作载荷有直接关系,一般要求采用有较低的凝固点和较高黏度指标的高速机械油。在实际应用中不同载重量的电梯可以使用相同的油压缓冲器,而采用不同的缓冲器油,黏度较大的油用于载重量较大的电梯。

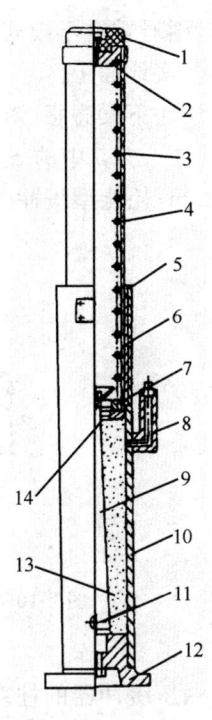

图 2-104　油孔柱式油压缓冲器

1—缓冲橡胶垫；2—压盖；
3—复位弹簧；4—柱塞；
5—密封盖；6—油缸套；
7—弹簧托座；8—注油弯管；
9—变量棒；10—缸体；
11—放油口；12—油缸座；
13—油；14—环形节流孔

3. 缓冲器的安装

缓冲器一般安装在底坑的缓冲器座上。若底坑下是人能进入的空间,则对重在不设安全钳时,对重缓冲器的支座应一直延伸到底坑下的坚实地面上。

轿底下梁碰板、对重架底的碰板至缓冲器顶面的距离称缓冲距离,即图 2-105 中的 S_1 和 S_2。蓄能型缓冲器的缓冲距离应为 200~350 mm;耗能型缓冲器的缓冲距离应为 150~400 mm。

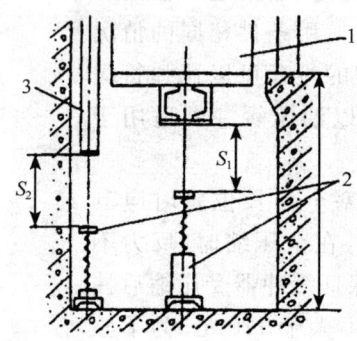

图 2-105　轿厢、对重的缓冲距离(剖立面图)
1—轿厢;2—缓冲器;3—对重

油压缓冲器的柱塞铅垂度偏差不大于 0.5%。缓冲器中心与轿厢和对重相应碰板中心的偏差不超过 20 mm。同一基础上安装的两个缓冲器的顶面高差,应不超过 2 mm。

五、报警和救援装置

电梯发生人员被困在轿厢内时,通过报警或通信装置应能将情况及时通知管理人员并通过救援装置将人员安全救出轿厢。

1. 报警装置

电梯必须安装应急照明和报警装置,并有应急电源供电。低层站的电梯一般是安设警铃,警铃安装在轿顶或井道内,操作警铃的按钮应设在轿厢内操纵箱的醒目处,并标有黄色的报警标志。警铃的声音要急促响亮,不会与其他声响混淆。

提升高度大于 30 m 的电梯,轿厢内与机房或值班室应有对讲装置,由操纵箱面板上的按钮控制。目前大部分对讲装置是接在机房,而机房又大多无人看守,这样在紧急情况时,管理人员不能及时知晓。所以凡机房无人值守的电梯,对讲装置必须接到管理部门的值班处。

除了警铃和对讲装置,轿厢内也可设内部直线报警电话或与电话网连接的电话。此时轿厢内必须有清楚易懂的使用说明,告诉乘梯人员如何使用和应拨的号码。

轿厢内的应急照明必须有适当的亮度,在紧急情况时,能看清报警装置和有关的文字说明。

2. 救援装置

以往电梯困人的救援主要采用自救的方法,即轿厢内的操纵人员从上部安全窗爬上轿顶将层门打开。随着电梯的发展无人员操纵的电梯广泛使用,再采用自救的方法不但十分危险而且几乎不可能。现在电梯从设计上就决定了救援必须从外部进行。

救援装置包括曳引机的紧急手动操作装置和层门的人工开锁装置。在有层站不设门时还可在轿顶设安全窗,当两层站地坎距离超过 11 m 时还应设井道安全门,若同井道相邻电梯轿厢间的水平距离不大于 0.75 m 时,也可设轿厢安全门。

机房内的紧急手工操作装置,应放在拿取方便的地方,盘车手轮应漆成黄色,开闸扳手应漆成红色。为使操作时知道轿厢的位置,机房内必须有层站指示。最简单的方法就是在曳引绳上用油漆做上标记,同时将标记对应的层站写在机房操作地点的附近。

若轿顶设有安全窗,安全窗的尺寸应不小于 $0.35 \text{ m} \times 0.5 \text{ m}$,强度应不低于轿壁的强度。窗应向外开启,但开启后不得超过轿厢的边缘。窗应有锁,在轿内要用三角钥匙才能开启,在轿外,则不用钥匙也能打开,窗开启后不用钥匙也能将其半闭和锁住,窗上应设验证锁紧状态的电气安全触点,当窗打开或未锁紧时,触点断开切断安全电路,使电梯停止运行或不能启动。

井道安全门的位置应保证至上下层站地坎的距离不大于 11 m,要求门的高度不小于 1.8 m,宽度不小于 0.35 m,门的强度不低于轿壁的强度。门不得向井道内开启,门上应有锁和电气安全触点,其要求与安全窗一样。

轿厢安全门设置在相邻轿厢的相对位置上。

现在一些电梯安装了电动的停电(故障)应急装置,在停电或电梯故障时自动接入。装置动作时用蓄电池为电源向电机送入低频交流电(一般为 5 Hz),并通过制动器释放。在判断负载力矩后按力矩小的方向低速将轿厢移动至最近的层站,自动开门将人放出。应急装置在停电、中途停梯、冲顶蹾底和限速器安全钳动作时均能自动接入,但若是门未关或门的安全电路发生故障则不能自动接入移动轿厢。

六、停止开关和检修运行装置

1. 停止开关装置

停止开关一般称急停开关,按要求在轿顶、底坑和滑轮间必须装设停止开关。

停止开关应符合电气安全触点的要求,应是双稳态非自动复位的,误动作不能使其释放。停止开关要求是红色的,并标有"停止"和"运行"的位置,若是刀闸式或拨杆式开关,应以把手或拨杆朝下为停止位置。

轿顶的停止开关应面向轿门,离轿门距离不大于 1 m。底坑的停止开关应安装在进入底坑可立即触及的地方。当底坑较深时可以在下底坑时的梯子旁和底坑下部各设一个串联的停止开关,最好是能联动操作的开关。在开始下底坑时即可将上部开关打在停止的位置,到底坑后也可用操作装置消除停止状态或重新将开关处于停止位置。轿厢装有无孔门时,轿内严禁装设停止开关。

2. 检修运行装置

检修运行是为便于检修和维护而设置的运行状态,由安装在轿顶或其他地方的检修运行装置进行控制。

检修运行时应取消正常运行的各种自动操作,如取消轿内和层站的召唤,取消门的自动操作。此时轿厢的运行依靠持续按压方向操作按钮操纵,轿厢的运行速度不得超过 0.63 m/s,门的开关也由持续按压开关门按钮控制。检修运行时所有的安全装置如限位和极限、门的电气安全触点和其他的电气安全开关及限速器安全钳均有效,所以检修运行是不能开着门走梯的。

检修运行装置包括一个运行状态转换开关、操纵运行的方向按钮和停止开关。该装置也可以与能防止误动作的特殊开关一起从轿顶控制门机构的动作。

检修转换开关应是符合电气安全触点要求的双稳态开关,有防误操作的措施,开关的检修和正常运行位置有标示,若用刀闸或拨杆开关则向下应是检修运行状态。轿厢内的检修开关应用钥匙动作,或设在有锁的控制盒中。

检修运行的方向按钮应有防误动作的保护,并标明方向。有的电梯为防误动作设三个按钮,操纵时方向按钮必须与中间的按钮同时按下才有效。

当轿顶以外的部位如机房、轿厢内也有检修运行装置时,必须保证轿顶的检修开关"优先",即当轿顶检修开关处于检修运行位置时,其他地方的检修运行装置全部失效。

七、消防功能

发生火灾时,井道往往是烟气和火焰蔓延的通道,而且一般层门在 70℃ 以上时也不能正常工作,为了乘员的安全,在火灾发生时必须使所有电梯停止应答召唤信号,直接返回撤离层站,即具有火灾自动返基站功能。

自动返基站的控制,可以在基站处设消防开关,火灾时将其接通,或由集中监控室发出指令,也可由火灾检测装置在测到层门外温度超过70℃时自动向电梯发出指令,使电梯迫降,返基站后不可在火灾中继续使用。此类电梯仅具有"消防功能",即消防迫降停梯功能。

另一种为消防员用电梯(一般称消防电梯),除具备火灾自动返基站功能外,还要供消防队员、灭火的抢救人员使用。

消防电梯的布置应能在火灾时避免暴露于高温的火焰下,还应避免消防水流入井道。一般电梯层站宜与楼梯平台相邻并包含楼梯平台,层站外有防火门将层站隔离,层站内还有防火门将楼梯平台隔离,这样在电梯不能使用时,消防员还可以利用楼梯通道返回。消防电梯结构要防火,并且电源专用。

消防电梯额定载重量不应小于 630 kg,入口宽度不得小于 0.8 m,运行速度应按全程运行时间不大于 60 s 来决定。电梯应是单独井道,并能停靠所有层站。

消防员操作功能应取消所有的自动运行和自动门的功能。消防员操作时外呼全部失效,轿内选层一次只能选一个层站,门的开关由持续按压开关门按钮进行。有的电梯在开门时只要停止按压按钮,门立即关闭,在关门时停止按压按钮门会重新开启,这种控制方式是更为合理的。

八、其他安全保护装置

电梯安全保护系统中所配备的安全保护装置一般由机械安全保护装置和电气安全保护装置两大部分组成。机械安全保护装置主要有限速器和安全钳、缓冲器、制动器、层门门锁、轿门安全触板、轿顶安全窗、轿顶防护栏杆、护脚板等。

但是有一些机械安全保护装置往往需要和电气部分的功能配合和联动,才能实现其动作和功效的可靠性。例如层门的机械门锁必须和电开关连结在一起的连锁装置。

除了前面已介绍的限速器和安全钳、缓冲器、终端限位保护装置外,还有有关的其他安全保护装置列举如下并见表2-6、表2-7。

表 2-6 电梯的主要安全保护装置

序号	保护类别	主要装置名称		保护作用方式
1	超速保护装置	限速器		位于机房(有机房时)。当轿厢运行速度超过115%额定速度时,动作经传动钢丝拉动安全钳,使安全钳开关动作、楔块动作
		安全钳		位于轿厢下梁两侧,当限速器动作时,带动其动作,通过杠杆拉筋使其楔块动作,制停轿厢。同时切断控制电源
		张紧装置		位于底坑,张紧限速器与安全钳之间的联动钢丝绳。非正常时,断绳开关动作,切断控制电器
		传动钢丝绳		两端接于安全钳拉手上,其间通过张绳轮与限速器联动,构成一个闭合回路,随轿厢运行而转动
		电气限位开关		在限速器、安全钳、张绳轮上均装有开关
2	终端保护装置	换速开关		又叫强迫换速开关,装于上、下端适当部位
		限位开关		装于井道上下、端站限制电梯超位,一旦电梯超过上下限位时动作,切断主控回路电源
		极限开关		装于上下端站,有机械、电气两种。电梯超过终端极限时动作,切断总电源,防止电梯冲顶蹾底
		缓冲器		装于底坑,有弹簧、液压两种。液压适用于中速、高速梯,其上装有开关。电梯冲顶蹾底后起缓冲作用
3	厅轿门保护装置	轿门安全装置	安全式触板	装于轿门上,当被触动时,门停止关闭并开启
			光电式触板	装于轿门两端,挡住其光线时,门自动停关闭并开启
			电子感应式触板	作用同光电式触板
		轿门开关		装于轿顶,验证轿门是否关严的安全开关
		门刀		装在轿门上,用于系合厅门,使轿、厅门同步开关
		厅门门锁		装在厅门上,有连锁触点串接,保证在厅门外扒不开厅门;若其不闭合,电梯不能启动,或不能继续运行。另外还应有厅门的自动装置,使厅门处于自然关闭状态

续表

序号	保护类别	主要装置名称		保护作用方式
4	超过载保护装置	超载装置	轿底称重式	装在轿底的杠杆称重保护装置。超载时,开关动作,切断关门电源,同时接通开门回路电源和报警装置
			轿顶称重式	在绳头组合下面装的杠杆称重装置或压电超载装置,超载时保护过程同轿底称重式
			机房称重式	装在机房绳头组合下面的超载保护装置,作用同上
		过载保护		装于控制屏上防止电动机负荷过重、电流过大产生过热的继电保护装置。一旦过载,其立即跳开,切断控制电源
5	应急救护装置	轿厢安全窗		位于轿顶,打开时,切断安全回路。供紧急救护时上轿顶,其尺寸不应小于 0.35 m×0.5 m
		盘车手轮		装于电动机轴伸端,用于盘车
		松闸扳手		供紧急救护时打开电磁制动器使用,平时悬挂曳引机旁
		应急电源		在电梯上应有备用应急电源,供停电时平层放人使用
		紧急报警		为使乘客能向轿厢外救援,轿厢内应装乘客易于识别和触及的报警装置。
6	其他保护装置	相序继电器		当电路缺相时,保护电梯电动机不被烧毁。当错相时断开,防止轿厢方向错误而引起重大事故
		检修开关		装于轿内和轿顶,轿顶优先,供安装、维修使用,只能做 0.63 m/s 以下慢速行驶,且为点动关门和点动行驶
		保护接地(零)		为防止电梯漏电而采取的保护措施

表 2-7　电气安全保护装置

序号	项目	序号	项目
1	检查检修门、井道安全门、检修活板门的关闭位置	17	检查轿厢上行超速保护装置
2	底坑停止装置	18	检查缓冲器的复位
3	滑轮间急停装置	19	检查轿厢位置传递装置的张紧（极限开关）
4	检查层门的锁紧状况	20	曳引驱动电梯的极限开关
5	检查层门的闭合位置	21	检查轿门的锁紧情况
6	检查无锁门扇的闭合位置	22	检查可拆卸盘车手轮的位置
7	检查轿门的闭合位置	23	检查轿厢位置传递装置的张紧（减速检查装置）
8	检查轿厢安全窗和轿厢安全门的锁紧状况	24	检查减行程缓冲器的减速状况
9	轿顶停止装置	25	检查强制驱动电梯钢丝绳或链条的松弛情况
10	检查钢丝绳或链条的非正常相对伸长（使用两根钢丝绳或链条时）	26	用电流型断路接触器的主开关控制
11	检查补偿绳的张紧	27	检查平层和再平层
12	检查补偿绳防跳装置	28	检查轿厢位置的传递装置张紧（平层和再平层）
13	检查安全钳的动作	29	检修运行停止装置
14	限速器的超速开关	30	对接操作的行程限位装置
15	检查限速器的复位	31	对接操作停止装置
16	检查限速器钢丝绳的张紧装置		

1. 层门门锁的安全装置

乘客进入电梯轿厢首先接触到的就是电梯层门（厅门），正常情况下，只要电梯的轿厢没到位（没到达本层站），本层站的层门都是紧紧地关闭着，只有轿厢到位（到达本层站）后，层门随着轿厢的门打开后才能跟随着打开，因此层门门锁的安全装置的可靠性十分重要，直接关系到乘客进入电梯的头一关的安全性。

"层门门锁及其安全装置"详见本章第二节。

2. 门保护装置

乘客进入层门后就立即经过轿厢门而进入轿厢,门指的是接近轿厢门,但由于乘客进出轿厢的速度不同,有时会发生人被轿门夹住的情况,电梯上设置的门保护装置就是为了防止轿厢在关门过程中夹伤乘客或夹住物品。

"门保护装置"详见本章第二节。

3. 轿厢超载保护装置

乘客从层门、轿门进入到轿厢后,轿厢里的乘客人数(或货物)所达到的载重量如果超过电梯的额定载重量,就可能造成电梯超载后所产生的不安全后果或超载失控,造成电梯超速降落的事故。

超载保护装置的作用是当轿厢超过额定负载时,能发出警告信号并使轿厢不能启动运行,避免意外的事故发生。

"轿厢的超载与称量装置"详见本章第二节。

4. 轿厢顶部的安全窗

安全窗是设在轿厢顶部的一个窗口。安全窗打开时,使限位开关的常开触点断开,切断控制电路,此时电梯不能运行。当轿厢因故障停在楼房两层中间时,司机可通过安全窗从轿顶以安全措施找到层门。安装人员在安装时,维修人员在处理故障时也可利用安全窗。由于控制电源被切断,可以防止人员出入轿厢窗口时因电梯突然启动而造成人身伤害事故。当出入安全窗时还必须先将电梯急停开关按下(如果有的话)或用钥匙将控制电源切断。为了安全,司机最好不要从安全窗出入,更不要让乘客出入。因安全窗窗口较小,且离地面有两米多高,上下很不方便。停电时,轿顶上很黑,又有各种装置,易发生人身事故。

也有的电梯不设安全窗,可以用紧急钥匙打开相应的层门上下轿顶。

5. 轿顶护栏

轿顶护栏是电梯维修人员在轿顶作业时的安全保护栏。有护栏可以防止维修人员不慎坠落井道,就实践经验来看,设置护栏时应注意使护栏外围与井道内的其他设施(特别是对重)保持一定的安全距离,做到既可防止人员从轿顶坠落,又避免因扶、倚护栏造成人身伤害事故。在维修人员安全工作守则中可以写入"站在行驶中的轿顶上时,应站稳扶牢,不倚、靠护栏"和"与轿厢相对运动的对重及井道内其他设施保持安全距离"字样,以提醒维修作业人员重视安全。

6. 底坑对重侧护栅

为防止人员进入底坑对重下侧而发生危险,在底坑对重侧两导轨间应设防护栅,防护栅高度为 1.7 m 以上,距地 0.5 m 装设。宽度不小于对重导轨两外侧之间距,防护网空格或穿孔尺寸,无论水平方向或垂直方向测量,均不得大于 75 mm。

7. 轿厢护脚板

轿厢不平层,当轿厢地面(地坎)的位置高于层站地面时,会使轿厢与层门地坎之间产生间隙,这个间隙可能会使乘客的脚踏入井道,发生人身伤害的可能。为此,国家标准规定,每一轿厢地坎上均需装设护脚板,其宽度是层站入口处的整个净宽。护脚板的垂直部分的高度应不少于 0.75 m。垂直部分以下成斜面向下延伸,斜面与水平面的夹角大于 60°,该斜面在水平面上的投影深度不小于 20 mm。护脚板用 2 mm 厚铁板制成,装于轿厢地坎下侧且用扁铁支撑,以加强机械强度。

8. 制动器扳手与盘车手轮

当电梯运行当中遇到突然停电造成电梯停止运行时,电梯又没有停电自投运行设备,且轿厢又停在两层门之间,乘客无法走出轿厢,就需要由维修人员到机房用制动器扳手和盘车手轮两件工具人工操纵使轿厢就近停靠,以便疏导乘客。制动器扳手的式样,因电梯抱闸装置的不同而不同,作用都是用它使制动器的抱闸脱开。盘车手轮是用来转动电动机主轴的轮状工具(有的电梯装有惯性轮,亦可操纵电动机转动)。操作时首先应切断电源由两人操作,即一人操作制动器扳手，一人盘动手轮。两人需配合好，以免因制动器的抱闸被打开而未能把住手轮致使电梯因对重的重量而造成轿厢快速行驶。一人打开抱闸，一人慢速转动手轮使轿厢向上移动，当轿厢移到接近平层位置时即可。制动器扳手和盘车手轮平时应放在明显位置并应涂红漆以醒目。

9. 超速保护开关

在速度大于 1 m/s 的电梯限速器上都设有超速保护开关，在限速器的机械动作之前，此开关就得动作，切断控制回路，使电梯停止运行。有的限速器上安装两个超速保护开关，第一个开关动作使电梯自动减速，随后第二个开关切断控制回路。对速度不大于 1 m/s 的电梯，其限速器上的电气安全开关最迟在限速器达到其动作速度时起作用。

10. 曳引电动机的过载保护

电梯使用的电动机容量一般比较大，从几千瓦至十几千瓦。为了防止电动机过载后被烧毁而设置了热继电器过载保护装置。电梯电路中常采用的 JRO 系列热继电器是一种双金属片热继电器。两只热继电器热元件分别接在曳引电动机快速和慢速的主电路中，当电动机过载超过一定时间，即电动机的电流大于额定电流，热继电器中的双金属片经过一定时间后变形，从而断开串接在安全保护回路中的接点，保护电动机不因长期过载而烧毁。

现在也有将热敏电阻埋藏在电动机的绕组中，即当过载发热引起阻值变化，经放大器放大使微型继电器吸合，断开其接在安全回路中的触头，从而切断控制回路，强令电梯停止运行。

11. 电梯控制系统中的短路保护

一般短路保护，是由不同容量的熔断器来进行。熔断器是利用低熔点、高电阻金属不能承受过大电流的特点，从而使它熔断，就切断了电源，对电气设备起到保护作用。极限开关的熔断器为 RCIA 型插入式，熔体为软铅丝、片状或棍状。电梯电路中还采用了 RLI 系列蜗旋式熔断器和 RLS 系列螺旋式快速熔断器，用以保护半导体整流元件。

12. 供电系统相序和断(缺)相保护

当供电系统因某种原因造成三相动力线的相序与原相序有所不同,有可能使电梯原定的运行方向变为相反的方向,给电梯运行造成极大的危险性。同时为了防止电动机在电源缺相下不正常运转而导致电机烧损。

电梯电气线路中采用相序继电器,当线路错相或断相时,相序继电器切断控制电路,使电梯不能运行。

但是,近几年由于电力电子器件和交流传动技术的发展,电梯的主驱动系统应用晶闸管直接供电给直流曳引电动机,以及大功率器件 IGBT 为主体的交—直—交变频技术在交流调速电梯系统(VVVF)中的应用,使电梯系统工作是与电源的相序无关的。

13. 主电路方向接触器连锁装置

(1)电气连锁装置

交流双速及交调电梯运行方向的改变是通过主电路中的两个方向接触器,改变供电相序来实现的。如果两接触器同时吸合,则会造成电气线路的短路。为防止短路故障,在方向接触器上设置了电气连锁,即上方向接触器的控制回路是经过下方向接触器的辅助常闭接点来完成的。下方向接触器的控制电路受到上方向接触器辅助常闭接点控制。只有下方向接触器处于失电状态时,上方向接触器才能吸合,而下方向接触的吸合必须是上方向接触器处于失电状态。这样上下方向接触器形成电气连锁。

(2)机械连锁式装置

为防止上下方向接触器电气连锁失灵,造成短路事故,在上下方向接触器之间,设有机械互锁装置。当上方向接触器吸合时,由于机械作用,限制住下方向接触器的机械部分不能动作,使接触器接点不能闭合。当下方向接触器吸合时,上方向接触器接点也不能闭合,从而达到机械连锁的目的。

14. 电气设备的接地保护

我国供电系统过去一般采用中性点直接接地的三相四线制,从安全防护方面考虑,电梯的电气设备应采用接零保护。在中性点接地系统中,当一相接地时,接地电流成为很大的单相短路电流,保护设备能准确而迅速地动作切断电流,保障人身和设备安全。接零保护同时,地线还要在规定的地点采取重复接地。重复接地是将地线的一点或多点通过接地体与大地再次连接。在电梯安全供电现实情况中还存在一定的问题,有的引入电源为三相四线,到电梯机房后,将零线与保护地线混合使用;有的用敷设的金属管外皮做零线使用,这是很危险的,容易造成触电或损害电气设备,应采用三相五线制的TN-S系统,直接将保护地线引入机房,见图2-106(a)。如果采用三相四线制供电的接零保护 TN-C-S 系统,严禁电梯电气设备单独接地。电源进入机房后保护线与中性线应始终分开,该分离点(A点)的接地电阻值不应大于4Ω,见图2-106(b)。

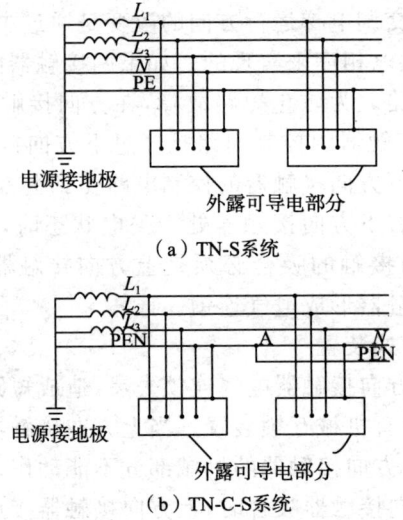

图 2-106 供电系统接地形式

L_1、L_2、L_3—电源相序;N—中性线;PE—保护接地;PEN—保护接地与中性线共用

电梯电气设备如电动机、控制柜、接线盒、布线管、布线槽等外露的金属指点壳部分,均应进行保护接地。

保护接地线应采用导线截面积不小于 4 mm² 有绝缘层的铜线。线槽或金属管相互应连成一体并接地,连接可采用金属焊接,在跨接管路线槽时可用直径 $\Phi 4 \sim 6$ mm 的铁丝或钢筋棍,用金属焊接方式焊牢,如图 2-107 所示。

当使用螺栓压接保护地线时,应使用 $\Phi 8$ mm 螺栓,并加平垫圈和弹簧垫圈压紧。接地线应为黄绿双色。当采用随行电缆芯线做保护线时不得少于 2 根。

在电梯采用的三相四线制供电线路的零线上不准装设保险丝,以防人身和设备的安全受到损害。对于各种用电设备的接地电阻应不大于 4 Ω。电梯生产厂家有特殊抗干扰要求的,按照厂家要求安装。对接地电阻应定期检测,动力电路和安全装置电路不小于 0.5 MΩ,照明、信号等其他电路不小于 0.25 MΩ。

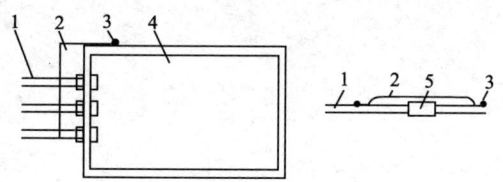

图 2-107 接地线连接方法

1—金属管或线槽;2—接地线;3—金属焊点;4—金属线盒;5—管箍

15. 电梯急停开关

急停开关也称安全开关,是串接在电梯控制线路中的一种不能自动复位的手动开关,当遇到紧急情况或在轿顶、底坑、机房等处检修电梯时,为防止电梯的启动、运行,将开关关闭切断控制电源以保证安全。

急停开关分别设置在轿顶操纵盒、底坑内和机房控制柜壁上及滑轮间。有的电梯轿厢操作盘(箱)上没设此开关。

急停开关应有明显的标志,按钮应为红色,旁边标以"通"、"断"或"停止"字样,扳动开关,向上为接通,向下为断开,旁边也应用红色标明"停止"位置。

16. 可切断电梯电源的主开关

每台电梯在机房中都应装设一个能切断该电梯电源的主开关,并具有切断电梯正常行驶的最大电流的能力,如有多台电梯还应对各个主开关进行相应的编号。注意,主开关切断电源时不包括轿厢内、轿顶、机房和井道的照明、通风以及必须设置的电源插座等的供电电路。

思考题

1. 从功能上看,电梯是由几部分构成?作用是什么?
2. 电梯构成配置有哪些安全防护装置?其功能是什么?
3. 电梯上的电气设备为什么要有接地保护?

第三章 继电器逻辑控制电梯系统

电梯运行性能的优劣与组成系统的逻辑控制系统有着密切的关系。电梯控制系统要求安全可靠,功能性强,自动化水平高。电路简单,组成系统的元件少。

继电器逻辑电路设计,一般采用逻辑推理与经验相结合,再用布尔代数简化。

典型的电梯控制系统由如下基本电路组成:
(1)轿厢内呼叫指令电路,称为内选层电路。
(2)大厅外呼叫指令电路,称为外呼电路。
(3)自动定向电路。
(4)自动开关门电路。
(5)电梯启动与换速电路。
(6)平层停车电路。
(7)信号显示电路。
(8)消防电路。
(9)安全保护电路。
(10)速度区分电路。

一些有特殊功能要求的电梯,还有许多其他的电路,这里不再介绍。

第一节 呼叫指令的记忆与解除

一、轿厢内呼叫指令电路

当乘客进入轿厢后,首先按欲往的层楼按钮,如果按了5层的按钮,则该层信号灯亮,表示去5层的指令已登记并记忆。当电梯运行到5层时,电梯停止运行,该信号被解除,信号灯灭,表示5层内选指令被释放,称为消号。

满足上述要求的方法很多,现介绍如下两种。

1. 普通的轿内指令电路

例如电梯停在1楼,如图3-1所示,乘客进入轿厢欲往5层,并按了5层指令按钮5AC,由于5XC是常闭接点,则继电器5JAC得电吸合,并通过5JAC的常开接点自锁,信号灯5EC燃亮。

当电梯到达欲往层站后,由选层器控制的滑动触点碰开其常闭接点5XC,继电器5JAC失电释放,信号灯灭。

2. 带有负载电阻的轿内指令电路

如图3-2所示,例如电梯停在2层,乘客进入轿厢按了5层指令按钮5AC,由于5JZ是常开接点,则继电器5JC线圈没有被短接,并经电阻5R得电吸合,通过自保接点5JC自锁。当电梯运行到5层时由于选层器控制的继电器5JZ吸合,在电梯停止运行时,停车继电器JTZ释放,5JC的线圈被短路,失电释放,5层的指令信号被解除。

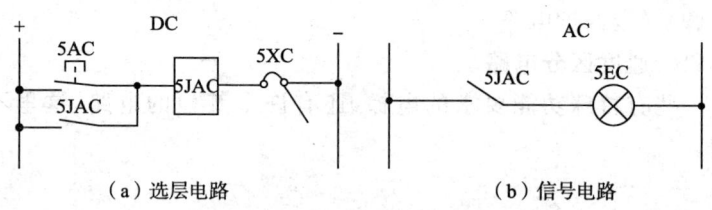

(a) 选层电路　　　　　　　　(b) 信号电路

图 3-1　普通轿内指令电路

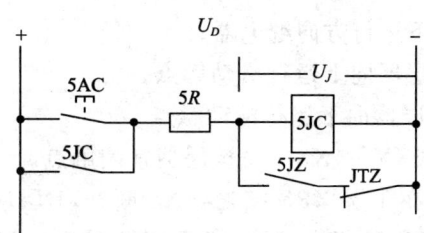

图 3-2 带负载电阻的轿内指令电路

电路中,电源电压 U_D 必须大于继电器的额定工作电压 U_J。

电阻计算：

$$阻值\ R = (U_D - U_J)/I_J \quad (\Omega)$$

式中,I_J——继电器 JC 的工作电流。

$$功率\ W = (U_D/R)^2 \cdot R \quad (W)$$

以上两种电路都可以用作轿厢内选层指令电路,也可以用作大厅外呼叫指令电路。对于指令解除信号 5JZ,可以采用继电器,也可以采用不同形式的选层器滑动触点。

二、厅外呼叫指令电路

厅外呼叫指令有两个,即向上的呼叫与向下的呼叫。

上端站仅有一个向下的呼叫,下端站仅有一个向上的呼叫,中间层具有向上与向下的两个呼叫按钮。

利用普通的指令电路原理,组合成厅外呼叫指令电路,如图 3-3 所示。

1AS～3AS——向上呼叫指令按钮；

2AX～4AX——向下呼叫指令按钮；

AY——直驶按钮；

1JSH～3JSH——向上呼叫指令继电器；

2JXH～4JXH——向下呼叫指令继电器；

JSX——向上运行方向继电器；

JXX——向下运行方向继电器；
XPS——选层器向上运行滑动触点；
XPX——选层器向下运行滑动触点；
1XS～3XS,2XX～4XX——选层器常闭触点。

例如电梯停在1层XPX接通,1XS断开,1层厅外有人按1AS按钮时,继电器1JSH得电吸合,当手离开时1JSH释放,此呼叫信号不能记忆,即该层顺向呼叫不能记忆。

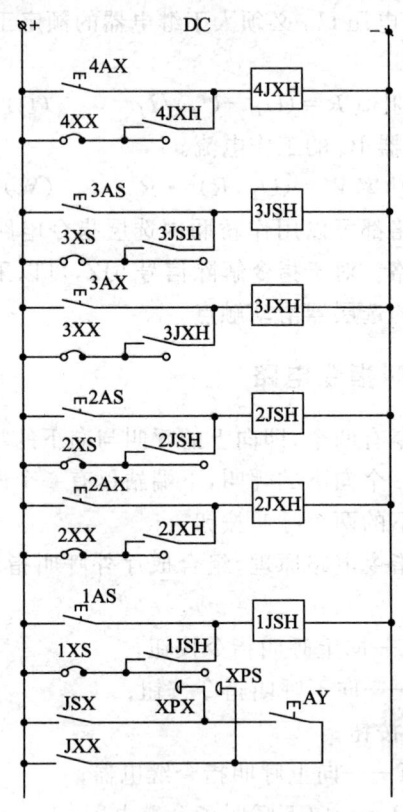

图 3-3　立式选层器厅外呼叫组合电路

3层有人按了3AS与3AX按钮,继电器3JSH与3JXH得电吸合并自锁。当电梯向上运行到了3层时,因为方向继电器JSX吸合,JXX释放,当选层器上的滑动触点XPX与XPS分别与其相对应的定触点相接触时,选层器的常闭触点3XX与3XS全部断开,继电器3JSH失电释放,称为顺向截车消号。而继电器3JXH通过JSX↑→XPX↑→3JXH↑电路维持吸合状态,称为保号。其中,箭头↑表示闭合或得电吸合;箭头↓表示断开或失电释放。

如果有人只按了3AX按钮,其他层没有任何呼叫。JSX吸合,电梯向上运行到了3层时,电梯首先换向,预定方向继电器JSX提前释放,常闭触点3XX打开,继电器3JXH失电释放,称为反向截车消号。

外呼组合电路图3-3与图3-4都可以完成呼叫记忆、顺向呼叫消号、反向呼叫保号、反向截车消号的功能。

JSY——向上运行方向继电器,电梯停止时释放。

JXY——向下运行方向继电器,电梯停止时释放。

JTZ——运行继电器,电梯停止运行时释放。

图3-3的层站位置信号是通过选层器上的滑动触点XPX与XPS实现的。图3-4是通过层楼位置继电器1~4JZ实现的。图3-3是断开继电器线圈,而图3-4是短路继电器线圈,使继电器失电释放。两种电路对选层器的结构要求不同。

呼叫信号的解除时间,一般内选信号在电梯停止时解除。厅外呼叫信号的解除在电梯换速时,这样可能提前告诉乘客电梯已到达该层。

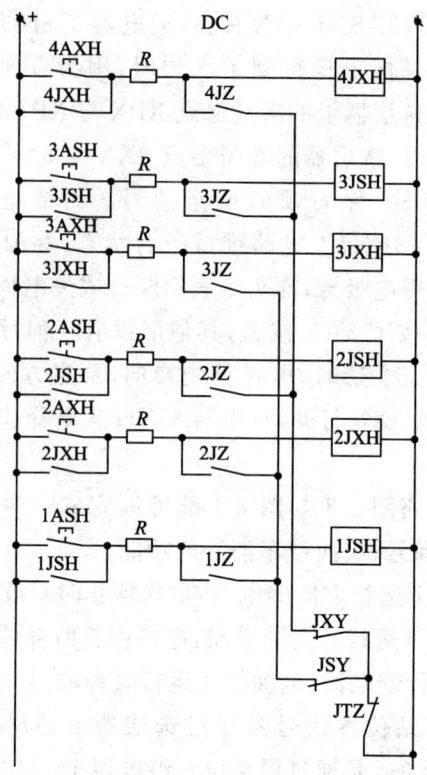

图 3-4 井道选层器外呼组合电路

三、电子高频振荡式触摸按钮指令元件

电梯的轿内选层指令信号,厅外向上与向下的呼叫指令信号,都是乘客通过按钮开关发送的,因此对按钮使用可靠性,寿命要求较高。乘客乘电梯本身就是一种享受,对按钮的新颖性及外观造型等各方面都提出较高的要求,尤其饭店、宾馆、娱乐场所的电梯更是如此。

高频振荡触摸开关的工作原理如下。

为了产生稳定的高频振荡,提高触摸按钮的灵敏度,使用三点电容式谐振电路,即克拉泼振荡电路。电感 L 与电容 C 组成串联电压谐振电路,电容 C_1 与 C_2 组成分压器,C_1 的交流电压正反馈到 L_C 振荡电路中,使振荡稳定。振荡频率为 4.46 MHz。如图 3-5 所示。

没有人触摸时,电路振荡,三极管 T_1 的管压降几乎为零,开关电路不工作,继电器 J 处在释放状态。

当有人触摸时,人体和金属片形成一个电容并联在电感 L 上,使 L_C 振荡电路失谐停振,三极管 T_1 集电极电压电平升高,驱动开关电路 T_2 及 T_3,继电器吸合,当手离开金属片 A 时,继电器释放。

该触摸按钮的灵敏度是 3 pF,可以在 $-15\sim+60\,^\circ\!C$ 下工作。温度$+40\,^\circ\!C$,相对湿度为 95% 时,人体触摸的话可以站在地上,也可以站在绝缘台上。

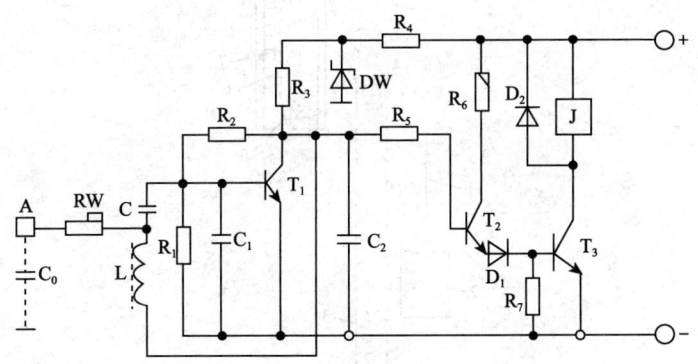

图 3-5 触摸按钮原理图

根据公式 $R_0=K_1/C_0$(式中,$R_0=R_W$,是灵敏度调整电阻;K_1 是触摸按钮的灵敏度;C_0 是人体与金属片形成的电容),调整电位器 R_W 可以调整触摸按钮的灵敏度。

第二节　选层器

选层器是继电器逻辑控制系统中的核心部件,对电梯运行的安全性与可靠性影响很大。

选层器的种类很多,有机械式模拟选层器、格雷码井道式选层器以及电子选层器等。

一、机械式模拟选层器

图 3-6 所示是经常采用的立式机械式选层器示意图。选层的驱动是通过固定在轿厢上的穿孔钢带 3 及随着轿厢升降转动的钢带轮 4,通过链条 6 的驱动,使选层器的滑动拖板 8 上下移动。

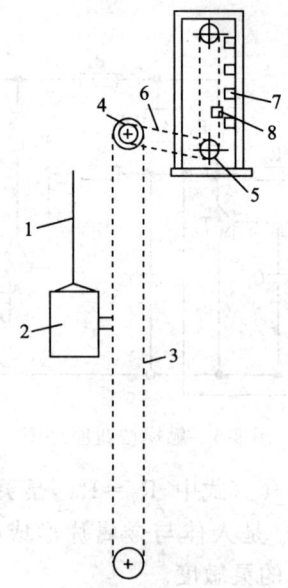

图 3-6　立式机械式选层器示意图

1—钢丝绳;2—电梯轿厢;3—钢带;4—钢带轮;5—链轮;6—链条;7—层楼静触点;8—拖板

选层器立架上有与楼层相对应的固定触点架板,架板数就是楼层数,架板之间的间距就是楼层之间的高度。本质上选层器的标高等于楼层提升高度乘以压缩比。常用压缩比有 1∶40 和 1∶60 两种,压缩比越小,控制精度越高。

该选层器功能是:精确地反映楼层位置,产生位置信号、楼层指示、向上与向下、单层运行与多层运行的换速、门区信号、消号、保号、定向、顺向截车及反向截车等。

二、格雷码井道式选层器

如图 3-7 所示,双稳态开关盒装在轿厢顶上,盒上装有不同功能的双稳态开关。GK_1、GK_2、GK_3 用作格雷码的层楼位置信号。GZ 用作换速,GP 用作平层及门区信号。

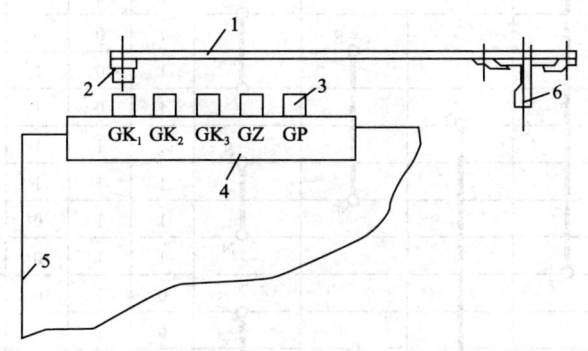

图 3-7 格雷码井道式选层器
1—支架;2—磁珠;3—双稳态开关;4—开关盒;5—轿厢;6—丁字道

磁珠有 N 极及 S 极之分,其安装在主导轨的支架上,与双稳态开关的间隙是 8~12 mm,安装要对准中心,保证间隙的一致性。

换速磁珠的设置数量及位置依据换速距离及控制电路的要求决定。

位置信号双稳态开关的数量是依据层站数而定。例如 16 层楼,需用 4 个双稳态开关,因为 $2^4=16$ 个状态。其磁珠的设置依据格雷码布置。采用格雷码来表达层楼信号,主要是其可靠性高。从格雷码数据不难看出,电梯每运行一层仅一个双稳态开关动作。使用其他进制是做不到的。

磁珠双稳态开关用在电梯上的优点是永久记忆层楼位置,不受任何电磁干扰及断电的影响。电梯停在井道任何位置,都能做到即停即开,不需校正运行。

1. 双稳态开关选层器

要表达 16 层站,需用 4 个双稳态开关,可以表示 16 个状态码。

把 16 个状态码经继电器译码电路译成十进制的 1~16 层,再经继电器输出,表达层站,如图 3-8 所示。

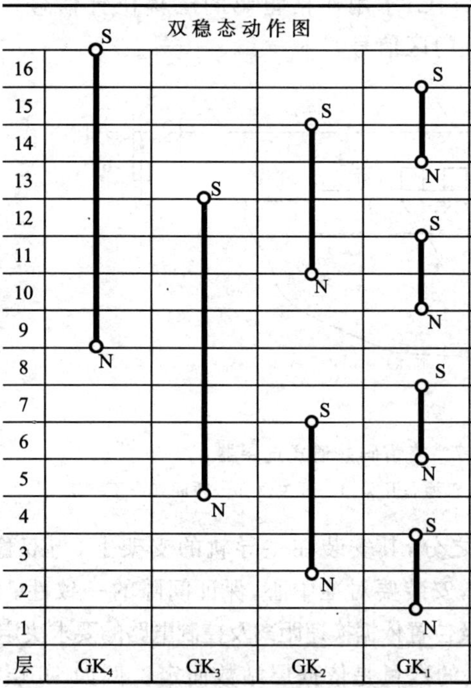

层	双稳态动作图				格雷码			
	GK_4	GK_3	GK_2	GK_1	GK_4	GK_3	GK_2	GK_1
16				S	1	0	0	0
15			S		1	0	0	1
14				N	1	0	1	1
13		S			1	0	1	0
12				S	1	1	1	0
11			N		1	1	1	1
10				N	1	1	0	1
9				N	1	1	0	0
8	N			S	0	1	0	0
7			S		0	1	0	1
6				S	0	1	1	1
5			N		0	1	1	0
4				S	0	0	1	0
3					0	0	1	1
2			N		0	0	0	1
1				N	0	0	0	0

图 3-8 双稳态开关动作图表

2. 编码器线路

在图 3-9 中，GK_1、GK_2、GK_3、GK_4 是编码用双稳态开关，1J、2J、3J、4J 是编码继电器。双稳态开关动作由布置在井道中的磁珠控制，见图 3-8 双稳态开关动作图表。

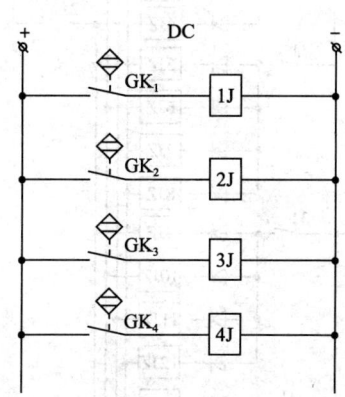

图 3-9　编码器电路

3. 继电器译码原理

因为双稳态开关 $GK_1 \sim GK_4$ 是按照图 3-8 的磁珠布置动作，所以继电器 1J～4J 也是按格雷码动作。在继电器图 3-10 中常闭触点代表图 3-8 格雷码的"0"，常开代表"1"。

图 3-10 中 1JZ 代表 1 层的位置信号，2JZ 代表 2 层的位置信号，以此类推。此电路可以直接与继电器电路接口。

继电器译码电路中二极管的作用是消除寄生电路。

三、双稳态开关的工作原理

双稳态开关主要由干簧管、小磁铁及磁屏蔽组成，如图 3-11 所示。

如图 3-12(a)所示，在没有外界磁场作用时，如果其触点是常开的状态，两个小磁铁的磁场 Φ_1 很弱不能使其闭合，仅能维持原始状态。

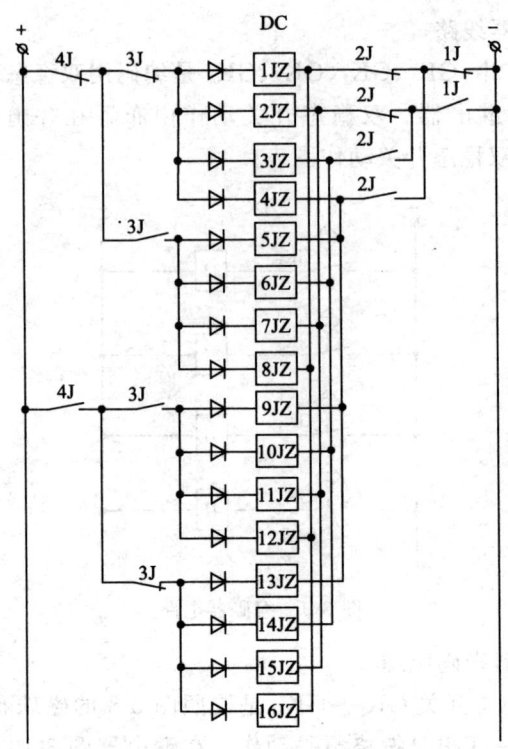

图 3-10 继电器译码电路

如图 3-12(b)所示,当有外界磁场 3 作用,且外界强磁场的极性与小磁铁 1 是同极性时,如图所示磁力线 Φ_1 与 Φ_2 同向,大大加强了小磁铁对干簧管的作用力,使接点闭合。当磁场 3 移开时由小磁铁 1 与 2 维持原始状态,即保持触点闭合。

如图 3-12(c)所示,当外界磁场 3 作用,且外界强磁场的极性与小磁铁 1 是反极性时,如图所示磁力线 Φ_1 与 Φ_2 反向,削弱了磁铁对干簧管的作用力,使干簧管的接点断开。

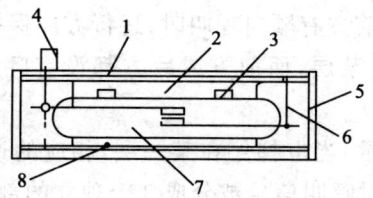

图 3-11 双稳态开关结构
1—盖;2—海绵;3—小磁铁;4—端子;
5—盒;6—引线;7—干簧管;8—磁屏蔽

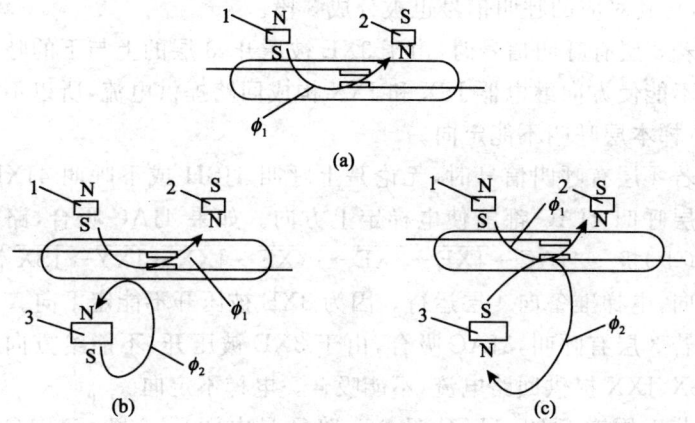

图 3-12 磁路图
1、2—小磁铁;3—外界磁场

第三节 自动定向电路

 自动定向电路将来自轿厢乘客欲往层的选层信号、来自大厅乘客所在层的呼叫信号与电梯停靠的位置信号进行比较,确定电梯真实的运行方向。第一个呼叫电梯的乘客优先定向。电梯向上运行时,在电梯所在层前方有顺向呼叫时,运行方向保持。电梯向下运行时,在电梯所在层前方有顺向呼叫时,运行方向保持。

如果电梯停在某层,而前方或后方都没有呼叫时,所在层有呼叫,电梯不能定向。

如图3-13所示,当电梯停在某一层,相应的选层器上的固定触点XE被压开,这时呼叫信号被分成3个独立的部分,即电梯所在层以上的呼叫信号,所在层以下的呼叫信号及本层的呼叫信号。

例如电梯停在3层,选层器固定板上的常闭触点3XE被拖板上的碰块压开,定向电路被分成3段,3XE以上、3XE以下及本层3XE,与其对应的呼叫信号也被分成3段。

若3层有呼叫信号时,由于3XE被压开,3层的上与下的呼叫信号都不能使方向继电器JSX和JXX构成回路提供电流,所以不能吸合,电梯本层呼叫不能定向。

若4层有呼叫信号时,无论是上呼叫4JSH或下呼叫4JXH及内选层呼叫4JAC都能使电梯定上方向。如果4JAC吸合,路径是电源(+)极→4JAC→$\overline{4XE}$→$\overline{5XE}$→…$\overline{XE}$→$\overline{JXX}$→$\overline{JXY}$→$\overline{JSX}$↑,定上方向,电梯准备向4层运行。因为3XE被压开不能定下向。

若3层有呼叫,3JAC吸合,由于3XE被压开,不能给方向继电器JSX、JXX提供回路电流,不能吸合。电梯不定向。

若1层有呼叫,1JAC吸合。路径是电源(+)极→1JAC↑→$\overline{2XE}$→$\overline{1XE}$→$\overline{JSX}$→$\overline{JSY}$→$\overline{JXX}$↑,定下方向,电梯准备向下运行。

厅外呼叫信号定向与轿内选层定向是有区别的,选层定向没有附加条件,而外呼定向要求仅在无司机状态下,并且电梯门全部关好才有可能定向。在图3-13中,JZH及JSM闭合时才能给方向继电器JSX或JXX提供电源使其吸合。

电梯在运行时,由于JSX、JSY及JXX、JXY是通过常闭触点相互连锁的,所以中途是不会改变电梯运行方向的。

在定向电路中,继电器JV是最远的反向呼叫信号。

AY是直驶按钮,在有司机时有效,当有司机继电器JZH吸合时,司机按住了 AY 按钮,切断了外呼信号继电器接点的电源,令电梯不能换速、停车。

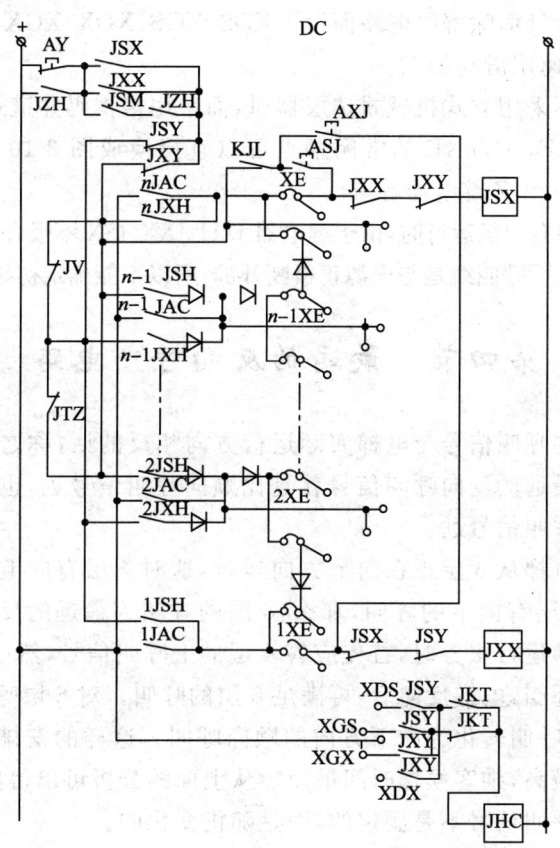

图 3-13 自动定向电路

JTZ 是停车继电器,当电梯停止运行时,其常闭触点将由 JSY 及 JXY 组成的上呼叫换速定向及下呼叫换速定向电路混合在一起,这样设计的目的是无论向上或向下的呼叫信号都可以优先确定电梯方向。JSY、JXY 是电梯运行方向继电器。

JKT 是中速度继电器,JKT 吸合是长程运行,反之是短程运行。

JSM 是门锁继电器,当电梯门全部关闭时吸合。

二极管是消除寄生电路而设。XDS、XGS、XDX、XGX 是选层器的上、下换速用滑动触点。

如果不采用立式机械式选层器时,而采用格雷码井道式选层器,将 1XE,2XE,…,nXE 的常闭触点可以直接换成图 3-10 译码电路 1JZ,2JZ,…,nJZ 继电器触点。

当电梯有司机运行时,由于继电器 JZH、JXX、JSX 不吸合,JXY 上呼叫线及 JSY 下呼叫线是与电源正极断开的,所以不能确定初始方向。

第四节 最远的反向呼叫电路

厅外的呼叫信号与电梯实际运行方向相反的话,称之为反向呼叫信号。最远的反向呼叫信号就是比顺向呼叫信号远,也比前方的所有反向呼叫信号远。

假如电梯从 3 层正在向上方向运行,这时 4 层有向上的顺向呼叫,6 层、8 层有向下的呼叫,那么,8 层的呼叫为最远的反向呼叫信号。当电梯运行服务时,首先应答 4 层的上呼叫信号,然后再满足 8 层的反向呼叫,电梯反向后,再满足 6 层的呼叫。对 6 层呼叫信号而言,由反向呼叫转化为向下方向的顺向呼叫。这样的安排使电梯的服务效率最高,乘客候梯时间最短。从上面的分析可以得出结论,最远的反向呼叫信号不是固定的,而是随机变化的。

假如电梯停在 2 层,4 层有向下呼叫信号,由图 3-13 的定向电路可以看出电梯运行方向,定为上向,即 JSX,JSY 吸合,JXY 不动作。如图 3-14 所示,JV 继电器吸合的路径是:$\overline{4JXH}\uparrow \to \overline{4XD}\to \overline{5XD}\cdots$ $nXD\to\overline{JXY}\to JV\uparrow$。当电梯经 3 层运行到 4 层时,选层器拖板上的碰块把固定板上的常闭接点 4XD 在电梯换速以前碰断,则 JV 继电器释放,使定向电路中的 JV 常闭触点接通,其把上与下呼叫线短接,电梯换速停车。

假如电梯停在 4 层,2 层有向上的呼叫信号,由图 3-13 的定向电路可以看出电梯定为向下,即 JXX、JXY 吸合,JSY 不动作。如图 3-14 所示,JV 继电器吸合的路径是 2JSH→$\overline{3XD}$→$\overline{2XD}$→$\overline{JSY}$→JV↑。当电梯经 3 层运行到 2 层时,选层器拖板上的碰块把定板上的常闭触点 2XD 在电梯换速前碰断,则 JV 继电器释放,上与下呼叫线被 JV 常闭触点短接,电梯换速停车。总之,电梯反向截车的实现是在没有内选层呼叫信号及顺向的呼叫信号的情况下,通过 JV 的释放实现的。

电路中的常闭行程触点可以采用井道式格雷码选层器图 3-10 中的 1JZ,2JZ,…,nJZ 的常闭触点代替。

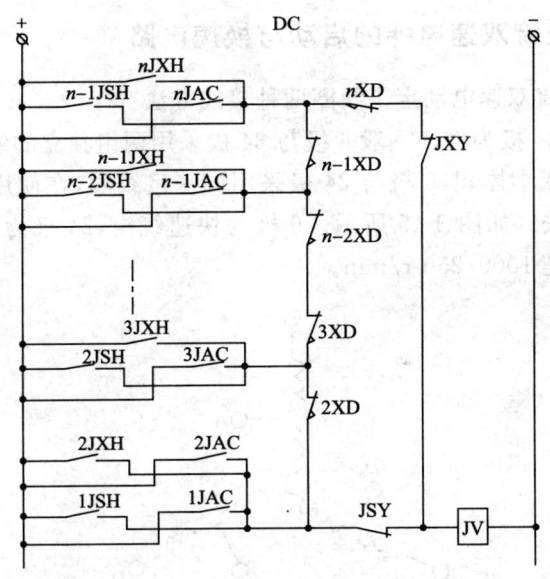

图 3-14 反向呼叫电路

JAC—内选层信号继电器;JSH—厅外上呼叫信号继电器;JXH—厅外下呼叫信号继电器;XD—选层器每层的常闭行程触点;JV—反向截车判断继电器;JSY—向上运行方向继电器;JXY—向下运行方向继电器

第五节 电梯的启动与换速电路

电梯的启动和换速与自控系统的拖动方式有密切关系。在交流双绕组电动机拖动系统中,启动时,采用快速绕组中串入电阻或电抗的降压启动。减速时利用慢速绕组通电产生能耗制动。以上主要是通过改变主电路的参数来实现。而在调速的拖动系统中,采用改变给定控制信号电压,使电梯平滑启动,平滑制动。当给定电压为零时,电梯停止运行。这类电梯有直流可控硅励磁电梯、交流调压调速电梯(ACVV)、交流变频变压调速电梯(ACVVVF)等。

一、交流双速电梯的启动与换速电路

1. 交流双速电动定子线圈两种接线方法

以 6/24 极为例。一般 6 极与 24 极采用两组独立的绕组。为了节省材料减小体积,6 极与 24 极采用同一组线圈,在使用时仅是改变接线方法。如图 3-15 所示。6 极为快速绕组,24 极为慢速绕组,同步转速是 1000/250 r/min。

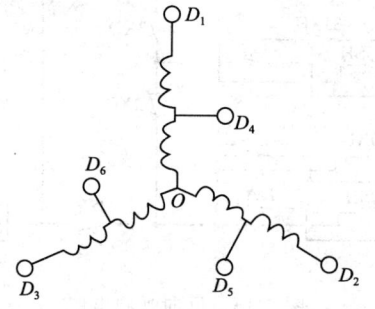

图 3-15 6/24 极电动机接线

6 极接线方式:把端子 D_1、D_2、D_3 短接起来,接成双星形。D_4、

D_5、D_6 接三相电源。同步转速是 1000 r/min。

24 极接线方式:端子 D_4、D_5、D_6 空着,D_1、D_2、D_3 接三相电源,两组线圈串联,单星形接线。同步转速是 250 r/min。

2. 启动与换速电路(如图 3-16 和图 3-17 所示)

CKF——快车辅助接触器;

CK——快车接触器;

CKY——快车运行接触器;

CM——慢车接触器;

1CMY、2CMY、CMY——切电阻接触器;

RQ——启动电阻;

RZ——制动电阻;

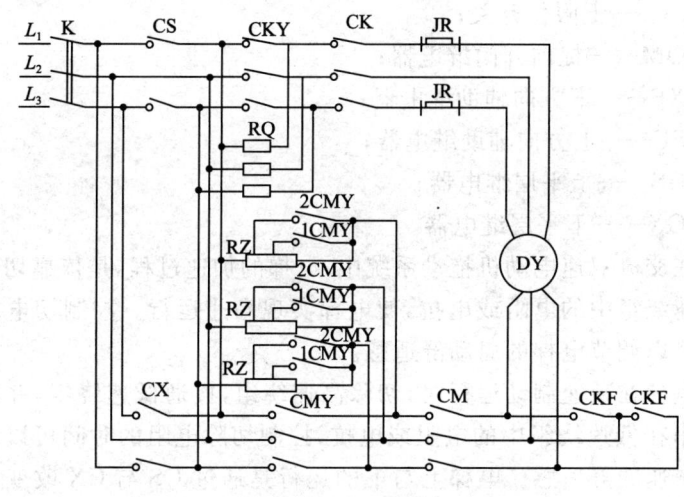

图 3-16 主电路

DY——交流电动机;

JQS、JXS、JCS、JYS——切电阻延时继电器;

XXH——下极限缓速器;

XSH——上极限缓速器;

XGM——轿厢门锁；

JMF——关门继电器；

JHF——换速辅助继电器；

JHC——换速继电器；

CS——上行接触器；

CX——下行接触器；

JLF——检修继电器；

JSM——门锁继电器；

K——电源空气开关；

JTZ——停车继电器；

XX——下限位开关；

XS——上限位开关；

JQM——提前开门继电器；

JXF——下方向辅助继电器；

JSF——上方向辅助继电器；

JGS——上平层继电器；

JGX——下平层继电器。

在交流双速电动机拖动系统中，电梯的加速过程，是依靠切除串在快速绕组中的电阻或电抗，使电梯实现高速运行。控制切电阻的时间可以调节电梯的启动舒适感。

电梯在减速制动运行时，切除高速绕组，接通低速绕组，并逐级切除串在低速绕组中的电阻或电抗，控制切除电阻的时间可以调节电梯减速的舒适感。电梯上与下的运行是通过 CS 与 CX 改变电压相序实现的。

首先合上电源开关 K。假设电梯停在一层，4 层有内选层呼叫，4JAC 吸合。通过定向电路，电梯定为上方向。

在图 3-17 中，当按关门按钮后 JMF↑→JSM↑→JSX↑→JXF→$\overline{\text{JSF}}$↑通过停车继电器 JTZ 的吸合并自锁。

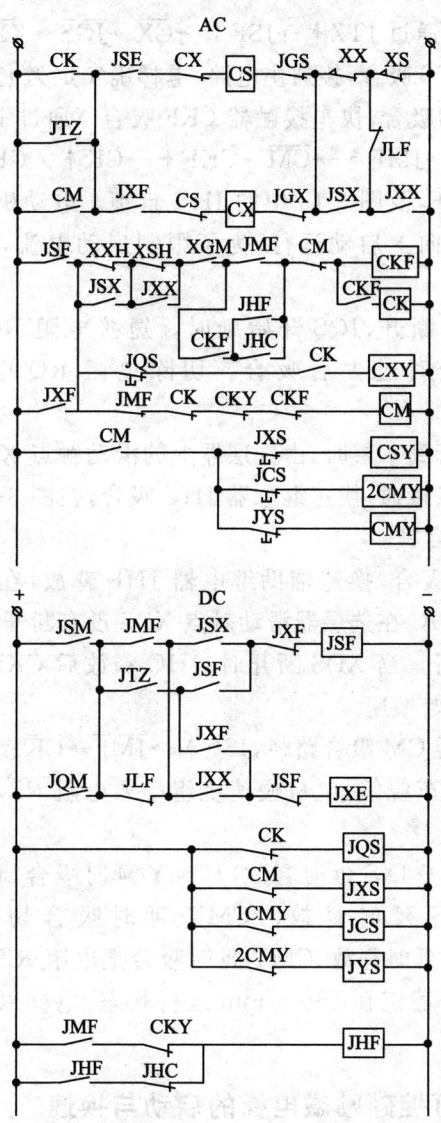

图 3-17 交流双速电梯的启动与换速电路

接触器 CS 通过 JTZ↑→JSF↑→$\overline{CX}$→$\overline{JGS}$→$\overline{XX}$→$\overline{XS}$→CS↑。上方向接触器 CS 吸合,接通主电路,电梯确实定为上方向。

由于 JSF 的吸合,快车接触器 CKF 吸合。通过 JSF↑→$\overline{XXH}$→$\overline{XSH}$→XGM↑→JMF↑→$\overline{CM}$→CKF↑→CK↑。CKF 快车辅助接触器并通过 JHF,及图 3-13 中的 JHC 自锁。电动机 DY 的主电路全部接通,电梯向上启动运行,为了限制启动电流,定子中串联电阻 RQ。

CK 常闭的断开,JQS 开始延时。短接电阻 RQ 用的接触器 CKY 待 JQS 延时过去后吸合。切除电阻 RQ 电梯高速稳定运行。

当电梯运行到 4 层时,由选层器上的滑动触点 XDS(见图 3-13)与选层器定触点接通,换速继电器 JHC 吸合,在图 3-17 中电梯启动前 JHF 吸合并自锁。

由于 JHC 吸合,换速辅助继电器 JHF 释放,在 CKF 电路中,JHF 断开,但 JHC 在选层器滑动触点 XDS 没有断开前仍然吸合,电梯保持快速运行。当 XDS 断开时,JHC 释放后 CKF,CK,CKY 全部释放,电梯开始换速。

慢车接触器 CM 吸合路径,JSF↑→$\overline{JMF}$→$\overline{CK}$→$\overline{CKY}$→$\overline{CKF}$→CM↑。接通慢车绕组,电机慢速绕组串入电阻 RZ,开始了逐步降速的过渡过程。

由于 CM↑→JXS 延时释放,1CMY 延时吸合,切掉一段电阻。1CMY↑→JCS 延时释放,2CMY 延时吸合切掉一段电阻。2CMY↑→JYS 延时释放,CMY 延时吸合把电阻 RZ 全部切掉。这时电动机 DY 才稳定在 250 r/min 运行状态,电梯以慢速运行并准备停车。

二、直流可控硅励磁电梯的启动与换速

假设电梯停在 1 层,4 层有内选层呼叫,4JAC 吸合,通过定向电

路 JSX 吸合,定为上方向。

在图 3-18 中,按关门按钮 JMF 吸合,电梯门已关好,JSY 吸合。快车继电器 JQF 吸合。$\overline{1\mathrm{XSH}} \to \overline{1\mathrm{XXH}} \to \overline{2\mathrm{XXH}} \to \overline{2\mathrm{XSH}} \to \mathrm{XGM} \uparrow \to \mathrm{JMF} \uparrow \to \mathrm{JSM} \uparrow \to \mathrm{JQF} \uparrow$。通过 JHF 自锁,同时 JTZ 与 JKZ 吸合。JQF 吸合给积分插件高的给定电压,发电机它激磁场激磁,发电机 ZF 发电,JKR 吸合,JVT 吸合。直流电动机 ZD 高速运行。电梯启动过程结束。

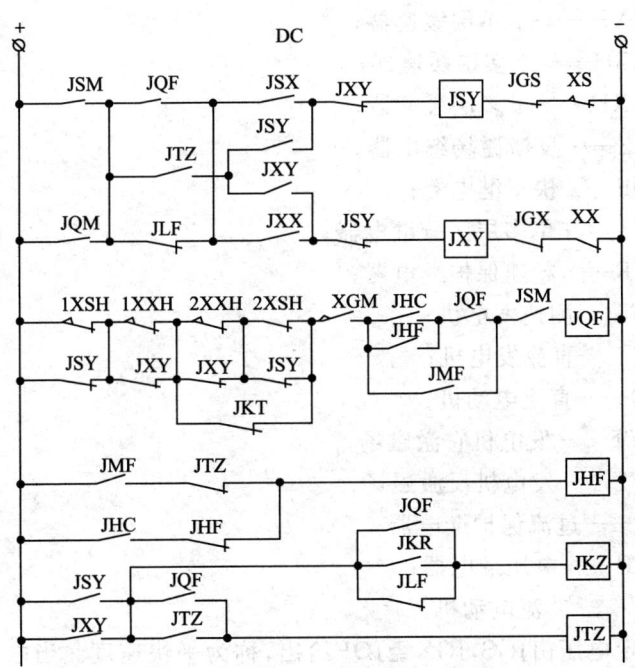

图 3-18　直流可控硅励磁电梯的启动与换速电路

当电梯运行到 4 层时,见图 3-13,由于高速继电器 JVT 的吸合,选层器的滑动触点 XGS 超前与其对应的定触点接触 JHC 吸合,JHF 释放,待 JHC 释放时,电梯换速。JQF 释放降低给定电压,电梯开始减速,当发动机转子电压下降到一个电压电平时,电压继电器 JKR 释放,JKZ 释放反激磁场 OFF 接入,电梯继续降速。

  JQM——提前开门继电器;
  XS——上限位开关;
  XX——下限位开关;
  JMF——关门继电器;
  1XSH——上单层缓速器;
  1XXH——下单层缓速器;
  2XSH——上多层缓速器;
  2XXH——下多层缓速器;
  JKZ——反激磁场继电器;
  JQF——快车继电器;
  JVT——单多层区分继电器;
  JVR——超速保护继电器;
  CF——测速发电机;
  ZF——直流发电机;
  ZD——直流电动机;
  OFT——发电机它激磁场;
  OFF——发电机反激磁场;
  JL——过流保护继电器;
  JKR——电压继电器;
  DY——交流电动机。

  给定电压由 $\overline{JGS},\overline{JGX}$ 经 $\overline{JQF}$ 给出,称为平快速度。当电梯平层感应器插入平层桥板时,给定电压由并联的 JGS 与 JGX 经 $\overline{JQF}$ 常闭给出。电梯处于爬行平层状态。

  电梯上与下的运行,通过 CSY 与 CXY 改变它激磁场励磁电流的方向实现(见图 3-19)。

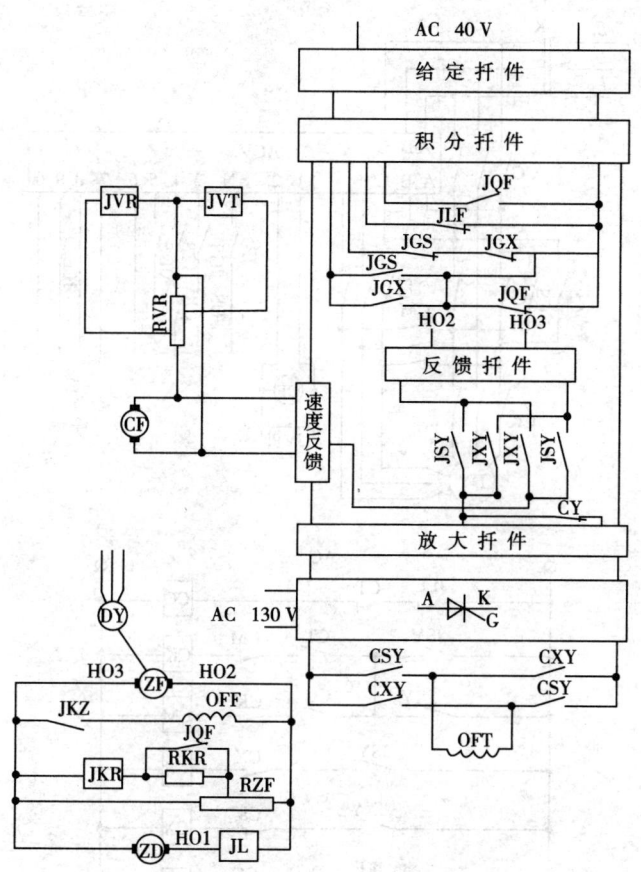

图 3-19 可控硅励磁方框图

三、交流调压调速电梯的启动与制动换速电路

为了使乘客迅速到达欲往层站,ACVV 交流调压调速装置(见图 3-20)有以下 5 种速度:

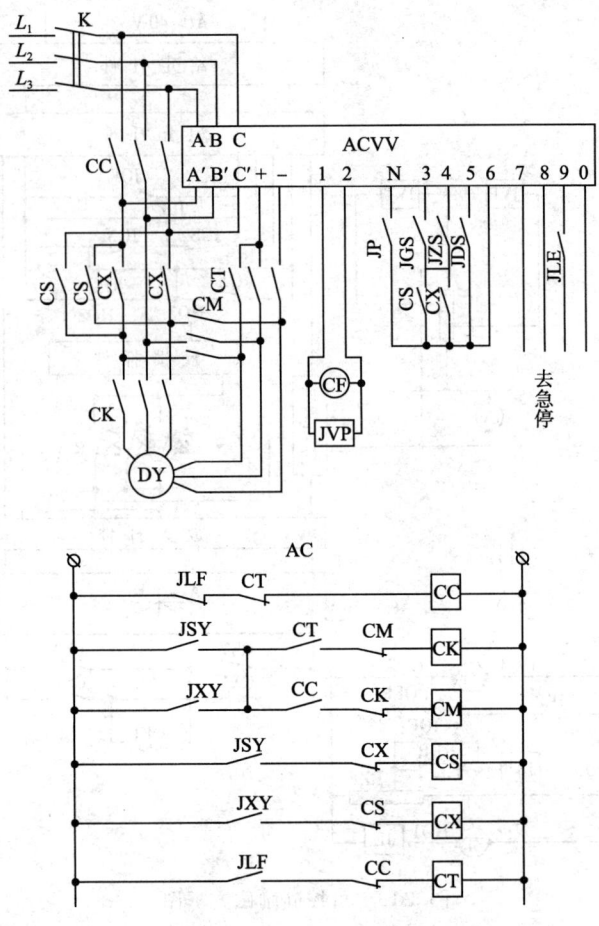

图 3-20 ACVV 主电路

(1)高速——用于长行程即两层以上的距离。
(2)中速——用于短行程即单层。
(3)慢速——用于平层。
(4)计算速度——用于介于长短程之间的距离。
(5)校正速度——用于平层精度超差时,再次平层,称为蠕动再平层。

(6)检修速度——用于电梯的检修,不需调速。

电梯在启动运行前由选层器及呼叫信号来判断电梯是高速还是中速运行,一旦确定后,电梯在中途是不能改变运行速度的。高速与中速是相互连锁的,不是人为控制的。中速与高速的选择是通过选层器实现的。

因为选层器的速比一般为 1∶60,而层间距离不大,在选层器上,相邻固定架板之间距离很小,所以只要调整固定架板与滑动拖板上的触点相接触,就确定了中速在选层器上的位置。

1. 中速运行

假定电梯停在 2 层,3 层有呼叫,电梯预定为上方向,JSX 吸合(见图 3-13)。

当(+)→3HJ 的定触点与 237 号的动触点相接触→GSZ↑(没有插桥板)→JSX↑→$\overline{CK}$→JHZ↑并自锁→JZS↑定为中速。

按关门按钮后,JMF↑→JSM↑→JZS↑→JSX↑→$\overline{JXY}$→$\overline{XS}$→JSY↑吸合定为上方向,并通过 JTS 与 JTZ 自锁。

CC——检修接触器;

CK——快车接触器;

CM——慢车接触器;

CS——上行接触器;

CT——加直流接触器;

CX——下行接触器;

DY——交流电动机;

CF——测速发电机;

JVP——速度继电器;

K——主电源开关;

ACVV——调压调速装置。

XG↑→JSM↑→$\overline{XSZH}$→$\overline{XXZH}$→JMF↑→JHZ↑→JZS↑定为中速运行。JHZ 又通过 JZS,二极管 DS 互锁。

在图 3-20 中,当电梯处在正常运行时,接触器 CC、CM 不吸合,CT 吸合,由于 JSY 吸合,CK 与 CS 吸合,ACVV 调速装置已接入中速及低速给定信号电压。

JDS 低速继电器吸合,JSY↑→JZS↑→JDS↑并通过 JT 自锁。

当电梯以中速运行到 3 层时,由于换速桥板插入感应器 GSZ 中,断开 3JHZ 电路,使 JHZ↓→JZS↓→JDS↑继续自锁吸合。

电梯以低速向上运行,等待平层停车。

2. 高速运行

假定电梯停在 2 层,4 层有呼叫,电梯预定为上方向,JSX 吸合。中速继电器 JHZ 不吸合,JSY、CS 吸合不再叙述。

当按了关门按钮后,JMF 吸合。JGS 吸合定为高速,同时 JDS 也吸合。电梯以高速运行。

JHF 继电器吸合并通过 $\overline{\text{JHG}}$ 与 $\overline{\text{JYS}}$ 接点自锁,为换速作好准备。

当电梯以高速运行到 4 层时,滑动触点 239 与 4 层定触点相接触,电梯继续运行,只有当高速换速感应器 GSG 插入桥板时,其触点闭合,高速换速继电器 JHG 吸合,JHF 延时释放,当 GSG 远离桥板时 JHG 释放 JGS 释放。切断了高速给定,电梯低速运行等待平层。

在 ACVV 调压调速系统中,电梯向上运行与向下运行,依靠方向接触器 CS 与 CX 切换调速装置输出的相序使电动机正转与反转。

JGS 与 JDS 或 JZS 与 JDS 同时吸合,是为了使速度曲线衔接得更好。

3. 速度选择电路

上面所述高速及中速的选择是通过机械式选层器实现的。在没有机械式选层器的控制系统中,可采用继电器组合逻辑实现,如图 3-21 所示。

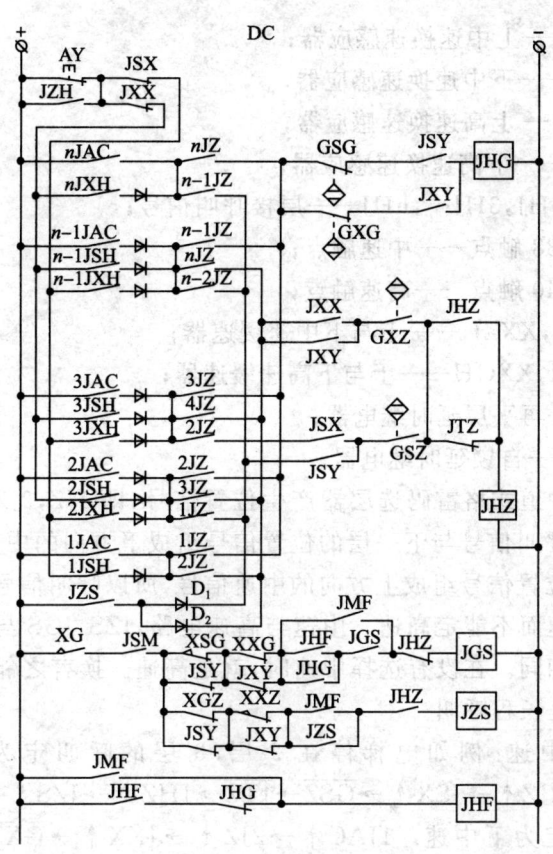

图 3-21 速度选择电路

JGS——高速给定继电器；

JZS——中速给定继电器；

JDS——低速给定继电器；

JYS——换速延时继电器；

JHF——高速换速继电器；

JHG——高速换速继电器；

JHZ——中速换速继电器；

GSZ——上中速换速感应器；

GXZ——下中速换速感应器；

GSG——上高速换速感应器；

GXG——下高速换速感应器；

1HJ,2HJ,3HJ…,nHJ——层楼呼叫信号；

237,238触点——中速触点；

239,240触点——高速触点；

XSZH,XXZH——上与下中速缓速器；

XSGH,XXGH——上与下高速缓速器；

JS——再平层延时继电器；

JTS——自锁延时继电器。

利用井道式格雷码选层器产生位置信号，即1JZ,2JZ,…,nJZ。通过该层呼叫信号与下一层的位置信号组成下方向的中速信号，与上一层的位置信号组成上方向的中速信号，所以呼叫信号的邻近层仅能定中速而不能定高速。中速与高速电路，JZS、JGS与机械式选层器完全相同。在没有选择中速时，就是高速。换言之邻近层以外的呼叫就是长程呼叫。

确定中速：例如电梯停在2层，3层的呼叫定为上中速。3JAC↑→2JZ↑→JSX↑→$\overline{GSZ}$→$\overline{JTZ}$→JHZ↑→JZS↑并自锁。1层的呼叫定为下中速。1JAC↑→2JZ↑→JXX↑→$\overline{GXZ}$→$\overline{JTZ}$→JHZ↑→JZS↑并自锁。当感应器GSZ或GXZ插入桥板时，其触点断开JHZ,JZS释放。电梯换速。

确定高速：例如电梯停在1层，3层有呼叫信号。JHZ不吸合。按关门按钮JMF↑→JHF↑并通过JHG自锁，JGS继电器通过JSM↑→XG↑→$\overline{XSG}$→$\overline{XXG}$↑→$\overline{JHZ}$→JGS↑并通过JHF自锁，定为高速。当电梯运行到3层时，3JZ↑，感应器GSG插入桥板时JHG吸合，JHF断开，JGS继续吸合，GSG出桥板时JGS释放电梯换速。

第六节 平层停止运行电路

一、交流双速电梯的平层停止运行电路

电梯以高速运行到欲往层站后,由高速运行换成低速运行,电动机快速绕组断开慢速绕组接通,电梯保持原方向运行。当装在轿厢顶上面的感应器插入平层桥板时,如果电梯向上运行,如图 3-22 和图 3-23 所示。首先插入 GX 感应器,再入 GM 感应器,JQM 吸合发出提前开门信号,电梯开始提前开门。电梯继续向上运行,直到桥板插入感应器 GS 中,JGS 吸合。在图 3-17 中上行方向接触器 CS 释放电梯停止运行。这时桥板同时插入三个感应器中,如图 3-22(c) 所示。

电梯向下运行时,平层停车情况同前,见图 3-22(a)。平层电路是当 1CMY↑切电阻接触器得电吸合后接通。这时电梯运行已接近平层速度,如图 3-23 所示。

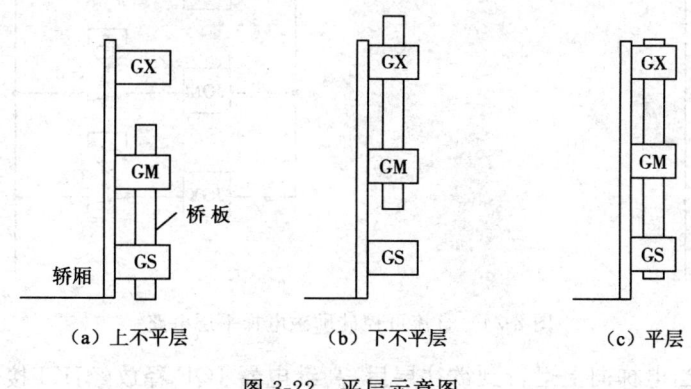

图 3-22 平层示意图

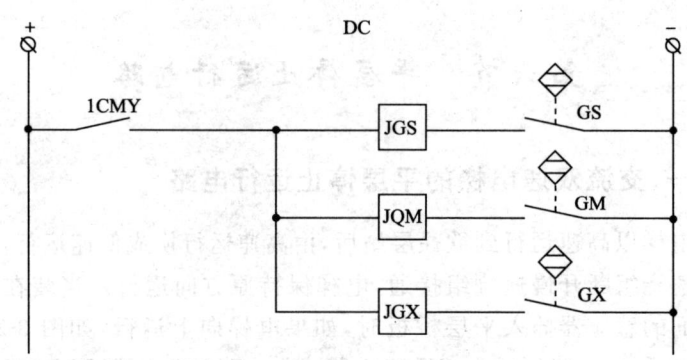

图 3-23 交流双速电梯平层电路

二、直流可控硅励磁电梯的平层停止运行电路

平层感应器的配置与交流双速梯相同,如图 3-24 所示。

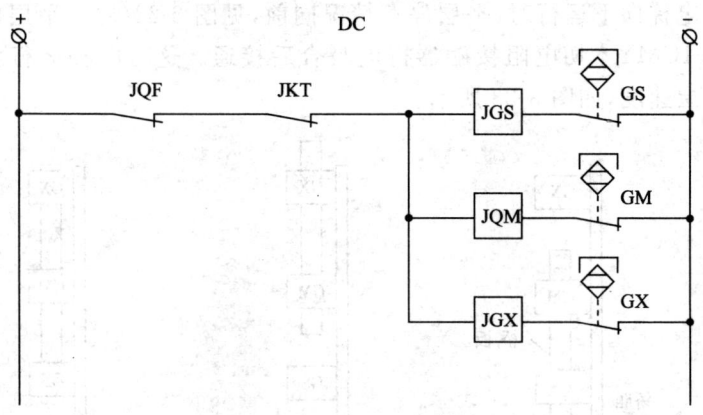

图 3-24 直流可控硅砺磁电梯平层电路

当电梯向上运行到欲往层后,高继电器 JQF 释放经 $\overline{\text{JKT}}$ 接通平层给定电路(见图 3-19),由于感应器还没有插入桥板,JGS 与 JGX 的常闭触点接通平快给定电路,电梯以平快速度运行,当感应器插入

GX感应器时，JGX常闭触点断开平快给定电路，JGX常开触点接通平慢给定电路，电梯以慢速爬行直到感应器GS插入桥板，JGS吸合，方向运行继电器JSY释放电梯停止运行。JKT是电压继电器，当电梯换速后JKT已释放。

三、交流调压调速电梯的平层停止运行电路

当电梯运行到欲往层站时，开始减速运行，直到电梯低速运行，进入平层区，待感应器GS或GX发出平层停车指令后，电梯停止运行，如图3-25所示。

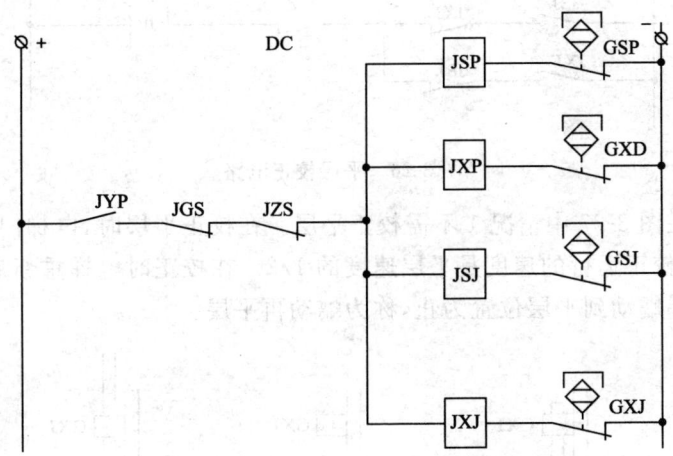

图 3-25 交流调压调速电梯平层电路

如果电梯是向上行驶，换速后JGS或JZS释放，电梯开始减速，待减速到电动机转速小于150～200 r/min时，平层速度继电器JVP吸合，给平层及校正继电器供电作好准备。

电梯向上运行，感应器GXP首先插入桥板，电梯以平层速度继续向上运行，当感应器GSP插入桥板，继电器JSP吸合，JT吸合断开，低速给定继电器JDS，电梯停止运行。

电梯的平层精度常受到拖动系统中转动惯量及负载变化的影响。尤其当轿厢满载平层后,乘客全部离开轿厢时,因为曳引绳头弹簧的压缩与伸开影响了平层准确度,其平层准确度超出标准值时(±15 mm),则需重新校正平层。平层校正电路如图 3-26 所示。

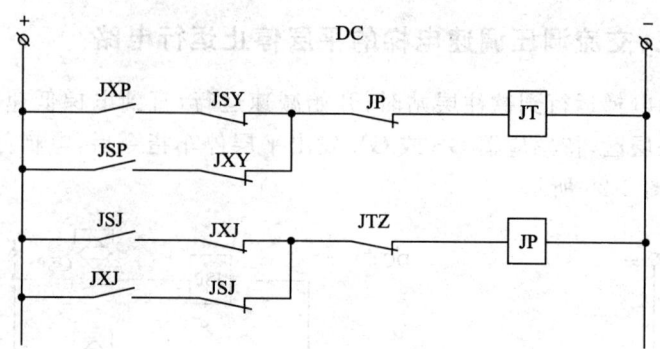

图 3-26 平层校正电路

在图 3-27 中情况 1 不需校正平层。在校正平层时,电梯门是打开的,校正运行的速度是平层速度的 1/2。在校正时电梯重新启动。待电梯蠕动到平层位置为止,称为蠕动再平层。

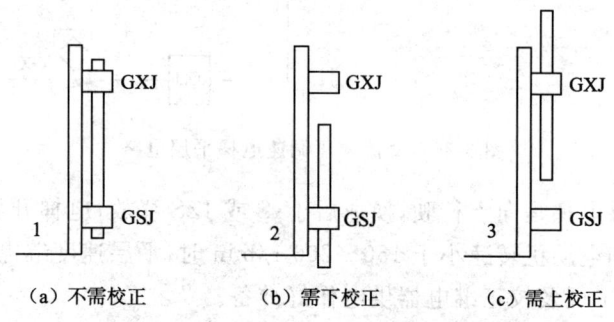

(a) 不需校正　　　(b) 需下校正　　　(c) 需上校正

图 3-27 校正平层示意图

图 3-27 的情况 2 状态下,在图 3-25 感应器 GSJ 插入桥板,GSJ 触点闭合,JSJ 吸合,图 3-26 中的 JP 得电吸合,JDS 吸合,JS 吸合,JS 延时使下行方向继电器 JXY 吸合,图 3-20 的接触器 CK、CX 吸合,接通主电路,电梯向下运行,直到感应器 GXJ 进入桥板为止。此时 JP 释放,停车继电器 JT 吸合,图 3-21 中的 JDS、JS、JXY 释放,在图 3-20 中,CX,CK 释放。校正平层结束。

图 3-27 的情况 3 上校正平层过程与 2 相同。

四、平层感应器的工作原理

如图 3-28 所示,磁感应器主要由干簧管及永久磁铁组成。当没有铁桥板插入时,干簧管中的接点片被磁化,1 与 3 闭合形成常闭触点,2 与 3 形成常开触点。当有桥板插入时,永久磁铁的磁力线通过铁板成回路,把磁力线旁路。干簧管中的接点片不再被磁化,在片的弹力作用下,1 与 3 不再闭合,2 与 3 闭合。在电梯控制系统中,磁感应器作为换速、提前开门、平层、校正平层等开关指令信号。

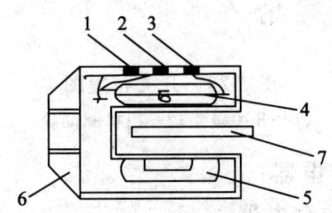

图 3-28 平层感应器结构图
1—常闭接点接线端子;2—常开接点接线端子;3—公用接线端子;
4—干簧管;5—永久磁铁;6—外壳;7—桥板

第七节 开关门控制电路

电梯门的控制电路由控制和驱动两个部分组成。门的开与关对乘客和电梯安全运行十分重要,当门在关闭过程中如遇有障碍物应停止关门重新开门。当电梯因故中途停止运行,电梯还没有进入开门区时,电梯门不应打开。

一、皮带传动直流门机控制电路

该门机用于交流双速电梯及直流硅励磁快速电梯。门机的速度调节是通过门机械传动中的碰头(见图 3-29),使行程开关动作,短接与电枢并联的电阻实现的。开门与关门是改变转子供电电压的极性,使直流电机正转与反转,如图 3-30 所示。

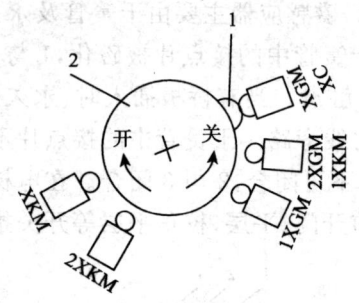

图 3-29 开关布置图
1—开关碰头;2—门机驱动轮

  JMF——关门继电器;
  JF,JCF——消防继电器;
  KCF——消防开关;
  AGM——关门按钮;
  JMS——关门延时继电器;
  JML——开门继电器;
  AKM——开门按钮;
  XAZ,XAX——小扇开关;
  XKM——开门限位开关;

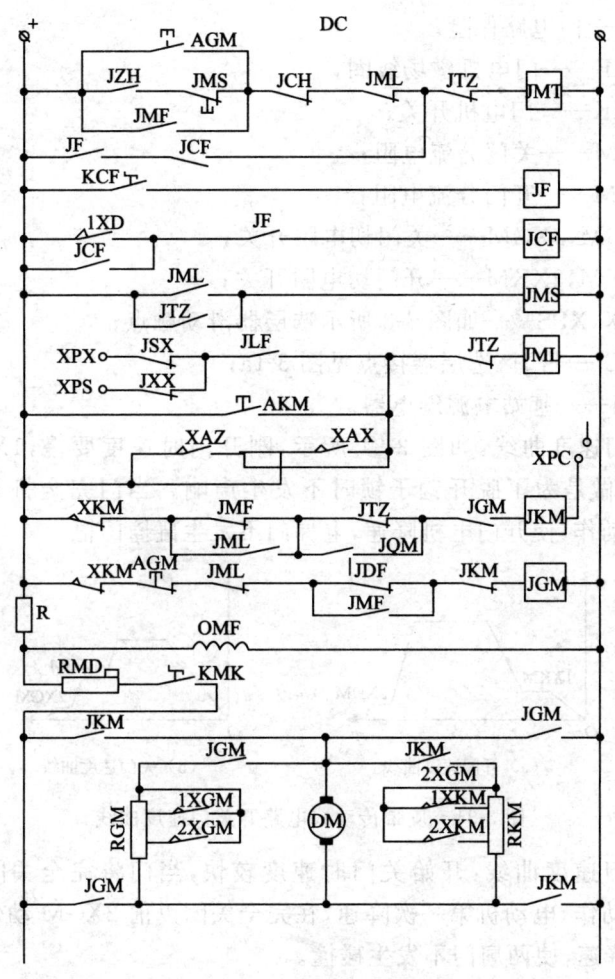

图 3-30　门机控制电路

XGM——关门限位开关；
JKM——开门执行继电器；
JGM——关门执行继电器；

R——门电路保险；

OMF——门电机磁场线圈；

KMK——门电机开关；

RGM——关门分流电阻；

RKM——开门分流电阻；

1XGM,2XGM——关门切电阻开关；

1XKM,2XKM——开门切电阻开关；

XPX,XPS——如图 3-3 所示选层器滑动触点；

XPC——门区选层器接点见图 3-1a；

JDF——基站电源继电器。

开门速度曲线：如图 3-31 所示，刚开门时速度要慢，1XKM 动作，这样做是为了脱开钩子锁时不发生声响。当门完全打开以前，2XKM 动作，使开门电机降速，电梯门不发生碰撞门框。

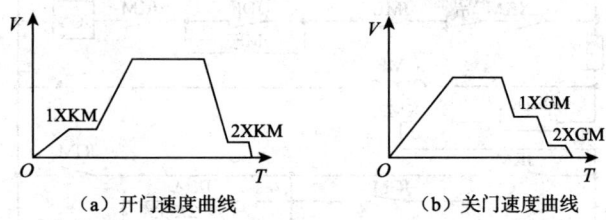

(a) 开门速度曲线　　　　(b) 关门速度曲线

图 3-31　皮带传动式电路开关门速度曲线

关门速度曲线：开始关门时速度较快，当门将完全关闭以前，1XGM 动作，电动机第一次降速，在完全关闭以前 2XGM 动作，电动机再次降速，使两扇门不发生碰撞。

在图 3-30 中 2XGM 有两个作用，即作为第一级开门分流开关，又作为关门时的第 2 次分流开关。关门限位开关还有另一作用，用其中一对触点作为门关严的门锁信号 XG。

开关 2XKM、1XGM、2XGM 用其短接并联在电机转子上的电阻 RGM、RKM，给转子 DM 分流，调节转子电压以调电机的转速。

电阻 RMD 是串联在转子电路中，用以降低转子供电电压，调节开关门的总体速度。

开关 KMK 在检修电梯系统时关断门电机，使门不动作。OMF 是直流电机 DM 的定子磁场。

开关门电路的功能有开门控制、关门控制两种。

1. 开门控制

(1) 基站开门

当电梯开始使用时，司机合上基站钥匙开关 KDF，电梯控制电源继电器 JDF 吸合，(+)电源→XKM↑→$\overline{\text{JTZ}}$→$\overline{\text{JGM}}$—JKM↑→XPC↑门区触点 JKM 吸合。在关门电路中由于 JDF 常闭的断开 JGM 处在释放状态，当电梯开门到位时，XKM 限位开关动作，JKM 释放。

(2) 手动开门

按开门按钮 AKM，开门指令继电器 JML 吸合，关门继电器 JMF 释放，因为电梯是停着的，运行继电器 JTZ 释放，JKM 吸合电梯门打开，开门到位 XKM 动作 JKM 释放。

(3) 重新开门

当门在关闭过程中，遇到障碍物，由于安全小扇动作，微动开关 XAZ、XAY 闭合，开门继电器 JML 吸合，开门过程同上所述。

(4) 消防开门

当消防队员在基站合上消防开关 KCF 后 JF 吸合，电梯在基站，选层器上的基站位置开关 1XD 闭合，消防继电器 JF 吸合，JCF 吸合并自锁。JMF 释放 JKM 吸合电梯门打开。如果电梯停在其他层站时进入消防状态，JCF 处在释放状态，由于 JF 的吸合 JMF 吸合电梯关门。

(5) 本层呼叫开门

若电梯停在某层站时，只要按厅外顺向呼叫按钮 JSH 或 JXH 吸合，就可以开门。在图 3-30 中，JXH 或 JSH→XPX 或 XPS→JLF↑→$\overline{\text{JTZ}}$→JML↑吸合，电梯门打开。

(6)电梯超载不关门

当超载开关 XCH 动作后,超载继电器 JHC 吸合 JMF 释放,其常闭触点接通 JKM 继电器,电梯门重新打开。

2. 关门控制

(1)手动关门

按关门按钮 AGM,(+)电源→$\overline{\text{JCH}}$→$\overline{\text{JML}}$→$\overline{\text{JTZ}}$→JMF↑,关门继电器吸合。

(+)电源→$\overline{\text{XGM}}$→$\overline{\text{AKM}}$→$\overline{\text{JML}}$→JMF↑→JKM→JGM↑,关门继电器 JGM 吸合,电梯门关好后,关门限位开关 XGM 动作,JGM 释放。

(2)自动关门

在电梯处在无司机运行状态时,无司机开关 KZH 闭合,无司机继电器 JHZ 吸合。在关门延时继电器 JMS 电路中,开门继电器 JML 断开一次或电梯又运行停一次车,运行继电器 JTZ 断开一次。JMS 延时 3～5 s,接通关门继电器 JMF,使电梯门关闭。

(3)消防服务强迫关门

当电梯进入消防状态时,电梯停在任一层站,如果门是开着的,则必须立即强迫关闭。通过 JF 吸合、JCF 释放使关门继电器 JMF 吸合,JGM 吸合,电梯门关闭,并通过其他电路电梯开往基站。

(4)基站钥匙关门

当电梯服务运行完毕后,电梯服务人员将基站钥匙关断,中间继电器 JDF 释放。总电源延时断电,JDF 常闭接通关门继电器 JGM,令其吸合,电梯门关闭,总电源断电。

二、齿轮传动直流门机控制电路(MRDS 门机)

其开关门电路的功能与皮带传动直流门机电路相同,开门与关门是通过改变转子 DM 供电电压的极性实现,如图 3-32 所示。

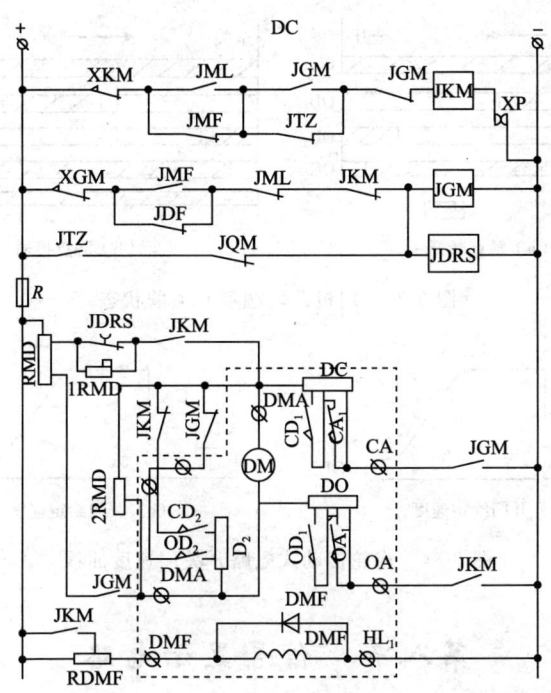

图 3-32 开关门电路

电梯门在关闭的过程中，JGM、JDRS 吸合，JDRS 的常闭触点断开，电阻 1RMD 串入开门电路，如关门遇到障碍物通过小扇开关 XAZ、XAY 使开门继电器 JML、JKM 吸合，立即开门，电机转子 DM 串入电阻 1RMD，使电梯门由关转为开不产生振动。

开门串联电阻 D_0 通过凸轮开关 OD_1、OA_1 短接加速。当电梯门接近全部打开时并联电阻 D_2 通过凸轮开关 OD_2 及 JGM 常闭接通，开门速度下降以防门开到位时的震动，如图 3-33 所示。

关门串联电阻 DC 通过凸轮开关 CD_1、CA_1 短接加速。当电梯门接近全部关闭时并联电阻 D_2 通过凸轮开关 CD_2 及 JKM 常闭接通，关门速度下降，以防两扇门的碰撞，如图 3-34 所示。

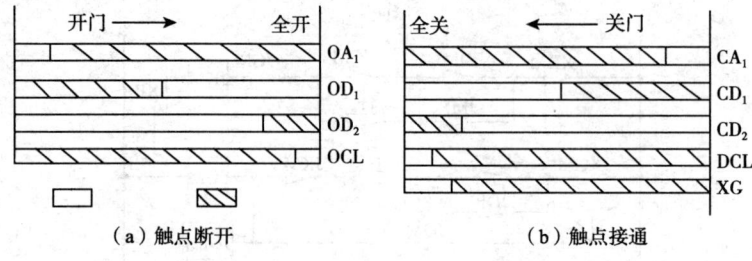

图 3-33　门机凸轮触点开关的状态

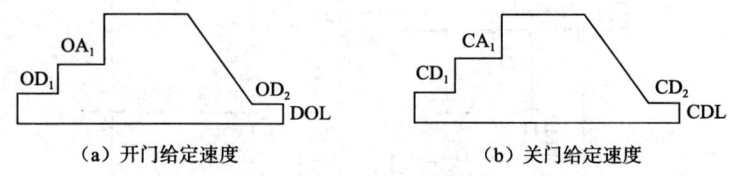

图 3-34　齿轮传动式电路开关门速度曲线

第八节　信号显示电路

一、呼叫信号显示

厅外向上与向下的呼叫、轿内选层呼叫,一般采用呼叫继电器的触点接通相对应层的呼叫信号灯,供电电压大多采用 AC24V。

二、方向显示电路

如图 3-35 所示,利用方向继电器的触点接通方向指示灯电路。

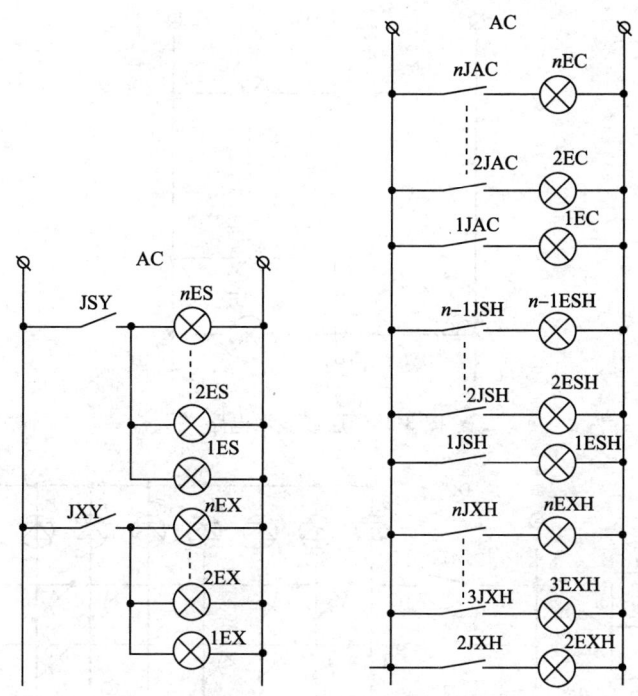

图 3-35　方向及呼叫显示电路

三、层楼显示电路

如图 3-36 所示,在机械选层控制电路中,利用选层器每层的架板,在其上装一个定触点。在选层器拖板上装一个滑动触点,构成 XE 触点,当两触点相遇时,即表示电梯运行到该层站。

四、继电器控制系统层站显示采用 7 段数码管的电路

此显示电路采用 7 段数码管,所以必须采用直流供电,并把层站信号通过二极管矩阵电路译码,即译成所需要燃亮的段,如图 3-37 所示。

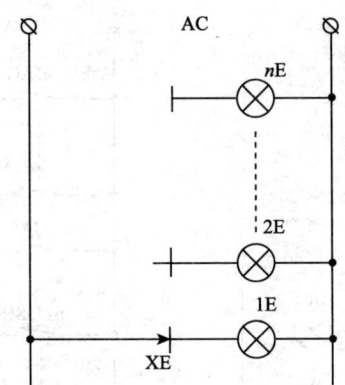

图 3-36 层楼显示电路

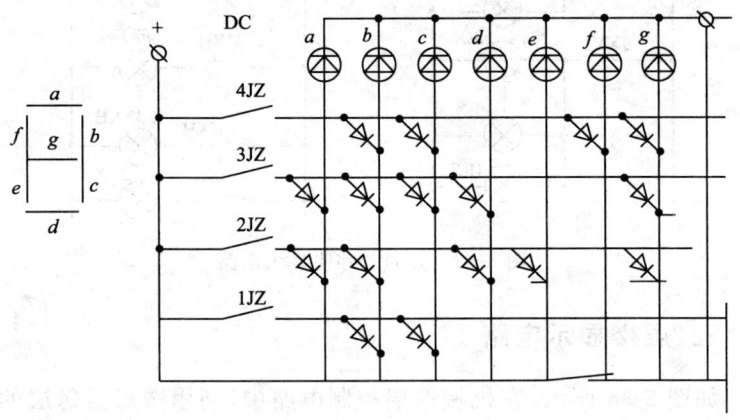

图 3-37 数码管及译码电路

第九节 电梯的安全保护

电梯是载人和设备的垂直运输工具,在电梯使用安全方面采取了很多措施。每台电梯都具备电气和机械的多种安全保护装置以确保电梯的安全运行。

一、安全保护电路（急停电路）

如图 3-38 所示。

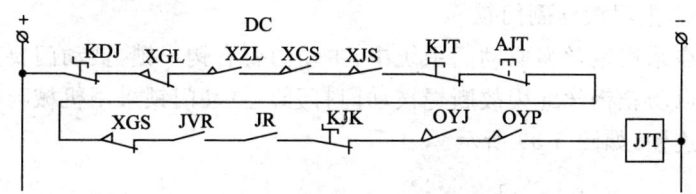

图 3-38 安全保护电路

KDJ——底坑急停开关，当电梯维修人员在底坑检修电梯时，为了防止误操作电梯，在底坑切断急停电路 JJT；

XGL——当选层器驱动钢带断时起作用；

XZL——限速器断绳开关；

XCS——限速器超速时切断 JJT；

XJS——当轿厢监视窗打开时切断 JJT；

KJT——轿顶检修盒急停开关；

AJT——轿厢操纵盘急停开关；

XGS——轿顶拉杆拨架开关，当电梯安全钳动作时，切断 JJT；

JVR——过压保护继电器，也是电梯超速保护继电器；

JR——交流电动机过热保护继电器；

KJK——控制柜急停开关；

OYJ——轿厢油压缓冲器急停开关；

OYP——平衡器油压缓冲器急停开关。

在交流双速电梯中还有相序保护继电器 XSJ，在直流电梯控制系统中还有电动机启动保护继电器，都串联在安全保护电路中。

以上安全电路中的所有保护触点只要有任何一个断开都可以令

电梯紧急停梯,其中有些开关触点和装置的机械动作有机地联系在一起。

二、电梯自动门的保护系统

1. 主门锁与副门锁

在采用钢丝绳驱动门系统中,主动门要有钩子锁,被动门要有副门锁以防止钢丝绳因故断绳被动门打开。主动门锁采用机械与电气直接连锁,如图 3-39 所示。

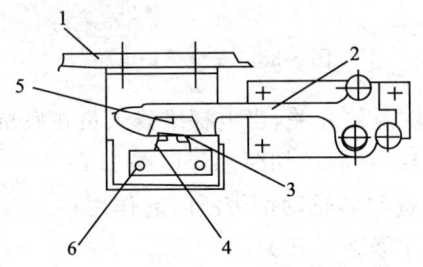

图 3-39 钩子锁
1—门框;2—钩;3—短路片;4—接点;5—绝缘块;6—接线盒

在钩子上有一个铜片作为桥接短路板,触点分左右两个,当两个接点被桥接板短路时,使门锁电路接通。钩子固定在厅门上。锁盒固定在门框上。各层的主与副厅门锁都是串联的,同时接通一个门锁接触器 JSM,如图 3-40 所示,把门锁信号分配到电梯控制系统中,以表达电梯门的开与关的状态。各层门包括轿门,只要其中一个关不严电梯就不能运行。并且为了预防某层厅门当轿厢不在该层时被打开,在每层的厅门上加装厅门自闭装置,该装置一般采用重锤和弹簧两种形式。

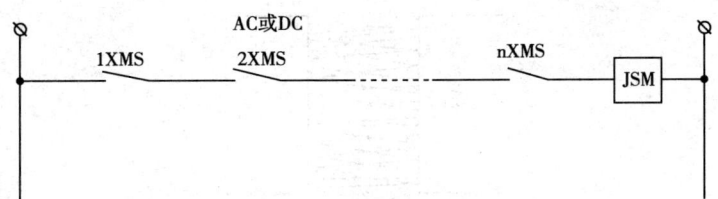

图 3-40　门锁电路
1XMS,2XMS,…,nXMS—厅门锁

2. 安全小扇

当电梯门在关闭过程中,碰到障碍物或人时,装在轿门上的安全小扇起作用,通过小扇的微动开关闭合接通开门继电器 JKM,使电梯门重新打开,以防夹人事故的发生,如图 3-41 所示。

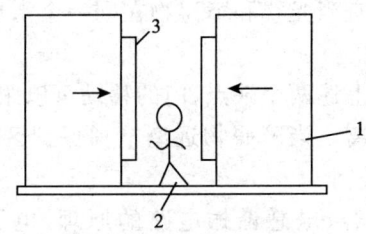

图 3-41　门夹人示意图
1—轿门;2—人;3—小扇

3. 光幕门

机械式安全小扇门保护装置的缺点是,人或物必须和门相接触才能起保护作用,而接触会使人有一种恐慌感。采用光幕门后人或物可不接触电梯门,只要障碍物遮住光束,电梯门就可以重新打开。

光束一般采用远红外不可见光。两扇门分别安装发送装置与接收装置。在同一个垂直平面上形成一个网状光幕,对电梯门进行保护,如图 3-42 所示。

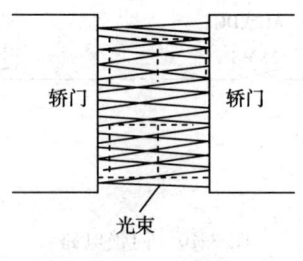

图 3-42 光幕门

4. 电子门

前述光幕门保护系统是有缺点的,例如门几乎完全关闭时,这时检测到有障碍物电梯门必须全部打开,而后再重新关闭,从而浪费了大量时间。这种情况对于高效使用电梯的状态下是不允许的。光幕门的另一缺点是只有当光线和障碍物在同一个水平面上时才起保护作用。

电子门克服了上述两个缺点,门的移动可以跟踪障碍物,但和障碍物保持一定的距离。当障碍物远离电梯保护区时,门可以立即关闭,不必重新开启关闭。

由于采用了电容、电感谐振电路的原理,电子门反应速度快,并且电场的电力线是立体的可对三维进行保护。原理如图 3-43 所示。

两个互相隔离的电极安装在电梯轿门上,这些电极每个都和一个同样结构的振荡电路起感应,这两个振荡电路均与一个放大器连接。两个振荡电路调整到同一个谐振频率。当两个电极处在没有外界感应的情况下时,两个振荡电路产生振荡,放大器没有信号输出。当障碍物对两个电极感应不对称时,振荡电路将失谐并不产生振荡。放大器有输出电压。开关电路工作使电梯门处在开的状态。

图 3-44 说明当没有障碍物时电力线的形成及有障碍物 4 存在时电极与障碍有电力线存在形成一个新电容,与谐振电路电容 C_3 或

C_4 并联。因为电力线在两个方向存在,所以对电梯门的侧面也有保护作用。

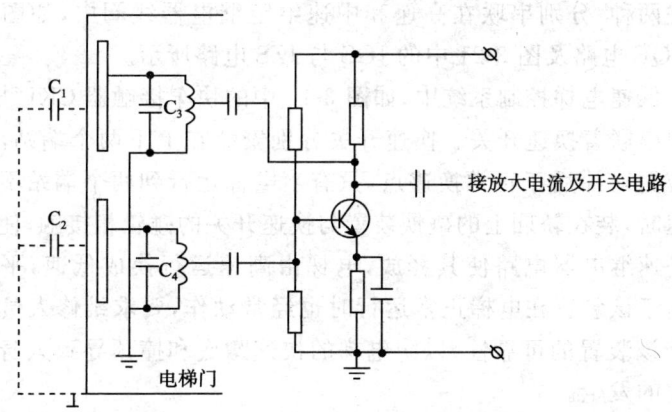

图 3-43 障碍物对地电容

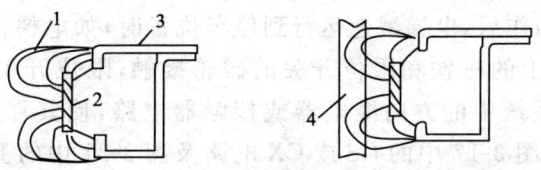

图 3-44 电力线分布图
1—电力线;2—电极;3—电梯门;4—障碍物

三、端站保护装置

端站保护装置设在井道的顶层和底层,主要作用是防止电气控制装置失灵和损坏导致电梯撞顶和蹾底事故的发生。该装置要有足够的直接性和可靠性。端站保护有三种:强迫换速装置、端站限位装置和端站极限开关。

1. 强迫换速装置

在快速电梯控制系统中有长行程极限缓速开关与短行程极限缓速开关两种,分别串联在高速和中速给定继电器线圈中,如图3-18中的JQF电路及图3-21中的JGS与JZS电路所示。

在低速电梯控制系统中,如图3-17中的快车接触器CKF与CK线圈中串联着换速开关。换速开关分别安装在上下两个端站,它的安装位置略滞后于正常换速点,只有当电梯运行到两个端站不能正常换速时,装在轿厢上的碰铁装置与换速开关的碰轮相接触,使开关切断高速继电器电路使其释放,电梯由高速运行换成低速,平层停车。由于该装置在电梯正常运行时也经常动作,要求维修人员要定期检查该装置的可靠性,以防电梯的快速蹾底和撞顶导致人身和设备事故的发生。

2. 端站限位装置

该限位装置是为防止电梯越程而设,以防电梯的撞顶和蹾底。当缓速器动作后,电梯减速运行到停车位置时,如电梯仍不能停止运行,轿厢上的碰铁和限位开关的碰轮接触,限位开关触点切断电梯控制系统中的方向继电器或接触器电路,使其释放,电梯停止运行,如图3-17中的CS或CX电路及图3-21中的JSY或JXY电路。

3. 端站极限开关

端站极限开关有两种,为《电梯制造与安装安全规范》GB 7588—2003中规定的电气极限开关和另一种机械式极限开关。从布置图3-45可知,极限开关应设置在尽可能接近端站时起作用而无误动作危险的位置上。极限开关应在轿厢或对重(如有)接触缓冲器之前起作用,并在缓冲器被压缩期间保持其动作状态。正常的端站停止开关和极限开关必须采用不同的动作装置。

对于强制驱动的电梯,极限开关的动作应由下述方式实现:利用与电梯驱动主机的运动相连接的一种装置;利用处于井道顶部的轿厢和平衡重(如有);如果没有平衡重,利用处于井道顶部和底部的轿厢。

对于曳引驱的电梯,极限开关的动作应由下述方式实现:直接利用处于井道的顶部和底部的轿厢;利用一个与轿厢连接的装置,如钢丝绳、皮带或链条,该连接装置一旦断裂或松弛,一个符合电气安全装置规定的电气安全装置应使电梯驱动主机停止运转。

当电梯轿厢在顶部或底部越程 200～250 mm 时,极限开关轮与磁铁接触,切断总电源接触器和主方向接触器使其断电释放,电梯停止运行。

另一种机械式极限开关位置,是采用纯机械碰撞轮装在图 3-45 中的上与下极限开关位置,通过碰轮支架拉动钢丝绳把设在机房的总电源手柄拉动使铁壳开关动作断开电源。这种方法适用于低层电梯。

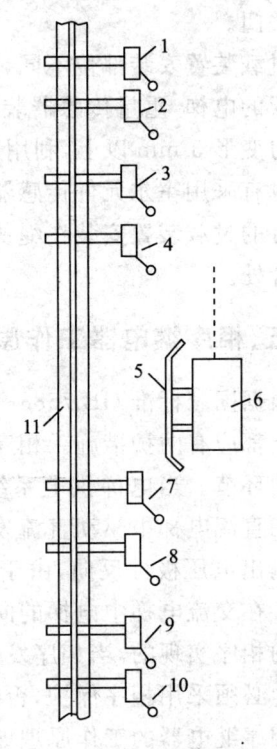

图 3-45 端站保护布置图
1、10—极限开关;2、9—限位开关;
3、8—短程缓速器;4、7—长程缓速器;
5—碰铁;6—轿厢;11—主导轨

四、超载保护装置

当电梯负载超过额定负载后,过载装置使电梯不能启动运行并发出过载信号,令最后上梯的超载乘客下梯。

过载开关动作后,电梯门不能关闭(见图 3-30),关门继电器 JMF 电路中的 JCH 过载继电器的接点断开了 JMF 线圈,使其不能吸合关门。

过载装置安装部位不同,称重传感器也不同,有的活动轿厢或活动地板的电梯,重量传感器装在轿底,传感元件一般采用橡胶垫,当其重力变形 3 mm 以上,利用这个位移量压开微动开关,发出过载信号。也有采用霍尔元件传感器的。

有的过载装置安装在绳头组合处,还有的过载装置装在机房绳头组合处。

五、相序继电器工作原理

根据国家标准 GB 7588—2003 规定,对于供电电源的错相及电压降低都应有防护措施。相序继电器在所有电梯控制系统中是不可缺少的环节。当电梯供电系统出现相序错误及缺相时电梯不能运行。在直流电梯中驱动直流发电机的原动相序如果出错,会导致发电机输出电压极性反向,由于反激励磁场的存在导致电梯飞车造成事故。在交流电梯中电梯的向上与向下运行是通过改变电动机供电电压的相序实现的,当相序发生错误时,会使上下运行反向。在控制系统中必须采用相序保护,否则造成人身和设备的事故。

相序继电器的工作原理如下。

在图 3-46 中,电阻 R_1、R_2、R_3 及电容 C_1 组成检测电路,由 P 与 K 两点输出电压给开关电路。相序检测是采用阻容移相电路原理。因为电容电压滞其电流 90°电角度,而电阻的电压与其电流同向。当相序正确时 P 与 K 两点电压为零。从向量图 3-47 可看出,开关电路使继电器 J 吸合接通电梯安全电路,电梯投入运行。

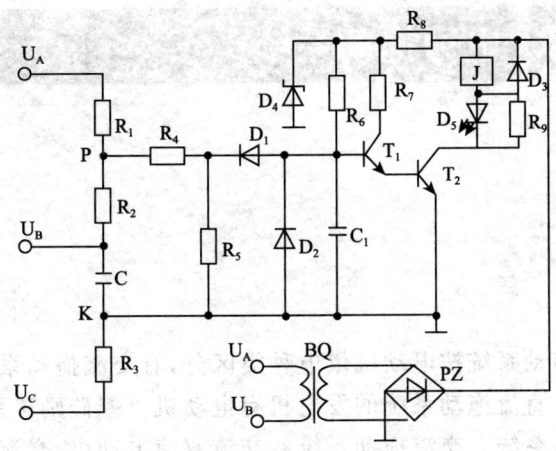

图 3-46　相序继电器原理图

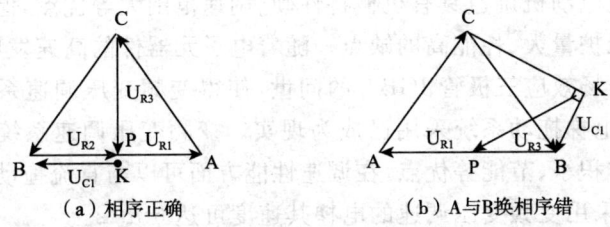

（a）相序正确　　　　　　（b）A与B换相序错

图 3-47　向量图

当相序错误时，P 与 K 两点电压不为零，有高的交流电压输出，经二极管整流使开关电路的三极管 T_2 截止，继电器 J 释放切断安全电路，电梯停止运行。

当三相电源少一相时，也起保护作用。

思考题

1. 典型的电梯控制系统的基本电路有哪些？作用是什么？
2. 电梯安全保护电路有哪些？作用是什么？

第四章 电力拖动系统

电力拖动系统按电动机供电种类区分,有交流拖动系统和直流拖动系统。直流拖动系统的发电机有电动机可控硅励磁系统、可控硅直接供电系统。交流拖动系统有交流双速电动机、交流调压调速系统及变频变压调速系统。

直流电动机调速具有机械特性硬、调速范围大等优点,但有换向器日常维护量大、耗能高的缺点。随着电子元器件的高速发展,大功率高反压场效应三极管 IGBT 的问世,使得变频变压调速系统更加成熟,被电梯拖动系统采用已成为现实。变频变压调速系统用在电梯上有体积小、节能等优点,在调速性能方面可以与直流拖动系统媲美,目前采用变频变压调速的电梯其速度可达 6 m/s。

第一节 直流电梯拖动系统

直流电动机的调速性能好,调速范围宽,在电梯拖动系统中已被广泛采用,早期的高层建筑中电梯速度可达 7 m/s,如天津电视塔电梯速度为 5 m/s。

直流电动机的调速原理如下。

根据电路图 4-1 列出直流电动机的电势平衡方程式。

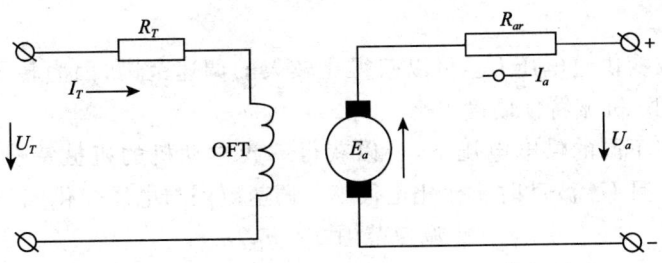

图 4-1 直流调速电路

∵电动机转子施加的电压与反电势的关系：
$$E_a = U_a + I_a \cdot (R_a + R_{aT})$$
电动机反电势与励磁磁通之间的关系：
$$E_a = C_e \cdot n \cdot \phi$$
∴导出直流电动机的转速的关系式：
$$n = [U_a + I_a(R_{aT} + R_a)]/C_a \cdot \phi$$

式中，E_a——电动机感应电动式；

U_a——外加电压；

R_{aT}——外接电阻；

R_T——磁场外接电阻；

I_a——转子电流；

U_T——励磁电压；

I_T——励磁电流；

C_e——电机常效；

ϕ——励磁磁通；

n——电动机转速；

R_a——电动机转子电阻。

从以上公式可知直流电动机调速方法有 3 个：改变供电电压 U_a、在转子电路中串入可调电阻 R_{aT}、改变定子磁通 ϕ，它们都可以调节电动机的转速。如改变 R_{aT} 与 ϕ 时，电动机特性变软，同时调节范围缩小。

改变供电电压 U_a，可以获得比较大的调速范围，因为转子内阻 R_a 很小，机械特性硬度很高。

在不同的供电电压下，可以获得一簇电动机的机械特性，见图 4-2，而且 U_a 波动时 n 变化也很小。调速范围与电压变化成正比。

$$调速范围\ T = n_H / n$$

式中，n_H——电动机额定转速；

n——调节转速。

对电梯额定速度 1.75 m/s，平层速度 0.15 m/s 而言，$T=1.75/0.15=11.7$ 倍，所以调速范围 1：12 就可以了。

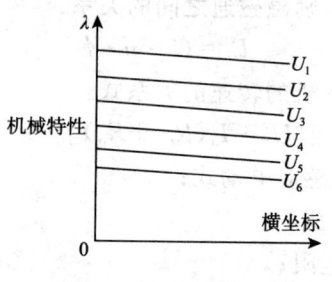

图 4-2 机械特性

直流电梯拖动系统调速方式有两种，可控硅供电系统和可控硅励磁系统。

一、可控硅供电系统

该供电系统一般用在无齿轮的高速电梯中，如图 4-3 所示。三相变压器 BQ 对电网起电隔离作用，同时给可控硅整流装置 SCR_1 与 SCR_2 供电。SCR_1 为正组可控整流装置，SCR_2 为反组可控整流装置，两组可控硅反并联。电梯向上运行时正向组工作，反向组处在逆变状态。电梯向下运行时，反向组工作，正向组处在待逆变状态，1L、2L 为电抗器，M 为直流电动机转子。

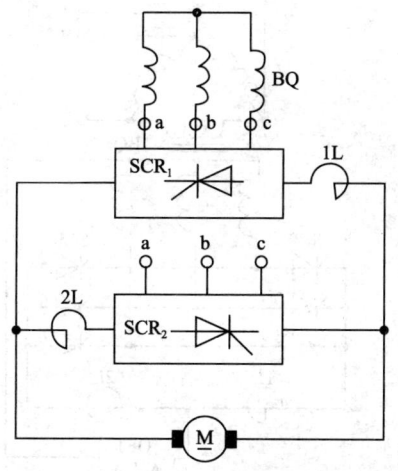

图 4-3　主电路

二、可控硅励磁系统

这种系统在直流快速电梯调速中已得到广泛采用。它主要是利用 SCR 整流桥调节直流发电机磁场电流的大小以改变发电机的转子输出电压 U_a，控制直流电动机的转速，达到调速的目的。

1. 三相可控硅励磁系统

主电路如图 4-4 所示，由 6 只 SCR 组成三相半波零式整流线路。

电抗器 1L 与 2L 是均衡电抗器为限制环流。OFT 是发电机励磁磁场线圈，G 为发电机转子、M 为电动机转子、BQ 是 △/Y 接法的三相变压器。

图 4-5 是发电机电动机系统传动示意图。直流发电机 G 由三相交流原动机 M 驱动。发电机磁场绕组 OFT 由三相或单相可控硅 SCR 整流装置励磁。测速发电机 TG 与直流电动机 M 同轴，测速发电机发出的电压与电动机 M 的转速成正比。电动机的它激磁场绕组 OM 由另一直流电源供电，电阻 R 用以调整励磁电流。

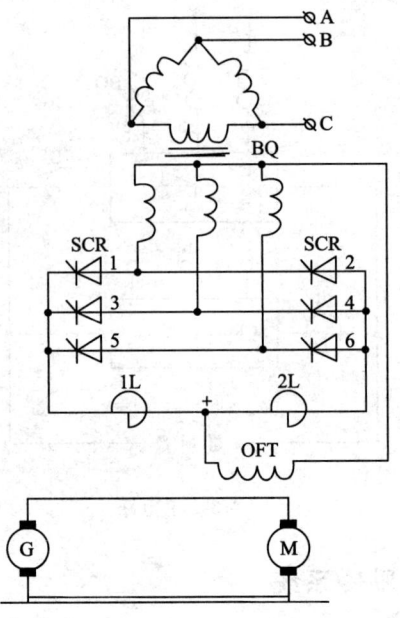

图 4-4 三相可控硅励磁电路

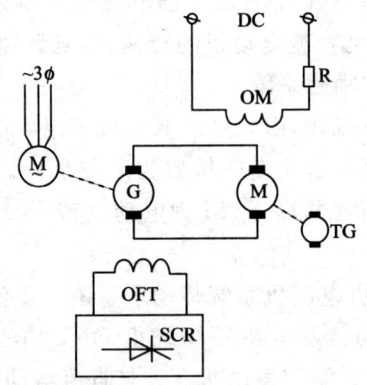

图 4-5 直流传动示意图

在方框图 4-6 中,给定部分由直流稳压电源及由方向继电器

JSY、JXY 及快车继电器 JQF，检修继电器 JLF 组成电压分配器。给一次积分器输入一个可以反向的节跃电压。在一次积分电路中为了加快积分时间，提高速度曲线的线性度，还采用高压附加电源。为了使速度曲线比较理想化，在二次积分电路的输入中附加了二极管转换电路及 100H 的电抗器，以便得到起始抛物线，提高电梯启动舒适感。二次积分后得到一个完整的以时间为原则的电梯运行速度曲线。其输出给速度调节器，对电梯速度进行调节。速度调节器由比例放大器及比例积分环节组成。

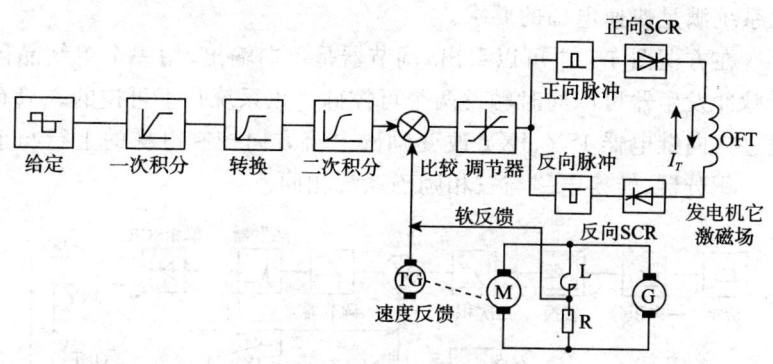

图 4-6 三相励磁系统方框图

测速发电机由电动机带动发电，得到一个与电梯速度成正比的电压信号，其极性与给定电压相反。在调节器输入端给定电压与测速发电机电压串联比较得到一个速度差信号，加到比例积分调节器中进行放大，调节器的输出电压施加到两套触发器，使正向及反向脉冲触发器同时得到两个大小相等、符号相反的控制信号，使两组触发器产生的脉冲同时向两个相反的方向位移，用来控制可控硅整流器输出电压的大小和极性。

如果电梯控制电路定为上方向 JSY↑，JQF↑给定为（＋）电压，与测速机比较后给调节器一个正输入，其有一个负输出，使正向脉冲前移，其对应的 1、3、5 点 SCR 处在整流输出状态。与此同时反向组脉冲后移,其对应的2、4、6点SCR处在待逆变状态。整流组给发电机定子绕组一个I+方向的励磁电流电梯向上运行,反之电梯向下运行。在系统中的电压软反馈环节由电感L及电阻R组成。取电阻R的电压作为反馈信号,电感L把发电机电压的高次谐波滤掉,电阻R的电压经RC微分后加到调节器的输入端,此电路在电梯开始启动和制动中起稳定作用。

2. 单相可控硅励磁系统

三相可控硅励磁系统,电路复杂成本高,为此采用单相可控硅励磁系统满足快速电梯的要求。

在方框图4-7中可以看出,调节器是单向输出,用一个单结晶体管脉冲发生器可以同时触发两个可控硅。该系统是不可逆的。只有通过方向继电器JSY、JXY改变励磁电流方向控制电梯的上行与下行。积分器、转换电路与三相励磁系统相同。

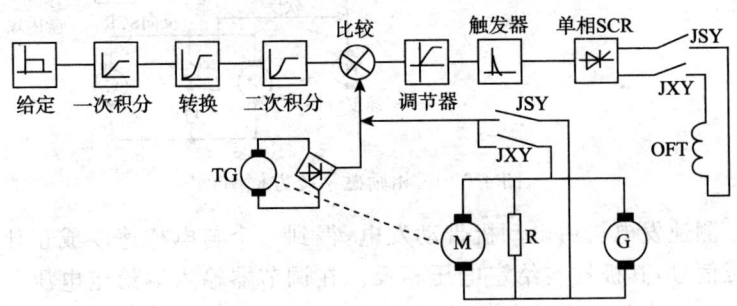

图4-7 单相可控硅励磁系统方框图

3. 调节放大器的工作原理

因为电力拖动系统中对速度的调节都采用比例积分调节器,在电梯拖动系统中无论交流调速还是直流调速都采用速度调节器,在这里简述其工作原理和在系统中的作用。

在图4-8(a)中,A点是虚地,因为放大器开环增益很高,所以输出电压的绝对值是:

$$U_{sc} = R \cdot i_1 + 1/c \int i_1 \mathrm{d}t$$

因为放大器输入阻抗非常大,所以 $i_o = i_1 = |U_{sr}|/R_0$,调节器的输出电压 $|U_{sc}| = K_p|U_{sr}| + K_p/\tau_1 \int |U_{sr}| \cdot \mathrm{d}t$,从公式可以看出,输出电压由两部分组成,输入电压和放大倍数的乘积及电容电压的积分。由图 4-8(b) 特性曲线也可直接看出。

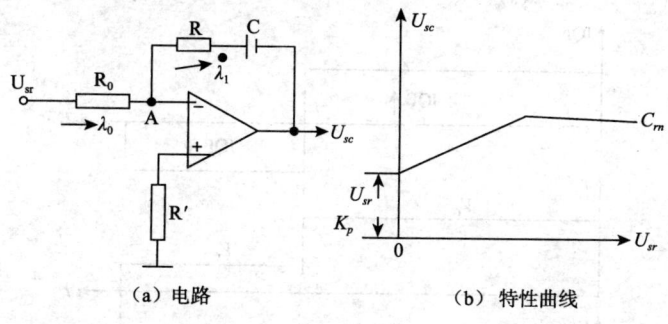

(a) 电路　　　　　(b) 特性曲线

图 4-8　PI 调节器

物理分析是当调节器有一个动态输入时,电容器 C 阻抗很小近似为零,这时调节器的放大倍数比较低,$K_p = R/R_0$,调节器输出电压低。当输入 U_{sr} 稳定时,电容器相当于开路,放大器的放大倍数很高,接近开环放大增益。所以采用调节器可以得较高的静态增益,又能具有较快的反应速度。

在电梯拖动系统中,电梯负载的变化,电动机励磁电压的波动,都可以维持电动机恒速,从而使系统具有机械特性硬、调速范围大、电梯舒适感好、平层精度高的优点。

4. 可控硅励磁系统的速度曲线

三相励磁系统速度曲线见图 4-9。

图 4-9(a)中曲线 1 是一次积分电容 1C 的自然充电特性,曲线 2 是带有附加电源 V_F 的充电特性。图 4-9(b)是在二次积分电容 2C

充电电路中串有 100H 电感及电阻 R 的充电特性。

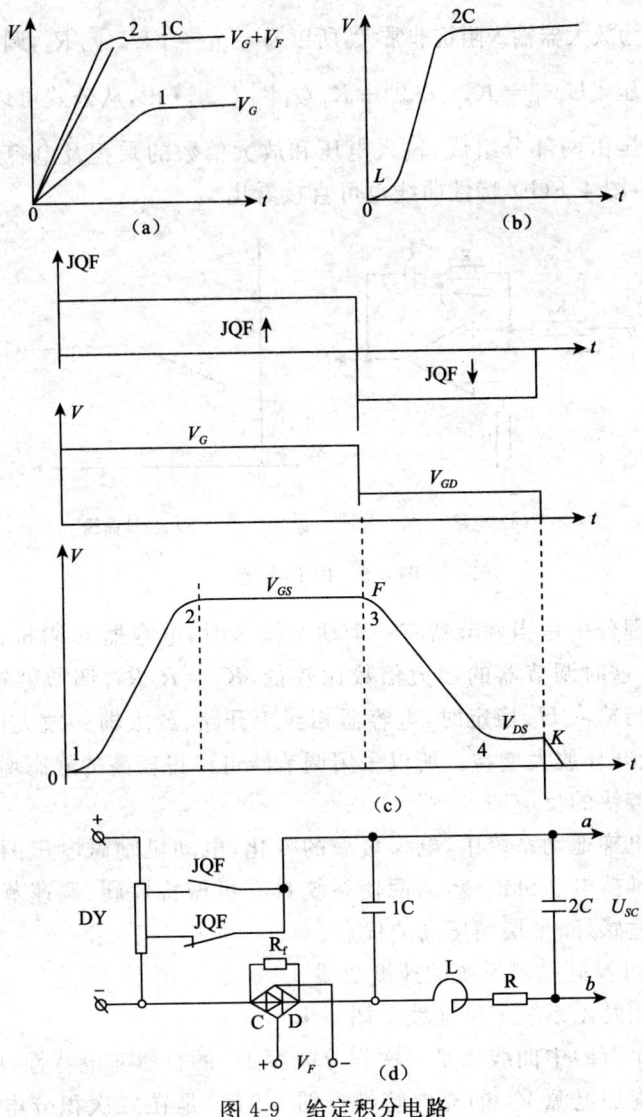

图 4-9 给定积分电路

图 4-9(c)中当快车继电器 JQF↑时,积分电路有一个节跃电压 V_G 为高速给定电压。当 JQF↓时有一低速给定电压 V_D。由于电容 1C、2C、电感 L 的作用,在图 4-9(d)的输出电压 U_x 的输出波形是图 4-9c 的速度曲线。电容器 1C 及 2C 的作用是形成圆角 2 和 4,电感 L 的作用是形成圆角 1 和 3。从曲线 K 点发停车信号由机械抱闸制动形成 K 斜线。

电梯的启动是以时间为原则,当 JQF↓在 F 点开始换速停车也是时间原则。以时间为原则减速的电梯控制系统,乘梯舒适感不易保证,具有低速爬行平层时间长、电梯效率低、平层精度差的缺点。

在单相励磁系统中,电梯在平层停车前,为了保证平层准确度,增加了平快给定,如图 4-10 所示。

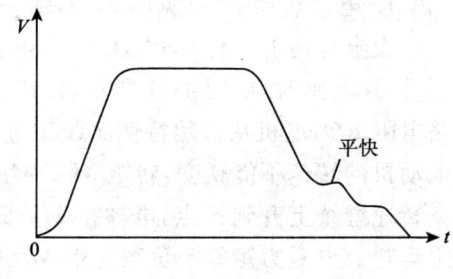

图 4-10 真实的速度曲线

第二节 交流电梯拖动系统

交流感应电动机具有结构简单便于维护的优点,供电电源可以直接取自电网,因此被广泛地应用在各个领域。

从电机学可知交流电动机的转速公式:

$$n=60f/p(1-s)$$

式中,n—电动机的转数;s—转差率;f—电网频率;p—磁极对效。

当 $s=1$ 时可以得到电动机的同步转速。从公式可分析出,改变交流电动机的转速有两个方法,改变极对数 p 和电动机供电电源的频率。在电机发热允许的条件下,在附加绕组中加直流电压产生能耗制动调速。

一、改变磁极对数

以 6 极 24 极为例,1000/250 r/min,本质上是两台电动机的定子线圈共用同一个转子。由图 3-15 可知该电动机是单绕组,每一个极相组的线圈都有一个抽头即 D_4、D_5、D_6。在 24 极运行时 D_1、D_2、D_3 端子接电源。在 6 极运行时把端子 D_1、D_2、D_3 用接触器 CKF 短接在一起,D_4、D_5、D_6 端子接电源,形成双星形接线。

1. 电梯启动运行(见图 3-16,图 3-17)

设电梯向上运行 CS↑,CK↑,电机以转矩 M_c 启动运行,转速上升,JQS 延时,如图 4-11 所示,转速升到 b 点 JQS 释放,CKF↑ 短路电阻 RQ,电机从自然特性曲线 1 过渡到特性曲线 2 的 c 点,因为电动机的转速不能跃变,转矩 $M_c > M_H$,这时从自然特性曲线 2 的 c 点转速继续上升到 d 点,电梯在 M_H 负载转矩曲线 2 的 d 点高速稳定运行。电磁力矩等于负载力矩 $M_c = M_H$。

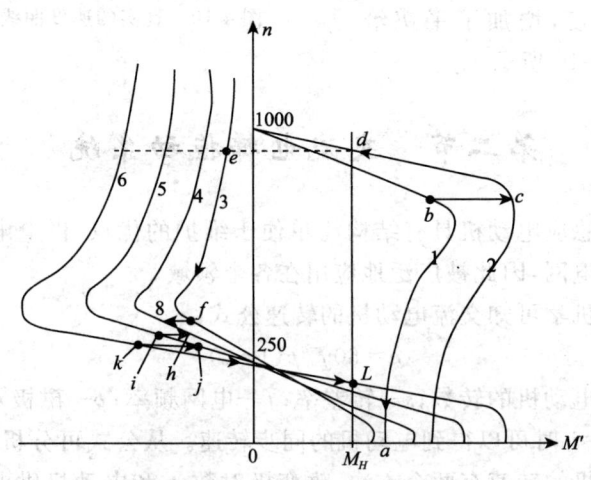

图 4-11 启制动过程曲线

当电梯运行到欲往层站发出换速信号时,电机从快速绕组切换成慢速绕组,接触器 CK↓CKY↓CM↑。因为电梯系统转动惯性的存在,电机的转数不可能迅速下降。这时慢速绕组产生的是负转矩,从 24 极绕组的自然特性曲线 3 的 e 点开始降速到 f 点,延时继电器 JXS↓,ICMY↑切掉电阻 R_z 的一段。从曲线 3 到曲线 4 的 g 点。电机从曲线 4 的 g 点开始,由于负转矩的存在,电机转速延曲线 4 下降到 h 点。当 JCS 延时释放时 2CMY↑又切掉一段电阻 R_z,电机从曲线 4 到曲线 5 的 i 点。当延时继电器 JYS 延时释放时,电机从曲线 5 的 j 点到曲线 6 的 K 点。这时电机 24 极绕组中串联的电阻 R_z 全部切除。电机转速曲线 6 继续下降到 24 极 L 点稳定运行,直到控制系统发出平层停车信号 CM↓,CS↓电梯停止运行。

2. 交流双速电梯拖动系统的速度曲线

电梯在启动时,一级切电阻 RQ,在制动时首先是切换绕组,由 6 极改为 24 极,切换时间间隔是三个接触器的动作时间,这时电梯靠惯性行驶,电机转速接近同步转速,当慢速绕组接入后 24 极绕组希望转子的转数立即变为 250 r/min,但是由于系统的转动惯性非常大,冲击电流大,很难马上变为 250 r/min。总之慢速绕组对快速转子产生一个电磁制动力矩。采用在慢速绕组中串入电阻并逐级切除电阻获得电梯逐步减速最后停车。

在电梯启动和制动停车过程中都是有级差的,完全依靠系统的惯性使台阶变的稍加平滑,这种电梯舒适感差。速度曲线如图 4-12 所示。

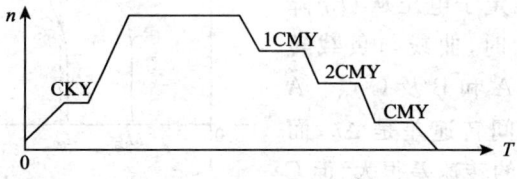

图 4-12 切换电阻时序图

二、交流调压调速拖动系统

调压调速电动机是一种特殊电机,要求启动转矩大,启动电流要小,一般启动转矩是额定转矩的 2～3 倍,启动电流是额定电流的 2～2.5 倍。从电机学得知电动机的电磁力矩与定子电压的关系式为:

$$M = m_1/\omega_0 \cdot (U_1^2 \cdot \gamma_2'/S)/[(\gamma_1+\gamma_2'/S)^2+(X_1+X_2')^2]$$

式中,m_1——电机定子绕组相数;

ω_0——转子同步机械角速度;

U_1——加在定子绕组上的电压;

S——电机转差率;

γ_1——定子绕组的电阻;

γ_2'——折算到定子边的电阻;

X_1——定子绕组的漏抗;

X_2'——折算到定子边的转子漏抗。

当定子与转子参数一定时,在转差率 S 一定时,电动机的电磁转矩 M 与加在电动机定子绕组上的电压 U_1 的平方成正比,即 $M \propto U_1^2$。

由于电机设计时在额定电压下磁路已接近饱和,所以定子电压不易升高,只有在额定电压以下时来调节对应于输出转矩下的电动机转速。

图 4-13 是在定子电压变化时按照 $M \propto U^2$ 的公式计算绘制的 M—S 曲线。从曲线看出,在额定负载下,定子电压从 U_H 降低到 $0.8U_H$ 时,曲线与负载转矩的交点是 A 和 B 及 C 点。A 点与 B 点之间转速差是 Δn,而 C 点与 A 点的转速差很大,但 C 点是在临界转矩 M_{Li} 以下,电机

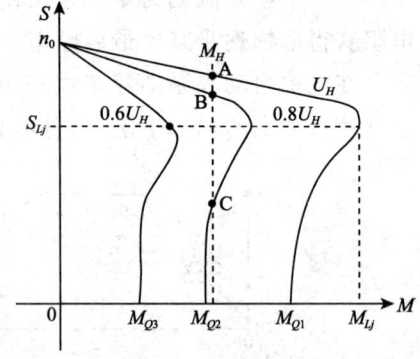

图 4-13 不同电压时的电机自然特性

工作不稳定。由于电压 U_1 变化,同步转速 n_0 临界转差率 S_{Li} 不能变。但临界最大转矩 M_{Li},及起始转速 M_Q 却随 U_1 变化。从工作点 C 来看当 U_1 波动 ΔU_1 时,转速 N 变化非常大。因而在开环情况下,用改变 U_1 降压调速范围是很小的。电压 U_1 越低,机械特性越软。

因为电梯由高速运行到低速平层,电机转速变化很大,我们希望在 C 点能够稳定运行,满足电梯在启动、制动、慢速爬行平层的全过程中电机转速平滑调节。所以在交流调压调速系统中必须加入速度负反馈进行闭环控制。

图 4-14 中,1 是速度给定发生器。2 是反应运行速度的测速发电机,它与电动机同轴连接,其信号极性与 1 相反。3 是给定 1 与测速发电机 2 的比较电路,其输出是比较的结果,送到控制输出电压大小的脉冲发生器 4,5 是可控硅调速装置。

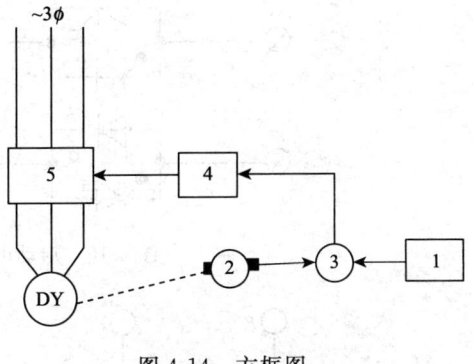

图 4-14 方框图

该系统的控制过程如下。

电动机稳定运行时,1 与 2 的差值为"0",3 的输出信号为恒定值。给定 1 不变,电机 DY 稳定运行。如果负载转矩变大,电机转数相应下降,2 的输出下降。1 与 2 比较为正值时,4 使 5 输出增加,电压提高,DY 转速升高,测速发电机 2 转速也升高,1 与 2 比较值减小,经反复调节当电机 DY 转速重新恢复到稳定值时,1 与 2 的差值为"0"。当负载转矩减小时,在给定电压 1 不变的情况下,DY 转速变快比较后差值为负,经调节后维持电机转速不变。

电梯的拖动调速系统要求恒转矩调速,因为电梯是恒转矩负载。现以双速电动机 4 极绕组为电动组,见图 4-15,16 极绕组为制动组,见图4-16。4极绕组中每相都串联两个反并联的可控硅即$SCR_{1\sim6}$。16极中串有单相半控桥式整流电路,其中有两只可控硅SCR_7、SCR_8,结合图4-17分析电梯满载上与下的启动加速,高速运行、制动减速、低速平层的工作过程。

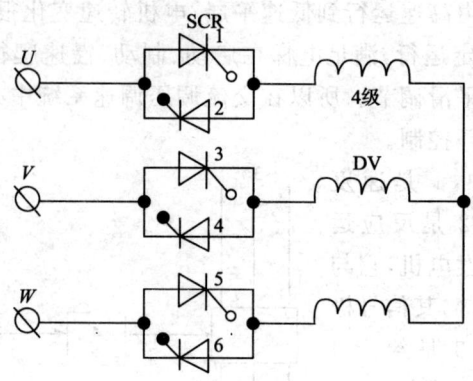

图4-15 启动电路

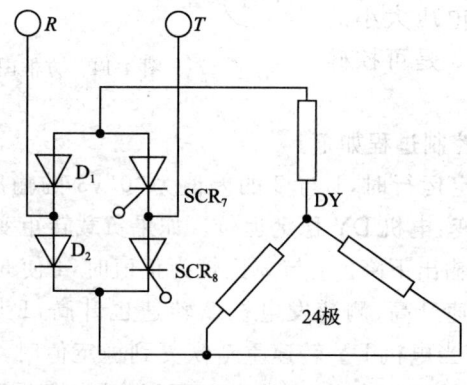

图4-16 制动电路

满载上行时,电梯轿厢比对重侧重。在电梯启动瞬间,制动器刚打开,电梯企图向下溜车,因为电梯还没有启动,电动机转速是零。

为了不溜车,制动阻绕组起作用产生电磁制动力矩。

电梯开始启动并加速时,制动绕组失电,电动绕组起作用。在 $n=0$ 时负载力矩 M_H 小于 M_B 电磁力矩,电机正转电梯开始启动向上运行,沿曲线 2 上升到点 C,由于给定电压逐步升高,4 极绕组电压升高电磁力矩逐渐加大,沿曲线点 C→D→E→F→G 变化最后稳定在 G 点,给定电压不升高为止。4 极绕组产生的电磁力矩等于负载力矩 M_H 电梯高速稳定运行在 G 点。

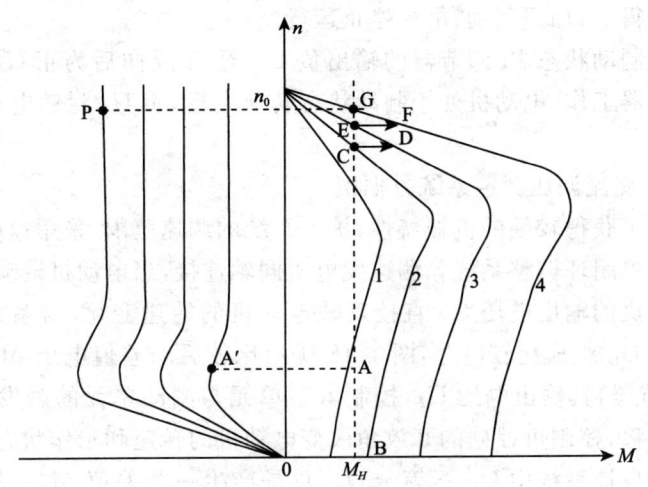

图 4-17 制动过渡过程

当电梯开始制动减速时给定电压下降,电动绕组和制动绕组同时得电,交替工作。刚开始减速时制动绕组在 P 点产生的制动力矩再加上负载力矩大于电动绕组产生的电磁力矩,电机从 G 点开始减速给定电压逐步下降,随着电机转速下降,电动与制动绕组的电压也随给定电压逐步下降,经过电动机在 I 与 II 象限不断的变化电动与制动的工作状态交替变化。当给定电压不再下降时,电机的电磁力矩等于负载力矩,电机稳定运行在 A 点,制动绕组失电,电梯进入低速平层状态。在制动停车时,电动绕组失电,制动绕组得电,电机从

Ⅰ象限到Ⅱ象限的 A' 进行能耗制动最后停车,电机转速为零。

满载下行时,负载力矩变成了电动力矩,在电梯刚启动时,制动绕组起作用,以防电梯溜车,在加速过程中,电动绕组起作用,制动组失电,这时使电机加速的力矩是小的电磁力矩加上负载力矩,使电梯按着给定曲线向下加速。在高速运行过程中电动与制动绕同时得电交替工作。在减速过程中电动绕组失电,制动绕组得电,制动力矩强迫减速。按给定电压进入到平层状态。在停车时电动绕组失电,制动绕组得电,加强制动,电梯停止运行。

在制动状态 PI 调节器的输出负 U_k,经 A 反向后为正 U_k,制动组触发器工作,电动机处于制动状态转速变慢,负 U_k 封销电动组触发器。

1. 交流调压调速系统方框图

为了获得较硬的机械特性,扩大系统的调速范围,采用速度负反馈组成单闭环调整系统。测速发电机同轴连接,当电动机转动时,测速发电机的输出电压 U_f 直接反映电动机的转速变化,与系统中给定电压 U_G 组成比较电路,图 4-18 所示比较后的差值电压 ΔU 送到 P_I 调节器,其输出电压 U_k,控制电动单元与制动单元的触发器,使脉冲位移,控制可控硅的开放角改变电动机的转速和工作状态。

在自控系统中 U_G 不等于 U_f,总是产生一个差值 ΔU。其近似为零但不等于零,以此调节电机转速,使电梯稳速运行。

给定电路中间继电器,JGS,JZS,JDS 给出 U_G、U_z、U_L,三种不同电压值并与速度曲线对应,如图 4-18 所示,在给定速度图中还标出了三个继电器的吸合时间。在电梯运行过程中,始终有控制电压 ΔU 的存在,使电梯速度变化严格遵循给定速度曲线。

电动机的电动状态和制动状态交替工作。在电动状态,P_1 调节器的输出为 $+U_K$,电动组触发器工作,三相交流电压逐步升高,电动机转速逐步加快。经反向器 A 反向后 U_K 为负,封锁制动组触发器,制动组不工作。

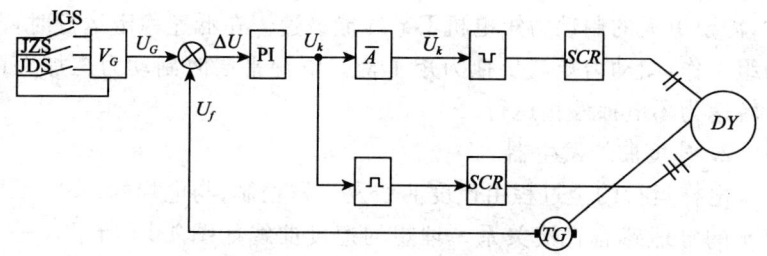

图 4-18　调压调速方框图

利用方框图 4-18 进一步说明调节系统的工作过程。

电梯满载向上开始启动时，U_G 电压加入并逐步升高，由于系统中的惯性及负载力矩的作用，电机 DY 还没有启动。测速发电机 $U_f=0$，$\Delta U=U_G$ 升高，电动组触发器有脉冲输出，向左移。三相反并联可控硅有输出电压，电动机 DY 快速绕组有电流并产生电动力矩，当该力矩大于负载力矩时，电动机开始启动。反馈电压 U_f 开始有输出，U_G 随着启动时间增加而增加，在启动过程中 U_G 始终大于 U_f。ΔU 为正。当 $U_G \cong U_f$ 时，U_k 不再增加，快速绕组的电压不再升高，电机启动完毕。这时 P_1 调节器通过触发器自动调节三相可控硅的输出电压，使电机稳定在快速运行状态。当电梯减速时，U_G 减小而 U_f 由于系统惯性还没有来得及减小，这时 $U_f > U_G$ 并处在领先地位，U_K 为负，电动组触发器被封锁，三相可控硅输出为零，电动力矩为零。电梯靠惯性行驶，经反向的 U_k 为正，制动组触发器工作脉冲向左移，单相半控桥有输出，产生制动力矩，电动机处在能耗制动状态。电动机 DY 转速下降，U_f 的变化一直大于 U_G 的变化。直到 U_G 不再下降为止。当 U_G 下降到低速给定值时，电动组触发器又开始工作，制动组触发器封锁，电梯低速稳定运行。电梯进入平层区时，制动组工作电机能耗制动，直到 DY 转速为零，电梯停止运行。

电梯满载下降时，在启动过程中，负载力矩帮助电梯启动，电机就转入制动状态，这时制动力矩与负载反拖力矩平衡。电梯在换速时,需要更大的制动力矩电机 DY 才能减速。在低速稳定运行时,制动组工作,制动力矩与反拖力矩平衡。电梯平层时制动力矩加大电机转速为零电梯停止运行。

2. 速度曲线发生器

电梯运行的全过程由速度曲线发生器控制,与电梯的启动、平层停车的舒适感有直接关系。理想的速度曲线如图 4-19 所示,$0-a$,$b-c$,$d-e$,$f-g$ 是抛物线。$a-b$,$e-f$ 是直线。在电梯拖动系统实现 $f-g$ 段的直接停靠是有难度的,一般都是尽量使曲线的 $f-h$ 缩短即平层爬行时间短,提高电梯的利用率。

为了保证电梯的使用效率,电梯在启动加速时采用以时间原则的启动曲线即 $V=f(t)$ 的曲线。在降速和平层时采用距离原则 $V=f(s)$ 的曲线。即保证了电梯降速过程的舒适感又保证了平层准确度。

下面介绍一种利用运算放大器实现以时间为原则的模拟电路,如图 4-20 所示。

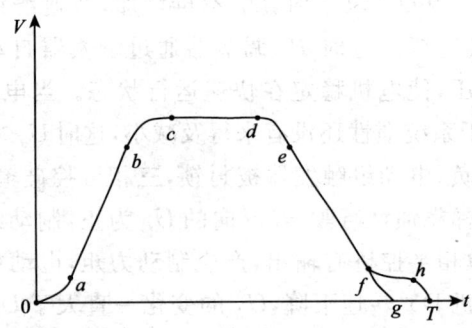

图 4-19　速度曲线

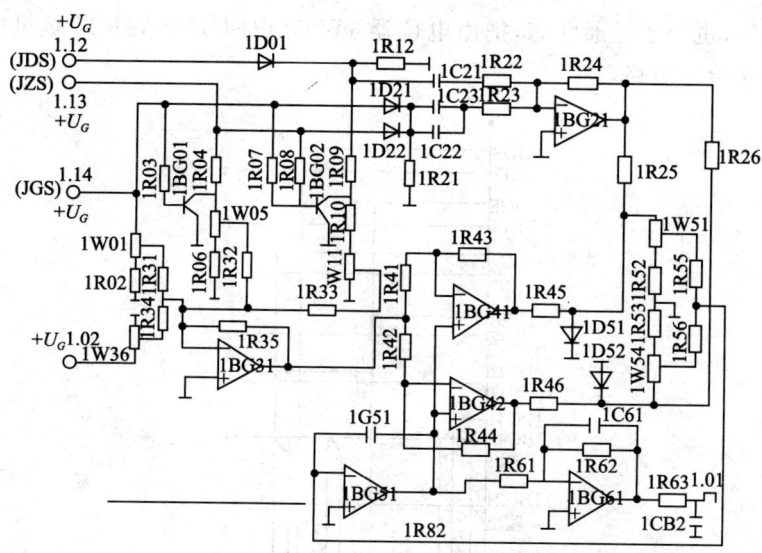

图 4-20 给定电路

电路由 5 个部分组成：以三极管 IBG01，IBG02 为主的电子开关电路；以运算放大器为主的微分电路；以运算放大器 IBG41，IBG42 为主的减速及加速比较电路；以运算放大器 IBG31 为主的反向加法电路；以运算放大器 IBG51，IBG61 为主的积分电路和滤波电路。

电路的工作原理：输入端子，1.12JDS 低速、1.13JZS 中速、1.14JGS 高速、1.02 是负偏压，此电压在电梯启动时接入，在电梯停车后断开。输出端子 1.01。

如图 4-21 所示，在电梯开始启动时 t_0 时刻，如是高速运行，JGS↑，JDS↑，给端子 1.14，1.12 提供正阶跃给定电压 U_G，同时由外电路提供负偏压 U_F。电子开关 1BG02 由 1.12 端子经 1D01 二极管，1R09 电阻提供集电极电压，由 1.14 端子，1R07 电阻提供基极电压则三极管 1BG02 导通。把由电阻 1R10，电位器 1W11，电阻 1R33 提供的低速给定电压短路。电子开关 1BG01 由电阻 1R03 提供正基极电压,也处于导通状态,把由电位器 1W05,电阻 1R06,1R32 提供的中速给定短路。

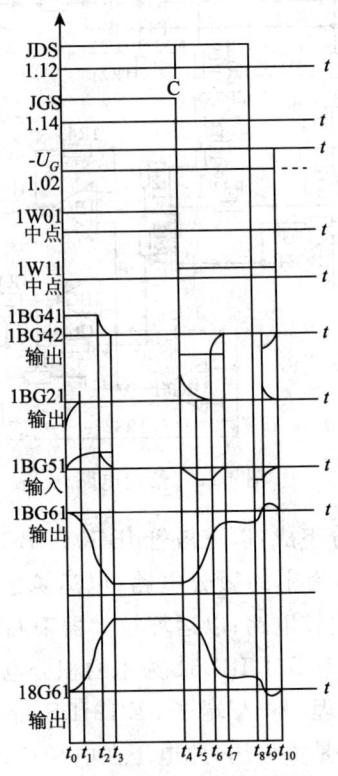

图 4-21 速度曲线的形成

由电位器 1W01 及电阻 1R31 取出的高速正电压抵消掉由、电位器 1W36 及电阻 1R34 取出的制动电流负电压后,输入到反向器 1BG31,反相后把负电压经 1R41 输送到减速比较器 1BG41,其输出正阶跃电压经电阻 1R45 被二极 1D51 短路。同时 1BG31 的负输出经电阻 lR42 输送到加速比较器 1BG42,其输出负阶跃电压。

由端子 1.12 和 1.14 提供的正阶跃电压经电容 1C21,1C23,

第四章 电力拖动系统

1C22 及电阻 1R22，1R23 的微分电路进行微分合成后，进行叠加经电位器 1W54、电阻 1R53 形成回路，并由电阻 1R56 取出作为 1BG51 的输入。所以在时间 $t_0 \sim t_1$ 的时间内 1BG51 的输出是速度曲线的起始段抛物线。在 $t_1 \sim t_2$ 时间内没有微分作用，1BG51 的输入是一个恒定电压，由于电容的积分作用其输出是一条斜线。在 $t_2 \sim t_3$ 的时间内，积分器 1BG51 的输出几乎与 1BG51 的输出相等，比较器 1BG42 的输出缓慢变低，1BG51 的积分作用很小，得到速度曲线的第二段抛物线。在 $t_3 \sim t_4$ 时间内电容器 1C51 充电结束，1BG42 的输入处在平衡状态，其输出近似为零。1BG51 输出达到最大值，并保持这一最大值，所以速度曲线呈现水平状态。

当电梯开始换速时，高速继电器 JGS 在 t_4 时间释放，电子开关 1BG02 截止，由电位器 1W11 及电阻 1R33 取出一个低速电压输入到 1BG31，其输入电压为一正跳变输入给比较器 BG41，BG42。比较器 1BG42 输出为负同时被二极管 1D52 短路。由于 1BG02 截止在 1BG21 的输出微分一个正脉冲，并与减速比较器的负跳变相叠加，由电位器 1W51 经电阻 1R55 取出作为积分器 1BG51 的输入。在 $t_4 \sim t_5$ 的时间内得到第三段抛物线。在 $t_5 \sim t_8$ 时间内微分作用消失，比较器的输出一个恒定电压，由于电容器 1C51 的放电作用 1BG51 输出为斜线。在 $t_6 \sim t_7$ 时间内，电容器 1C51 放电缓慢，1BG41 的输入几乎相等，其同输出缓慢下降，得到了速度曲线的第四段抛物线。在 $t_7 \sim t_8$ 时间内 1BG41 的输入出现平衡，速度曲线呈现水平状态。在 $t_8 \sim t_9$ 时刻发出平层停梯信号，JDS 释放，低速电压为零，在 1BG31 的输入端又出现负跳变，1BG31 输出正跳变，速度曲线下降过程同 $t_4 \sim t_5$ 相似。此时给定电压由正变为负。并等于制动电流 1W36 取出的负电压，在 $t_9 \sim t_{10}$ 时间内电梯制动停车。而后由外电路切除负偏压。

在电路中 1BG61 是低通滤波器，通过电容 1C61 与 1C62 的充放电作用，可使速度曲线的抛物线段更加圆滑，1BG61 起反向作用，在

1.01输出端得到正的给定速度曲线,如图4-21所示。

三、交流变频调速拖动系统

变频变压调速就是改变交流电动机供电电源的频率和电压来调节电动机的同步转速。系统具有调速范围宽、特性硬、节能等优点。

从电机学可知,电动机的同步转速是:

$$n=(60f_1/p)(1-S)$$

前面已讲过,从公式可知 f_1 与 n 成正比,如果均匀地连续改变电动机定子供电电源的频率 f_1 就可以连续调节电动机的同步转速 n,电动机定子感应电动势。

$$E_1=4.44\ f_1k_1\omega_1\ f\phi_m$$

如果忽略电动机定子绕组中的阻抗压降,则定子绕组的供电电压近似等于定子的感应电动势。

$$U_1=E_1=4.44\ f_1\ k_1\omega_1\ f\phi_m$$

如公式中 U_1 不变,若改变 f_1 并使其增加时,定子磁场必须降低。从电动机电磁力矩公式得知。

$$M=Cm\phi_m \cdot I_2'cos\phi_2'$$

因为电梯是恒转矩负载,当电梯负载不变时,电磁力矩 M 不能变,但 f_1 的增加或减少导致 ϕ_m 向相反方向增减,由于 ϕ_m 的变化使转子电流 I_2' 变化,导致电动机的效率降低或最大转矩 M_K 的变化。

因此在调频调速的同时也必须改变电动机定子绕组施加的电压 U_1。

在 $U_1=E_1$ 时公式中近似得到

$$U_1/f_1=C_1\phi_m=常数的比例控制方式$$

从上式中我们可得到临界最大转矩为:

$$M_k=(3p/9.81 \cdot 2\pi)\times[U_1^2/2f_1(X_1+X_2')]=(3p/9.81 \cdot 4\pi)(U_1/f_1)^2(1/L_1+L_2')$$

在低频时,定子绕组的 r_1,X_1 及转子的 X_2' 将不可忽略,式中

(L_1+L_2')将上升,随着 f_1 的降低 M_k 也将减小,为了保证 M_k 不变必须适当的提高定子绕组的供电电压 U_1。这样我们可以得到一簇理想的电动机机械特性即 $n=f(M)$ 的曲线,如图 4-22 所示。从图中看出它们是一簇平行的曲线。

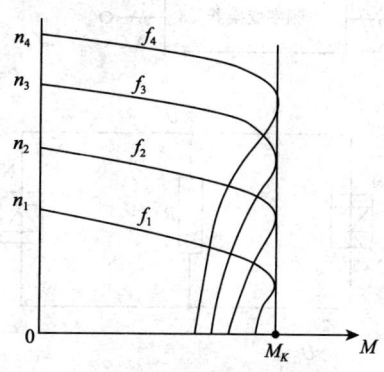

图 4-22 电机特性曲线

所以说在改变 f_1 时要保证 M_k 不变,调频必须调整 U_1 才能在调压过程中转矩恒定。

1. 交—交变频器和交—直—交变频器

两种变频器的框图与主电路原理图如下:

(1)交—交变频器

交—交变频器具有两组反并联的变流器 P 组与 N 组组成。如图 4-23 所示,由电子开关按一定的频率使 P 组与 N 组轮流向负载电阻 R 供电,负载 R 就可以得到按一定频率变化的电压 U_c。而电子开关由电源频率来控制,U_c 的输出波形是由电源变流后得到的,所以输出频率不可能高于电网频率,也只能在电网频率以下进行调节。

(2)交—直—交变频器

该变频器工作原理是先把三相交流电源进行整流,得到幅值可变的直流电压 U_d,然后经电子开关 1、3 和 2、4 轮流切换导通,在负载电阻 R 上得到幅值和频率变化的交流输出电压 U_c,如图 4-24 所示。所以变频器的频率变化不受电网频率的限制。其电压幅度由整流器的可控硅控制。

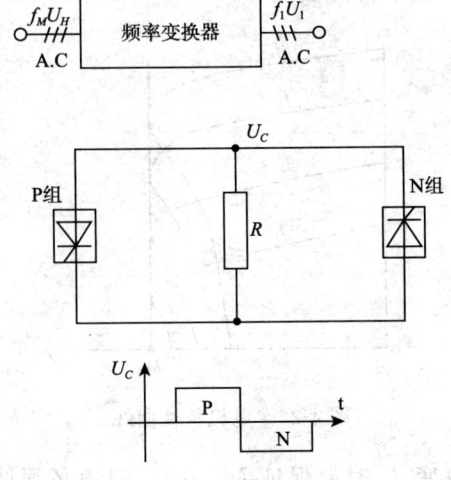

图 4-23 交—交变频调速原理图

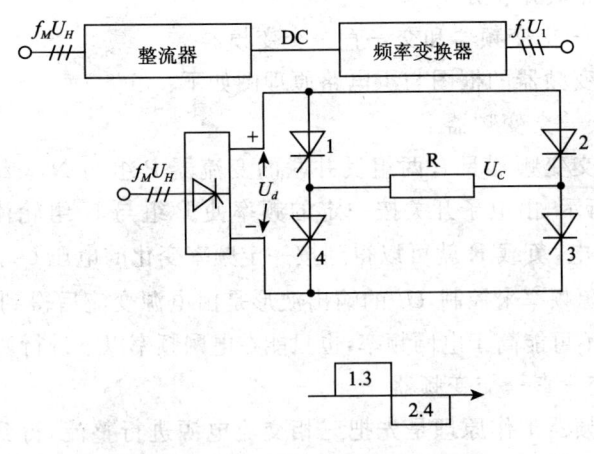

图 4-24 交—直—交变频调速简图

在图 4-25、图 4-26 交直交电压源变频器中,在直流侧并联大电容以缓冲无功功率,从直流侧看进去电流具有低阻抗,因此输出电压波形接近矩形波。在电路中设有二极管 $D_1 \sim D_2$,为滞后的负载电流 i_L 提供所必须的反馈到电源的通路。

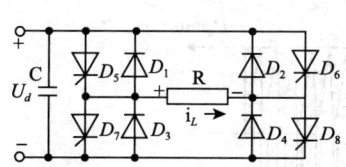

图 4-25　电压流型交直交电路　　图 4-26　电流流型交直交电路

在换流后 i_L 还未来得及改变方向时,由二极管 $D_1 \sim D_2$ 将无功电流反馈到电网。即可控硅 D_5、D_8 决定 i_L 方向当开始换流时由可控硅 D_6、D_7 决定 i_L 方向,此时 R 因有电感存在 i_L 还没有换向,由二极管 D_2、D_3 流过无功电流到电源。

在电流源电路中,由于直流 I_d 的方向是不变的,所以在可控硅回路中没有二极管。

(3) PWM 控制器

PWM 变频就是脉冲宽度调制变频,基波称调制波,如图 4-27 中 $U_d \sin\omega t$ 的正弦波。三角波是载波。

电路结构如图 4-28 所示,与电压源型电路相似,只不过原来的 SCR 可控硅,采用了 IGBT 新型电子元件。如 $BG_1 \sim BG_6$ 是场效应三极管,$D_1 \sim D_6$ 续流二极管,C 滤波电容,$D_7 \sim D_6$ 是整流二极管,DY 是电动机。

晶体管逆变器可以把直流电压逆变成交流电压。因为三极管 BG 是工作在开关状态,所以其输出电压是方波。按傅立叶级数展开可以分解成基波及高次谐波,由于上述原因目前调速系统大多数采用 PWM 调制变频。

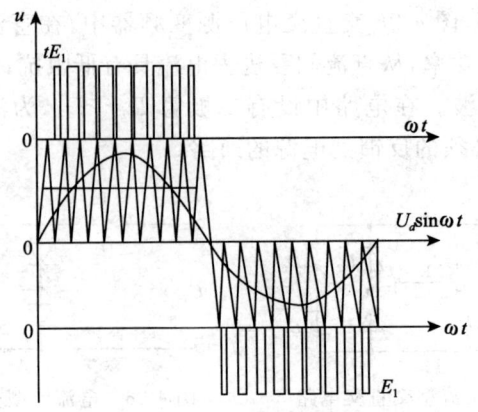

图 4-27 波形图

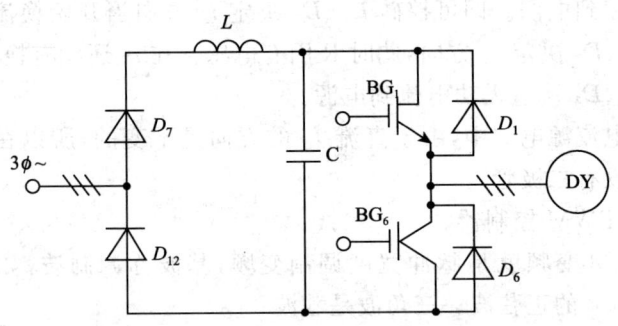

图 4-28 变频调速简图

控制线路按一定的规律控制 $BG_1 \sim BG_6$ 的开与关,从而在其输出端获得一组等幅不等宽的矩形波,如图 4-27 中的 $+E_1$ 波形。近似等效于正弦波 $\sin\omega t$。为了获得不等宽的方波,在载波与调制波的交点 a 及 $b\cdots$ 发出 $BG_1 \sim BG_6$ 开关元件的触发脉冲,在正弦波的瞬时值大于三角波的瞬时值时控制逆变器 $BG_1 \sim BG_6$ 导通,反之当三角波的值大于正弦波时 $BG_1 \sim BG_6$ 截止。三角波与正弦波都加在 $BG_1 \sim BG_6$ 三极管的栅极。在逆变器的输出端得到一组幅度值等于

直流电压 E，宽度按正弦规律变化的一组矩形脉冲波，它等效于正弦曲线 $\sin\omega t$。从图中可以看出提高正弦波电压的幅值就可以提高矩形波的宽度，从而提高输出等效正弦波的幅值 U_m。改变整流电压 E 的值可以改变输出端矩形波的幅值。改变加在 $BG_1 \sim BG_6$ 栅极上调制波的频率可以改变输出电压的频率。对正弦波的负半周改变三角波的极性，提高三角波的频率可以提高输出等效正弦波的线性度。

2. VVVF 电梯拖动系统

(1) 速度及电流指令电路

PG 光电编码器与电动机同轴连接，直接反映电梯的实际运行速度，把速度信号送到速度控制及电流指令电路。

由电梯运行速度曲线发生器产生给定速度信号送速度控制电路与 PG 信号比较后，作为转矩信号输出，并和速度反馈信号共同决定电流信号的幅度和角度，然后输出正弦波电流指令。经 D/A 转换作为电压指令送入正弦波 PWM 控制电路。

(2) PWM 控制电路与栅极驱动电路

来自 D/A 转换的电流指令再和实际流向电动机的电流进行比较后给 PWM 控制电路。该信号输送到栅极驱动电路，对 PWM 控制电路来的脉冲信号进行放大后，再送到逆变器的大功率效应晶体管使其导通。其输出是按正弦规律变化的矩形脉冲系列。该脉冲系列等效交流正弦波。给电动机 DY 提供电源。

(3) 整流电路与充电电路

整流电路采用不可控三相桥式电路。输出有大电容 C，输出直流电压 $U_{sc} = \sqrt{2}U_r$。以防电梯启动电流冲击损坏整流元件，充电器是为了当重电路接通时事先给电容 C 充电。二极管 D 起隔离作用。

(4) 逆变电路的工作原理

见图 4-29。$D_1 \sim D_6$ 是不可控二极管，组成三相桥整流电路。R 是放电电阻。ZD 是制动单元。C 滤波电容。$BG_1 \sim BG_6$ 是大功率三极管 IGBT。组成三相桥式可控逆变电路。$D_7 \sim D_{12}$ 是续流二极管。DY是三相交流感应电动机。

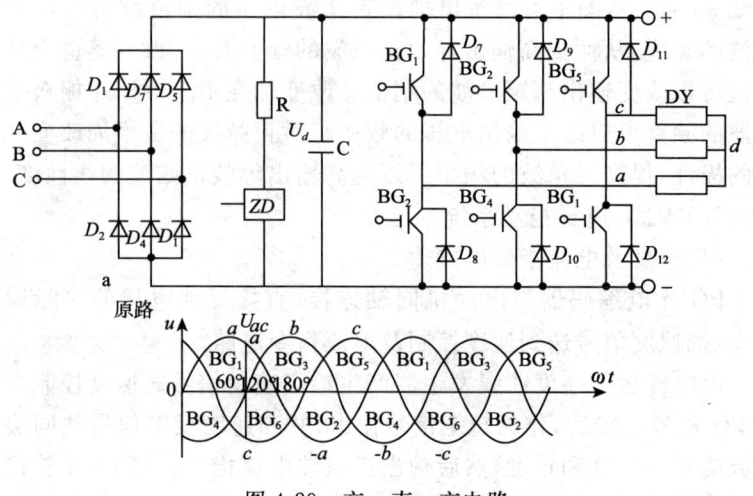

图 4-29 交—直—交电路

由 $BG_1 \sim BG_6$ 组成的三相逆变电路是电压源型,其导通角 $120°$。触发脉冲间隔 $60°$ 并依次轮流触发 $BG_1 \sim BG_6$ 三极管。

在 $120°$ 导通角逆变器电路中,任何瞬间最多有两个 IGBT 同时导通。一个是在其阳极桥臂一个是在其阴极桥臂。在同一个桥臂中的两个 IGBT 之间不进行换流。

DY 负载是纯电阻负载分析逆变器输出逆变电压波型的形成过程。

从图 4-30 看出 BG_1 的触发脉冲从 $\omega t = 0$ 度开始,当移到 $\omega t = 60°$ 时,BG_1 和 BG_4 同时导通。直流电压 U_d 同时加在 A 与 B 相上,即 $U_{AB} = U_d$。在触发脉冲移到 $60°$ 瞬间 BG_6 被触发,这时 BG_6 和 BG_4 换流,因为这时 BG_4 的触发脉冲也不存在,BG_4 关断。这样在 $\omega t = 60°$ 到 $\omega t = 120°$ 期间 BG_1 与 BG_6 导通,直流电压 U_d 加在负载 A 与 C 之间。即 $U_{AC} = 1/2 U_d$。并在负载上分压使 $U_{AB} = 1/2 U_d$。$\omega t = 120°$ 瞬间触发 BG_3,这时 BG_1 与 BG_3 换流,由于 BG_1 触发脉冲的撤

销而关断。在 $\omega t=120°$ 到 $\omega t=180°$ 时，BG_6 和 BG_3 导通，直流电压 U_d 加在负载 B 与 C 相之间，即 $U_{BC}=U_d$，使 $U_{AB}=1/2U_d$。以此类推可得到 A 与 B 间的线电压波形，如图 4-30 所示。同理可求出 U_{BC} 和 U_{CA} 的波形。它们之间相差 120°。

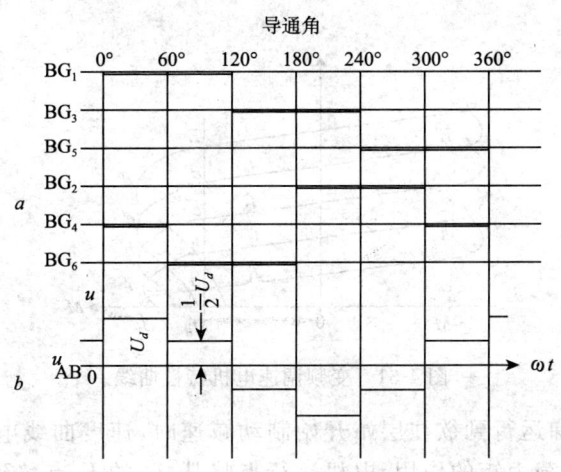

图 4-30　IGBT 的导通角

由于电动机 DY 不是纯电阻负载，而是感性负载。其电流不能突变，这样逆变器换流时负载电流总要维持原来方向，该电流仅能经过续流二极管和电源成回路。因此在负载上的电压波形与电阻负载不完全相同。感性负载电流总是滞后于其电压的变化。在这期间需要二极管 $D_7 \sim D_{12}$ 续流，把电感所储的能量释放。

(5) 电梯的启动运行及制动减速平层

当电梯满载下行启动时，速度图形给定电路提供电梯运行给定速度曲线电压。电梯开始从零速启动运行。逆变电路输出电压的频率很低，由于速度曲线电压不断升高，逆变器输出电压的频率按照速度曲线电压的规律逐步升高，图 4-31 中 $f_0 \to a \to a' \to b \to b' \to c \to c' \to d \to d' \to E$。直到给定速度曲线电压达到稳定值，电机转速升到 nH

电梯启动完毕,开始稳速运行。电机供电电压的频率稳定在 f_H。输出电压频率提高的过程始终沿着电机机械特性曲线的包络线升高,最后稳定在 f_n 曲线的 E 点,该点是电磁力矩与负载力矩的平衡点。电梯启动过程中给定速度曲线电压大于编码器 PG 的速度负反馈电压绝对值。

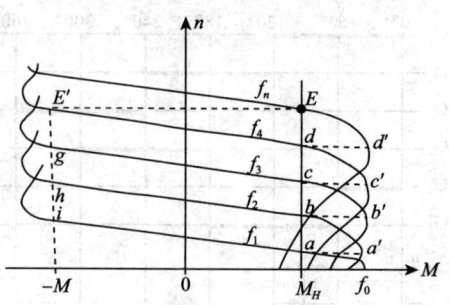

图 4-31　变频调速电机特性曲线

当电梯运行到欲往层站开始制动减速时,速度曲线电压开始下降,由于负载力矩的作用,电机运行点将从 f_n 的 E 点移到 f_4 的 E' 点,这时电动机将变成发电机运行状态,电磁力矩变成制动力矩,使电梯减速。电机转速从 $E' \to g \to h \to i$ 这时给定速度曲线电压不再降低,电机又由发电状态转变为电动状态,电机转速稳定在 f_1 的 a 点,电梯到达平层速度,待平层后停车。

电梯制动减速过程中编码器的反馈电压始终落后于速度曲线给定电压的降低。

在电梯刚开始发出减速信号时(图 4-32),逆变电路中的制动单元 ZD 接通放电电阻 R,使电机在发电状态向电网馈送的能量通过续流二极管提供回路由电阻 R 转变成热能释放。在电机处在发电状态时逆变器不再向负载供电,而由电机向电网供电,这时逆变电路的电压极性要改变。

第四章 电力拖动系统

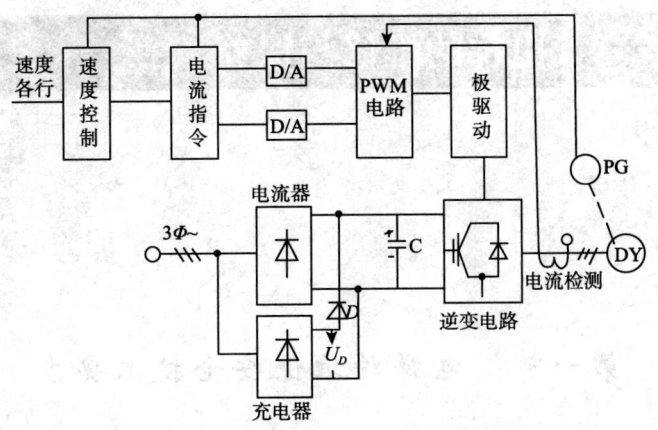

图 4-32 中、低速电梯拖动系统框图

思考题

1. 电力拖动系统如何分类？各类的特点是什么？
2. 各类拖动系统有什么要求？

第五章 电梯的维修与保养

第一节 电梯的维保安全技术要求

一、一般要求

电梯的保养与维修分为日常检查保养、维修保养、应急检修和修理工程。

(1)日常检查保养:是指每天电梯运行前、运行中、停用前,对电梯应做的检查和保养工作,是电梯隐患早期发现的主要环节。一旦发现电梯的异常现象,司机人员应立即停机检查,检出问题及时上报管理部门,并配合维修人员将电梯恢复正常。

(2)电梯的维修保养:分为周巡视保养、月保养、半年保养、一年保养。制造厂家有特殊要求的,应遵照厂家要求,保养时如发现设备不正常,应进行认真检查,查出问题待修理正常后电梯再投入使用。

(3)应急检修:是指电梯在运行中发生的一般故障检查与修理,可通过调整、修理、更换零件使电梯达到正常运行。在电梯修理中除按电梯规定要求修理外,在应急处理各紧急故障时,维修人员要严格遵守安全操作规程,以防设备损坏和人员伤亡。

(4)修理工程:分为中修和大修。由于电梯相对于其他的起重设备有其特殊性,可不必统称为中修或大修,更接近实际的说法,可称电梯的中修和局部大修,或称大修、部分中修换件等,应根据电梯的实际情况决定,才更经济、更有实效,但一般情况下,当主机和电控设备磨损严重或性能全面下降时,应进行大修,大修时间宜定为5~6年一次;当部分重要部件磨损严重,运行性能下降要进行中修,中修时间宜定为3年左右一次。如果设备每日运行频率不高,设备状况及性能基本完好,修理周期可适当延长;当电梯的主要配套设备发生突发性损坏需立即更换时,此类工程不应受修理工程时间限制,技术要求等同大修。若制造厂家有具体规定的,以及对技术指标有特殊要求的,可依厂家规定,中大修后的电梯应符合安全技术达标要求。

二、日常检查与保养

1. 运行前

电梯司机对电梯进行准备性试车:①清理轿厢、厅轿门、地坎槽的卫生,观察开关显示有无异常,厅门有无麻电感觉,轿内通信是否畅通。②根据电梯运行程序,并按顺序操作电梯,观察其功能是否正常。③对机房进行巡视,电压、电流、液压力表显示是否正常,电机、减速机油位是否符合规定要求,有无进雨水现象,通风、照明是否良好,及其他有无异常现象。

2. 运行中

可在维修人员的配合下对以下内容进行检查保养及卫生的清理工作:①检查电动机、减速机温升、油位、油色是否符合规定要求,有无异常震动,异味和异常声响。②检查制动器的制动线圈的温升,制动轮、闸瓦、传动杆件等工作是否正常。③检查曳引轮、曳引绳、限速器、导向轮、对重轮及轿顶复绕轮的运行是否正常,有无异常声响;曳引绳有无异常,如发现断线,应及时填写在运行记录本上,为管理人员观其发展做出换绳的决策。④检查继电器、按触器工作是否正常,有无异响及异味,变压器、电阻器、电抗器有无过热。⑤机房内不得堆放易燃易爆和腐蚀性物品,消防器材齐备良好。⑥在清理控制柜、曳引机等带电设备的卫生时,要将总电源及控制电源开关拉掉,严禁带电作业。

3. 停机前

电梯司机操作电梯进行各层的运行巡视检查和卫生的清理工作,在日检中查出的问题,及时上报修理,并作好记录,然后对日检中查出的允许稍缓处理的问题也应作好记录,以便根据实际情况,及时安排修理,以防酿成大患。

三、电梯各部件的维修与保养

1. 电源开关、安全开关

(1)熔断器、熔丝接触情况良好,接点牢固,通电时无打火现象。

(2)急停、安全窗、底坑的各安全开头应灵活可靠,端站强迫缓速开关、超速保护、相序保护、过热保护装置灵敏有效,对触点接触不良和锈蚀的开关,应及时更换。

(3)限位开关应在越程量 50～150 mm 内可靠动作,极限开关应在越程量 150～250 mm 内可靠动作,销轴应加注润滑油。

(4)对限位、极限等井道开关,当碰板将其压缩生效后应留有一定压缩余量。

2. 电动机、发电机组

(1)轴头温升不大于 65℃,电机温升不超过铭牌规定,电动机热保护系统应正常工作。

(2)换向器(铜头)应保持清洁,与碳刷接触良好、无积碳,运行时无异响,火花应符合要求,碳刷超过原长度的 1/2 时应更换。

(3)测速系统工作应正常,传动环节无损伤。

(4)滑动轴承圆度允许误差不大于 0.023 mm,轴窜量不大于 4 mm。

(5)在额定电压供电时空载转速不低于额定值,各相电流平衡,任何一相与三相平均值的偏差不大于平均值的 10%。

(6)绕组绝缘电阻值不小于 0.5 MΩ,接地线连接牢固,接地电阻值不大于 4 Ω。

(7)采用滑动轴承的电动机,其油槽内应保持清洁,油位不低于油窗中线,每 10 天换一次油为宜。

3. 减速机

(1)减速箱油面高度应保持在规定的油位线之内。

(2)减速箱油温不高于 85℃,轴头温升不高于 75℃,噪声不大于 80 dB。

(3)运行时平衡,无异常振动,无异常声响,无积尘、油垢。

(4)蜗杆与电机联轴器,同轴度允许误差:刚性连接为 0.02 mm,弹性连接为 0.1 mm,运行正常,电机启动时无撞击声。

(5)蜗轮蜗杆的齿侧间隙,蜗轮轴向窜量,蜗杆轴向窜量,蜗杆径向跳动,应符合原设计要求,大修后的装配精度可略低于原安装精度,不得低于其 5％。对 BWL 型减速机的大修组装后应达到以下标准:①蜗轮蜗杆的齿侧间隙应在 25～190 μm 之间;②蜗轮轴向窜量的中心距在 200～300 mm 之间时,应在 20～40 μm 之间,中心距大于 300 mm 时应在 30～50 μm 之间;③蜗杆轴向窜量中心距在 100～300 mm 之间时,应在 0.1～0.15 mm 之间,中心距大于 300 mm 时,应在 0.12～0.17 mm 之间;④蜗杆径向跳动应不大于 30 μm。

(6)蜗轮蜗杆的啮合面,接触斑点应符合要求。

(7)减速箱所使用的油应符合本机种的要求,或是按制造厂家规定使用的机油,箱体不允许漏油,盘根式轴头允许 3～5 min 漏一滴,并备有接油盒,接油盒的油不允许倒回减速箱继续使用。

(8)对新减速机,运行半年后要更换一次新油,此后每年更换一次,对使用冬夏季机油的,应在初冬和开春时换油,对减速机蜗轮的支撑轴承,应每月挤加一次润滑油脂。

(9)减速机使用年久,齿的磨损增大,电机换向时产生冲击,应及时调整中心距或更换蜗轮蜗杆。

4. 制动器

(1)制动器制动时应灵活可靠,抱合紧密,运行时两侧制动闸瓦与制动轮的间隙应不大于 0.7 mm(制造厂家有规定的除外),交流双速电梯调整制动弹簧要适度,以保证平层准确度和舒适感。

(2)制动闸瓦应不偏磨,瓦与制动轮应保证中心接触,接触面不小于 70%。

(3)制动线圈接线应紧固,温升不超过 60℃,线圈的绝缘电阻不小于 0.5 MΩ。

(4)电磁铁心与铜套之间的润滑应使用石墨粉,一般每季度加一次,严禁使用机油或油脂润滑。

(5)电磁铁芯之间气隙调整得越小,拉力越大,但铁芯之间不得相撞。

(6)制动闸瓦磨损超过原厚度 1/4 或铆钉露出时,应更换新瓦衬。

(7)制动器开关应灵活可靠,制动器各部螺母应紧固,传动杆件每周加一次机油。

5. 控制柜、励磁柜

(1)元器件、仪表齐全完好、工作正常,导线排列整齐,线号清晰,线端压接牢固。

(2)对不灵敏及损坏的电器元件、仪表应及时调整更换,对接触器、继电器触头有烧蚀,严重凹凸不平的应及时修复或更换触头,以防误动作,在修复被烧结或点蚀的触点时,应使用细锉刀,然后将锉削下来的金属粉末及时清理掉,以免影响触点吸合时的接触面积,严禁使用砂纸打磨。

(3)上下方向、开关门的机械连锁,应经常检查,动作不可靠的应及时调整。

(4)检查和清理电子板卫生时,严禁带电拔出,接触时维修人员还应作静电处理,以免击穿电子板上的电子元件。

(5)柜体接地电阻值不大于 4 Ω,动力电路及安全电路绝缘电阻值不低于 0.5 MΩ,控制电路绝缘电阻不低于 0.25 MΩ,对老化的导线应随时更换。

6. 硒整流器

(1)三相桥式硒整流器工作一段时间后会产生老化现象,输出功率略有降低,电压会下降,可适当提高变压器的初级电压以获得补偿。

(2)当电梯停用一段时间或使用新购入的和存放期超过三个月的硒整流器会产生老化,使本身功率损耗增加,因此要做"成型"处理,然后再投入使用,成型步骤为:

① 整流器空载,加 50% 额定电压历时 15 min。
② 整流器空载,加 70% 额定电压历时 15 min。
③ 在②的基础上,把电压均匀地升到 100% 的额定电压。

(3)各接线端子、焊接点应牢固无松动,经常保持硒整流器的清洁,熔断器的选择要匹配。

7. 选层器

(1)选层器各部位应无油污及灰尘,滑动部位应按规定油类加注,以保证各部运转灵活可靠。

(2)调整选层器触点动作间隙应准确,对磨损严重的碳金触点及弹性弱的弹簧及时修复和更换,以保证选层器正常工作。

(3)选层器钢带应保持每周在储油毡垫处注油,对锈蚀严重、断裂两处以上连续缺齿的应更换。

(4)涨带轮对钢带横向垂直中心不大于 3 mm,垂直偏差不大于 0.5 mm。

(5)涨带装置底平面与底坑地平面距离:额定速度大于 2 m/s 时,为 750±50 mm;大于 1 m/s(且小于 2 m/s)时为 550±50 mm;小于 1 m/s 时为 400±50 mm。

(6)接地电阻值不大于 4 Ω。

8. 限速器、安全钳

(1)限速器动作速度不低于额定速度的 115%,不超过标准规定的动作速度;动作速度的测定一般每两年由专业部门和限速器测试仪进行测试,测试合格后恢复封记,维修人员不得随意调整。

(2)若电梯额定速度大于 0.63 m/s,轿厢应采用渐进式安全钳。若电梯额定速度小于或等于 0.63 m/s,轿厢可采用瞬时式安全钳。若轿厢装有数套安全钳,则它们应全部是渐进式的。若电梯额定速度大于 1 m/s,对重(或平衡重)安全钳应是渐进式的,其他情况下,可以是瞬时式的。该开关应符合 GB 7588—2003 对具有补偿绳并带补偿绳张紧轮及防跳装置(制动或锁闭装置)的电梯,计算间距时,$0.035 v^2$(指对应于 115% 额定速度 v 时的重力制停距离的一半)这个值可用张紧轮可能的移动量(随使用的绕法而定)再加上轿厢行程的 1/500 来代替。考虑到钢丝绳的弹性,替代的最小值为 0.20 m。

(3)限速轮轴及涨绳轮轴应每周加一次油,每年清洗换油一次。

(4)限速器压舌对绳的距离应在 5~10 mm。

(5)安全钳的连杆动作应灵活,无卡阻现象,以保证提拉力大于 150 N,一般不超过 300 N 或按制造厂设计规定。传动杆每月加一次油,当连杆动作时,安全钳安全开关应准确动作。

(6)安全钳楔块与导轨侧工作面的间隙,应符合 3~4 mm 的要求且应对称均匀,或按制造厂设计要求;钳口与导轨正工作面间隙不小于 3 mm。楔块及钳口每月加一次油(或涂抹凡士林)。

(7)涨紧轮底部距底坑地面距离要求同选层器涨带轮,限速绳索伸长或超过以上标准时,应随时调整涨绳轮位置,并截去伸长部分。

9. 曳引轮、导向轮

(1)曳引轮、导向轮修理安装后,转动应自如,油路畅通。

(2)曳引轮位置相对于导轨前后不超过 2 mm,左右不应超过 1 mm。

(3)导向轮、曳引轮垂直度误差不大于 0.5 mm,满载时曳引轮的最大误差不超过 2 mm。

(4)滑动轴承磨损超过 0.3 mm 时应更换。

(5)曳引轮各绳槽磨损下陷应一致,当最大差距达到曳引绳直径的 1/10 时,应重车绳槽或更换轮缘,对带切口的半圆槽绳轮,当绳槽磨损到切口深度少于 2 mm 时(大于 1 mm),可重车绳槽或更换绳轮。但车修后切口下面的轮缘厚度应不小于曳引钢丝绳直径。

(6)导向轮、轿顶轮及对重轮轴承应每周挤加一次润滑油,每年清洗换油一次,对密封式滚动轴承,可半年加一次油。

(7)曳引轮、轿顶轮、对重轮,应设防掉杂物和曳引绳防跳槽装置。

(8)曳引轮槽内不应加油,应经常使其保持清洁,如有油污应及时擦净。

10. 曳引钢丝绳

(1)钢丝绳之间的张力相互允差不大于 5%。

(2)钢丝绳绳头组合及绳头板应完好无损,绳头螺栓应双螺母紧固,开口销齐全。

(3)钢丝绳表面油污过多时应清除,为防止锈蚀宜涂薄而均匀的稀释钢丝绳脂或机油。

(4)钢丝绳在使用中的正常伸长,使 S_2[①] 空程尺寸小于规定尺寸时(弹簧式缓冲器小于 200 mm;液压缓冲器小于 150 mm),应及时将钢丝绳截短。

(5)钢丝绳磨损出现下列情况时应更换:

①断丝在各绳股之间均匀分布时,在一个捻距内的最多断丝数超过 12 根。

②断丝集中在一个或两个绳股中,在一个捻距内的最多断丝数超过 6 根。

③钢丝表面有较严重的磨损和锈蚀,其磨损后直径小于原直径

---

①当轿厢在上顶层端站平层时,对重下梁碰板至缓冲器之间的距离用 S_2 表示。

的90%。

(6)新装或更新钢丝绳进行绳头制作时,先将绳头部分清洁干净,巴氏合金要一次性浇注密实、饱满,待冷却后方可移动。

(7)楔块式绳头安装时,钢丝绳走向要正确一致;截绳时宜留有不小于300 mm的余量,余绳与承重绳要进行防松绑扎,绳端头进行包扎。

(8)钢丝绳头组合制作完毕,对绳头应有防转措施。

11. 厅轿门系统

(1)厅轿门开关平稳且无撞击声,开关门噪声不超过65 dB,厅门锁应可靠,啮合深度≥7 mm,侧隙1~3 mm,轿厢不在本层时厅门应能自动关闭;门锁开关应符合GB 7588—2003中的电器安全装置要求。

(2)轿门开关限制力为15~30 N,门限力开关动作应可靠;安全触板夹力不大于5 N,光电开门装置动作应可靠。

(3)厅轿门门扇与门扇、门扇与门套,门扇与下端地坎的间隙为1~8 mm,客梯不超过6 mm,有防火要求的应符合防火规定尺寸。

(4)门刀与层门地坎,门锁滚轮与轿门地坎的间隙,应保证5~10 mm。

(5)轿门扇及各层厅门门扇垂直度误差不大于1 mm。

(6)门吊轮下端的偏心轮和滑道下端距离不大于0.5 mm。

(7)门扇对口缝不大于2 mm,门扇对口平面不大于1 mm。

(8)轿门打开时与厅门、厅门框组成的门口应平整,其平面不大于5 mm。

(9)开门机

①开门机的控制电阻值应符合设计规定。

②皮带松紧适度,一般以用手指压下10 mm为宜。

③开门电机碳刷磨损超过原长度的1/2时应更换。

④开关门平均速度0.3 m/s,关门时限3~3.5 s,开门时限

2.5~3.0 s。

(10)厅轿门系统一般一个月进行一次检查调整和卫生清理工作,以确保接线牢固,门扇运行平稳,门安全系统动作可靠。

12. 轿厢、控制盘与显示系统

(1)轿内与层楼显示准确,按钮正常齐全。

(2)外呼按钮灵敏可靠,消防开关应符合消防部门的规定和设计要求。

(3)轿厢各部螺丝及斜拉杆应紧固,轿厢水平度不超过1/1000。

13. 导轨

(1)导轨连接板、导轨压板、导轨支架及焊接部位应无松动、无开焊,紧固各部螺栓,导轨支架用螺栓固定的,导轨校正合格后,应将导轨架点焊。

(2)两根导轨间的距离偏差,轿厢侧导轨为 $^{+2}_{0}$ mm,对重侧导轨 $^{+3}_{0}$ mm。

(3)导轨接头处允许台阶不大于 0.05 mm,超过 0.05 mm 侧应修平,其导轨接头处的修光长度为 250~300 mm。

(4)轿厢导轨与对重导轨对角线偏差一般不大于 3 mm,导轨垂直度每 5 m 不大于 0.6 mm(包括设安全钳的对重导轨),不设安全钳的 T 型对重导轨为 1.0 mm。

(5)有自动润滑装置的导轨,应加注机润滑油,导轨下端应设接油盒;无润滑装置的导轨可直接涂抹钙基润滑脂,滚动导靴的导轨应保持清洁。

14. 导靴

(1)导靴弹簧调整要符合电梯额定载荷的尺寸要求,弹性导靴头左右伸出距离一般不超过 2 mm,靴衬与导轨顶面无间隙,侧隙保持在 0.5~1 mm,当侧隙磨损超过 1 mm,或顶面超过原厚度 1/4 时靴衬应更换。

(2) 无弹簧导靴与导轨顶面间隙为 1~2 mm,对重导靴与导轨顶面间隙不大于 2.5 mm,当磨损量过大,使间隙超过上述数值时应更换靴衬。

(3) 滚动导靴的滚轮应无异常声响,发现开胶、断裂、轴承损坏、胶轮磨损严重的或出现脱圈时均应更换滚轮。

(4) 润滑油应充足,导靴各部螺丝应紧固。

15. 接线盒、电缆

(1) 各接线盒接线端子应紧固,灰尘应清除,盒应做好接地,其电阻值不大于 4 Ω。

(2) 电缆随线固定端绑扎应牢固,井道内固定端应在 1/2 井道全程加 1.5 m 处,轿厢在底层平层时,随线距坑底平面约 300 mm,轿底随线固定端应与井道固定端平行,随线在运行中有可能与井道其他部件碰挂时应采取有效措施。

(3) 随线接线端应用线鼻或涮锡的办法且应压接牢固。涮锡时严禁使用盐酸及强腐蚀物作焊剂。

(4) 随线接地可采用其随线钢丝芯或用随线中的两根电线代之,其接地电阻值不大于 4 Ω。

16. 对重

(1) 对重架应无变形且牢固可靠。

(2) 对重块应有压紧装置。

17. 平衡绳、平衡链

(1) 平衡绳头固定应牢固可靠,绳的张紧装置运行时上下浮动要灵活,额定速度 ≥ 2.5 m/s 时,应设防跳装置并设安全开关。

(2) 平衡链两固定端应设二次保护,运行时不得与其他物体碰挂。

18. 缓冲器

(1) 两个缓冲器水平不得超过 2 mm,缓冲器相对于轿厢或对重撞板中心位移不得超过 20 mm。

(2)轿厢位于顶层或底层平层时,轿厢、对重装置的撞板与缓冲器顶面距离,弹簧式缓冲器为 200~350 mm,油压缓冲器 150~400 mm。

(3)油压缓冲器柱塞垂直度偏差不大于±0.5 mm,压实后恢复时间不大于 120 s。

(4)油压缓冲器应设安全开关,开关灵活可靠。

(5)油压缓冲器柱塞应有防锈措施,油缸内液压油应充足。

19. 底坑

(1)底坑内应保持清洁。

(2)底坑内不得有积水,消防专用梯底坑应符合消防部门规定。

(3)底坑深度超过 1.6 m 时应设爬梯。

20. 运行性能

(1)电梯平层准确度应达到各类型及不同速度电梯的要求。

(2)轿厢与对重的平衡系数 40%~50%,或按制造厂家规定要求。

(3)电梯曳引力要足够,应符合 GB 7588—2003 附录 D2.H 中的规定。

(4)电梯运行应正常平稳,加速度应符合 GB 10060—1993 中的规定。

21. 其他

(1)油饰

应对电梯结构件进行防锈蚀处理,预埋件、导轨支架、线管、线槽、槽钢(工字梁)机房的控制框、曳引机、选层器、限速器及厅门门柜、轿厢等进行喷漆或油饰。

①经油饰过的部位油漆颜色应协调,平整光亮。

②机房所有转动部位须涂黄色油漆,并标有电梯升降方向,机房内应设有明显的电梯运行时所到的楼层标志。

③轿厢内,控制柜宜涂(喷)阻燃油漆,缓冲器涂防锈漆。

④对厅门内侧隔音涂料不得涂漆,以免影响隔音效果。

(2)土建工程

①机房内的钢丝绳孔等应设防水台,高度不小于50 mm,厅门地坎下及剔凿部位修补整齐。

②井道通风孔应设百叶窗。

③滑轮间地面应采用防滑材料。

④曳引机可站人的水泥平台高于机房地面0.5 m时,应设楼梯和护栏,护栏不低于1.05 m。

(3)机房要求

①机房环境温度应保持在5~40℃。

②机房内禁止无关人员进入,维修人员离开时应锁门。

③机房内不准堆放易燃易爆物品,灭火设备应可靠。

④机房内应注意防雨水、鼠、雀和蛇等进入,以及防蟑螂措施,并注意机房温度调节。

(4)润滑、清洗及换油(见表5-1)

表5-1 机件的润滑、清洗及换油

机件名称	部位	加油及清洗换油时间	油脂型号
曳引机	油箱	新梯半年内应常检查,发现杂质及时更换,开始几年每年换油一次。老梯和使用不频繁的电梯可根据油的黏度和油盾决定或适当延长	
	蜗轮轴的滚动轴承	每月挤加一次,每年清洗换油一次	钙基润滑脂
曳引机制动器	制动器销轴	每两周加油一次	机油
	电磁铁可动铁心与铜套之间	每半年检查一次,每年加油一次	石墨粉

续表

机件名称	部位	加油及清洗换油时间	油脂型号
曳引电动机	电动机滚动轴承	每月挤加一次,每季至每半年清洗换油一次	钙基润滑脂
	电动机滑动轴承	每两周加油一次,每季至到每半年换油一次	30～45℃时恩氏黏度的透明油
导向轮、轿顶轮、对重轮、复绕轮	轴与轴套之间	每周给油杯挤加一次,每年拆洗换油一次	钙基润滑脂
无自动润滑装置的滑动导靴	导轨工作面	每周涂油一次,每年清洗加油一次	钙基润滑脂(GB 491—65)
有自动润滑装置的滑动导靴	导靴上的润滑装置	每周加油一次,每年清洗导轨工作面一次	HJ—40机械油(GB 443—64)
滚轮导靴	滚轮导靴轴承	每季挤加一次,每半年至一年清洗换油一次	钙基润滑脂
开关门系统	吊门滚轮及自动门锁各滚动轴承和轴箱	每月挤加一次,每年清洗换油一次	钙基润滑脂
	门导轨	每周至每月擦洗并加少量润滑油一次	机油
	开关门的直流电动机轴承	每季挤加一次,每年清洗换油一次	钙基润滑脂
	自动开关门传动机构上的各种滚动轴承、轴销	每月挤加一次,每半年清洗换油一次	钙基润滑脂,机油
限速器	限速器旋转轴销、涨紧轮轴与轴套	每周挤加一次,每年清洗换油一次	钙基润滑脂

续表

机件名称	部位	加油及清洗换油时间	油脂型号
安全钳	传动机构	每月加润滑油一次	机油
	安全钳内的滚、滑动部位	每季涂油一次	适量凡士林
选层器	滑动拖板、导向导轨和传动机构	每月至每季加油一次,每年清洗换油一次	钙基润滑脂
油压缓冲器	油缸	每月检查和补油一次	

第二节 电梯故障的检查测量基本方法

一、简述

电梯是机电一体有机结合的设备,故障主要发生在机械和电气两大系统中,故障的原因不外乎电梯设计的不完善,制造安装的质量,维修保养的质量以及设备的老化、使用不当等方面。因此一旦电梯发生故障,首先要判定是机械系统还是电气系统出了故障,继而查明故障所在,才可能以最短的时间迅速排除故障。

如何才能迅速地判断出是机械还是电气系统故障呢？首先利用该型电梯在轿厢控制盘设置的检修状态控制功能,对轿厢进行检修上(下)运行操作可以确定,因为检修状态上(下)运行,是电梯最简单的点动定行电路,中间没有控制环节。它直接控制主拖动回路,如果检修运行正常,它标志着电梯门系统电路通路(①)、急行电气线路通路(②)、主拖动电气回路正常,曳引机、限速器安全钳等机械系统正常,故障可能出在电气控制环节,反之,如果不能点动运行,在排除上述①②的情况下,故障可能就在机械或主拖动系统中。然后到机房利用控制柜提供的检修操作对电梯点动运行,若控制柜电器正常动作,电动机发出嗡嗡声或曳引轮转动,钢丝绳在轮槽内打滑而轿厢不动就基本确定为机械故障。

关于机械和电气系统故障具体部位,常用以下检查测量方法确定。

二、机械系统故障的检查测量方法

当电梯发生故障时(事故除外),维修人员不要急于去查看电梯,首先要向电梯操作人员了解电梯发生故障时的现象;电梯在无司机状态下运行,可得到电梯管理人员的配合,分出轻重缓急对电梯进行实地检查;维修人员则根据电梯的不同类型、结构及运行原理,对故障梯的相关部位,通过眼看、耳听、鼻闻、手摸等检测方法,分析判断故障发生的准确位置,当然,检测中还应准备好常用的工具及专用工具探针(探针是检查轴承、电机、减速机等专用工具,俗称听针),有条件的还可以准备测量温度的点温计、转速表、磁力表座等仪表仪器。为了说明该方法的正确使用下面举出两例检测步骤供参考。

例 5-1

(1)了解情况:该梯为一部货梯,司机反映电梯已停用了一个多月,重新启用几分钟后电梯突然停止运行,机房电机温升过高。

(2)检测过程:进机房鼻闻机油味较大,眼看控制柜热继电器动作;减速机、电动机油位符合要求,电梯以检修速度运行未发现异常,然后快速运行2～3分钟将电梯停止,手摸减速机轴承部位与厢体的温感进行比较,温升不高,手摸电动机轴承部位与定子外壳进行比较,温差明显,轴承部位温度有些烫手;电梯运行时用探针耳听电机轴承处虽无异响,轴承处摩擦声较大且沉闷,打开电机轴承处加油盖用探针沾点机油,点在食指上用指粘油后在阳光下观察,油发黑并伴有微小黄闪光点(铜金属粉末)。

(3)情况分析:电机轴承与定子外壳温差大(轴承为滑动轴承,轴承可能因油路被油垢阻塞使润滑油受阻,电机轴承在旋转中摩擦热量无法散掉造成轴承升温),由于轴承运行阻力的增加,而增大了电机负荷,使电梯的电机产生过电流,继而导致热继电器动作,初步判断电机轴承处为故障点。

(4) 最后确认:将电机轴承油放掉,加入煤油和机油各半的混合油浸泡一会儿,以检修速度使电梯上下运行几次,用以清洁油垢,然后放掉混合油加入清洁的机油,使电梯快速运行,运行约 20 分钟轴承处温升不再升高,说明故障基本排除,若有必要还需将电机拆下并清洁轴承,如果轴承有烧伤及点蚀可进行刮研修理,严重的应将轴承更新。

例 5-2

(1) 了解情况:故障梯为客梯,司机反映电梯在启动运行中缓慢,目的层减速后突然停止运行,轿厢不平层。

(2) 检测过程:进机房后鼻闻有浓机油味,眼看电机油位正常,减速机油位在下标尺,查看限速器安全钳无异常,检查电源总开关正常,控制柜除热继电器动作外其他(包括显示)正常。试运行轿厢不动,电机不能转动但有嗡嗡声,打开电磁抱闸,上下两个方向盘车观察,电机能够微动,减速机蜗杆轴不动。

(3) 情况分析:减速机轴承属飞溅润滑型式,轴承为滑动轴承,润滑是靠蜗轮、蜗杆啮合旋转时由蜗轮将润滑油甩到箱体上,通过轴承支架上的小孔流入蜗杆轴承内。而此台减速机油位已接近危险标尺线,估计可能是蜗杆轴与轴承的高速运行,由于油量的供给不足而造成轴承与蜗杆抱死,热继电器也因电机过电流而动作。

(4) 最后确认:解体减速机,拆下蜗杆轴发现蜗杆轴一端滑动轴承烧结。

三、电气故障的检查测量方法

当电梯发生电气系统故障时,首先对现场情况进行询问,然后用眼看、鼻闻、耳听、手摸的基本方法,对外围线路进行检查,例如外电网是否供电,空气开关、铁壳极限开关是否掉闸,熔断丝、快速保险等是否熔断,微机 PC 机、变频器、调压调速器的电源显示是否有电,功能显示是否正常,控制柜电器件有无发热烧损,这些比较直观的故障排除后再对电梯进行有针对性的检查和测量。常用的检测方法有以下几种。

(1)程序检测法:有经验的电梯维修工,在个人安全防护穿戴齐全且有人监护的条件下,对电梯控制柜可在通电的状况下按照电梯启动运行程序,直接触动电器控制元件,这种方法可缩小故障的范围,直接判断出是某条电气线路发生断路还是开关触点接触不良(它不仅适用于继电器控制的电路,也适用于无触点控制的系统),然后使用下面介绍的方法直接找到故障点。

(2)电阻测量法:是使用万用表在线路上断电并将被测两端接线拆掉的情况下进行测量的一种方法。可以把万用表的表笔接线路两端,然后用带绝缘皮的导线将所测开关、触点(或线圈)两端短路一下,如果万用表电阻值为零或变小,说明故障就在此处。也可以用万用表的表笔直接测量某一开关、触点(或线圈),电阻值为零(或一定值)则说明开关、触点(线圈正常)为通路,当电阻值无限大则说明此处就是故障点。测量较长的导线是否断路时,可将导线的一端接地,用万用表测量该导线另一端对地电阻,若不通,则说明该导线有断路处。

(3)电压测量法:这种测量方法须在线路中有电的情况下使用万用表电压挡进行测量,测量直流电压用直流挡,测量交流电压用交流挡,特别注意的是,万用表电压数字指示范围应大于所测对象线路电压。测量开关触点接触是否良好,可把万用表的表笔接触被测点的两端,万用表若无数字指示,说明该触点是接通状态,若有指示则说明该触点没有接通,此处就是要寻找的故障点。当测量电子线路时电流通过电阻元件会产生电压降(电位差),若无电压降,说明没有电流通过此元件,则此处就是故障点。

(4)短路测量法:使用一根绝缘导线,两端去掉绝缘层露出导线,用导线将串接在电路中的开关触点搭接,然后接通电路,观察控制线路继电器动作情况,可直接判断出故障点。这种测量方法是在没有万用表的情况下采用的带电操作的一种方法,应特别注意安全。因此对于大电流通过的主电路不宜采用此方法,防止测试时产生大电流发生事故,对于微机控制的电梯通常也不采用此方法,以免损坏机件或设备。

(5)试灯测量法:将灯口接好线,装上220 V白炽灯泡,灯泡的功率(瓦数)选择小一些的为宜,在有电的部位将试灯点亮,为测量220 V电压以下电路各点带电情况做好准备,这种测量方法比较直观。测量时先将一端接工作零线(中性线),另一端接触被测导电部位,观察灯泡发光情况,判断故障所在。测量220 V的电路时灯泡全亮,测量110 V电路时灯泡的亮度将差一半,电路中若有线圈,在接通的瞬间灯泡的亮度将有变化,总之灯泡不亮该部位就是故障点。测量中还应注意按照一定的顺序,一个部位一个部位的排除,以免造成错误判断。

(6)讯响测量法:万用表有一功能挡,专门用来测量线路中(包括电子线路)的通断,开关触点是否接通,通路时讯响器(蜂鸣器)会发出声响。现场没有万用表时,可用电池将低电压(3 V)讯响器串接起来代替。测量二极管线路时要注意其正负极性,以免造成错误判断。这种方法因其容量小、电压低,对带线圈的线路不宜使用。

(7)验电笔测量法:用市场售低压验电笔测量电路各点有无电压,是在电路中供电的条件下判断故障最常用的方法之一。虽然它不能像万用表电压挡直接测出线路中电压的数值,但能直观、快捷地判断出故障所在,但使用时应特别注意:

①使用验电笔前在已确认的带电体上,对验电笔进行校验,证明电笔完好的才可使用。防止因已损坏的电笔造成错误判断或发生触电事故。

②电梯电气控制线路中,最高对地电压为220 V,直流控制部分的电压通常用110 V以下,因验电笔电阻较大,测量时如担心氖管亮度较暗,可以将不持笔的一只手触摸不带电的控制柜或其他已经接

地的金属部分,以求得氖管增加亮度,来提高验电效果。

③使用验电笔测量带有线圈(如变压器)的380 V电路时,有时会发生A相保险丝烧断但A相熔断器下侧仍能使氖管燃亮,这是由于B相或C相电源经线圈返到这里的缘故,因此在用验电笔对电路进行测量时应考虑这一因素。

例 5-3

(1)了解情况:故障梯为客梯,司机反映,在电梯行驶中因大楼总电源断电(因使用电焊机超荷掉闸),电梯突然停止,当电源恢复后电梯仍不能启动。

(2)检测过程:在轿厢前挂上电梯检修的警示牌或设人监护,进入机房后用验电笔确认铁壳极限开关、空气开关有电,各保险未烧损。察看控制柜门锁线路正常,急停断电器(JJT)未吸合。使用电压测量法,万用表的电压直流挡测量1号与5号线端子间电压正常(见图5-1)。使用程序检测法,用手触动急停继电器使其强行闭合电梯可以启动;将检修开关打开以防电梯突然启动,急停开关保持强行吸合状态,仍然使用万用表电压直流挡测量2号与5号端子,2号与203号端子,表无显示;进入井道中线盒处测量203与202号端子,202号与201号端子,万用表仍无显示。打开轿底接线盒测量1号与201号端子,万用表显示有电压。

图 5-1 电梯急停线路原理图

KDJ—底坑急停开关;XGL—底坑选层器钢带轮断带开关;XZL—限速器涨绳轮开关;XCS—安全钳动作开关;XJS—安全窗开关;KTT—轿顶急停开关;AJT—操纵盘急停开关(轿厢内);XGS—(机房)限速器动作开关;ZQ—原动机启动加速接触器触点(常开);JVR—超速保护继电器常闭触点;KJT——轿顶检修盒急停开关;JJT—急停继电器

(3)情况分析:1号与201号端子间有电压,说明在这段电路的三个开关中有断路的可能,底坑急停开关未曾动过应该是正常的,断路可能性最大的是限速器涨绳轮开关XZL(断绳开关)和选层器底坑钢带轮处断带开关XGL。电梯在运行中由于断电轿厢突然停止,限速器涨绳轮和钢带轮在轿厢停止瞬间都会发生抖动,故障就在这两个部位中。进入底坑后释放控制柜急停继电器(需两人配合),用短路测量法比较直观,将这两个开关分别短封,察看急停断电器是否吸合,短封断带开关时该急停断电器是否吸合;或将总电源拉掉,用讯响测量法较安全,分别测量这两个开关是否通路,结果断带开关不通,这两种测量方法相吻合。

(4)最后确认:图5-1中XGL使用的是自动回位行程开关,此开关在线路中使用的是两个常闭点,电梯突然停止运行引起钢带轮发生抖动,将其开关压缩,开关的两个常闭点断路,当钢带轮及其碰板恢复原位,但由于该开关长期在底坑,传动杆锈蚀,被碰板压缩后不能自动弹回,使常闭两点不能闭合而造成断路。

思考题

1. 电梯的维修保养有什么要求?
2. 电梯故障的检查测量基本方法有几种?

第六章 电梯常见故障与事故的应急预案

电梯发生紧急故障时,往往出现异常振动和声响,有时轿内一团漆黑,容易引起乘客恐惧和混乱。这时,电梯司机要镇静,安定乘客情绪,采取应急措施,迅速用电话、报警装置或其他方法与维修人员及外部联系,设法将乘客安全送出轿厢。

第一节 电梯的常见故障判断和处理方法

电梯的常见故障判断和处理方法如表6-1所示。

表6-1 电梯的常见故障判断和处理方法

故障现象	主要原因	处理方法
按关门按钮不能自动关门	1. 开关门电路的熔断器熔体烧断 2. 关门继电器损坏或其控制电路有故障 3. 关门第一限位开关的接点接触不良或损坏 4. 安全触板不能复位或触板开关损坏 5. 光电门保护装置有故障	1. 更换熔体 2. 更换继电器或检查其电路故障点并修复 3. 更换限位开关 4. 调整安全触板或更换触板开关 5. 修复或更换故障装置

续表

故障现象	主要原因	处理方法
在基站厅外扭动开关门钥匙不能开启厅门	1. 厅外开关门钥匙开关接点接触不良或损坏 2. 基站厅外开关门控制开关接点接触不良或损坏 3. 开门第一限位开关的接点接触不良或损坏 4. 开门继电器损坏或其控制电路有故障	1. 更换钥匙开关 2. 更换开关门控制开关 3. 更换限位开关 4. 更换继电器或检查其电路故障点并修复
电梯到站不能自动开门	1. 开关门电路熔断器熔体烧断 2. 开门限位开关接点接触不良或损坏 3. 提前开门传感器插头接触不良、脱落或损坏 4. 开门继电器损坏或其控制电路有故障 5. 开门机传动皮带松脱或断裂	1. 更换熔体 2. 更换限位开关 3. 修复或更换插头 4. 更换继电器或检查其电路故障点并修复 5. 调整或更换皮带
开或关门时冲击声过大	1. 开关门限速粗调电阻调整不妥 2. 开、关门限速细调电阻调整不妥或调整环接触不良	1. 调整电阻环位置 2. 调整电阻环位置或调整其接触压力
开、关门过程中门扇抖动或有卡住现象	1. 踏板滑槽内有异物阻塞 2. 吊门滚轮的偏心挡轮松动，与上坎的间隙过大或过小 3. 吊门滚轮与门扇连接螺丝松动或滚轮严重磨损	1. 清除异物 2. 调整并修复 3. 调控或更换吊门滚轮
选层登记且电梯门关妥后电梯不能启动送行	1. 厅、轿门电连锁开关接触不良或损坏 2. 电源电压过低或断相 3. 制动器抱闸未松开 4. 直流电梯的励磁装置有故障	1. 检查修复或更换电连锁开关 2. 检查并修复 3. 调整制动器 4. 检查并修复

续表

故障现象	主要原因	处理方法
轿厢启动困难或运行速度明显降低	1. 电源电压过低或断相 2. 制动器抱闸未松开 3. 直流电梯的励磁装置有故障 4. 曳引电动机滚动轴润滑不良 5. 曳引机减速器润滑不良	1. 检查并修复 2. 调整制动器 3. 检查并修复 4. 补油或清洗更换润滑油脂 5. 补油或更换润滑油
轿厢运行时有异常的噪声或振动	1. 导轨润滑不良 2. 导向轮或反绳轴承与轴套润滑不良 3. 传感器与隔磁板有碰撞现象 4. 导靴靴衬严重磨损 5. 滚轮式导靴轴承磨损	1. 清洗导轨或加油 2. 补充或清洗换油 3. 调整传感器或隔磁板位置 4. 更换靴衬 5. 更换轴承
轿厢平层误差过大	1. 轿厢过载 2. 制动器未完成松闸或调整不妥 3. 制动器刹车带严重磨损 4. 下层传感器与隔碰板的相对位置尺寸发生变化 5. 再生制动力矩调整不妥	1. 严禁过载 2. 调整制动器 3. 更换刹车带 4. 调整平层传感器与隔磁板相对位置尺寸 5. 调整再生制动力矩
轿厢运行未到换速点突然换速停车	1. 门刀与厅门锁滚轮碰撞 2. 门刀与厅门锁调整不妥	1. 调整门刀或门锁滚轮 2. 调整门刀或厅门锁
轿厢运行到预定停靠层站的换速点不能换速	1. 该预定停靠层站的换速传感器损坏或与换速隔磁板的位置尺寸调整不妥 2. 该预定停靠层站的换速继电器损坏或其控制电路有故障 3. 机械选层器换速触头接触不良 4. 快速接触器不复位	1. 更换传感器或调整传感器与隔磁板之间的相对位置尺寸 2. 更换继电器或检查其电路故障点并修复 3. 调整触点接触压力 4. 调整快速接触器

续表

故障现象	主要原因	处理方法
轿厢到站平层不能停靠	1. 上、下平层传感器的干簧管接点接触不良或隔磁板与传感器的相对位置参数调整不妥 2. 上、下平层继电器损坏或其控制电路有故障 3. 上、下方向接触器不复位	1. 更换干簧管或调整传感器与隔磁板的相对位置参数尺寸 2. 更换继电器或检查其电路故障点并修复 3. 调整上、下方向接触器
有慢车没有快车	1. 轿门、某层站的厅门电连锁开关接点接触不良或损坏 2. 直流电梯的励磁装置有故障 3. 上、下运行控制继电器、快速接触器损坏或其控制电路有故障	1. 更换电连锁开关 2. 检查并修复 3. 更换继电器、接触器或检查其电路故障点并修复
上行正常下行无快车	1. 下行第一、二限位开关接点接触不良或损坏 2. 直流电梯的励磁装置有故障 3. 下行控制继电器、接触器损坏或其控制电路有故障	1. 更换限位开关 2. 检查并修复 3. 更换继电器、接触器或检查其电路故障点并修复
下行正常上行无快车	1. 上行第一、二限位开关接点接触不良或损坏 2. 直流电梯的励磁装置有故障 3. 上行控制继电器、接触器损坏或其控制电路有故障	1. 更换限位开关 2. 检查并修复 3. 更换继电器、接触器或检查其电路故障点并修复
轿厢运行速度忽快忽慢	1. 直流电梯的测速发电机有故障 2. 直流电梯的励磁装置有故障	1. 修复或更换测速发电机 2. 检查并修复
电网供电正常,但没有快车也没有慢车	1. 主电路或直流、交流控制电路的熔断器熔体烧坏 2. 电压继电器损坏,或其电路中的安全保护开关的接点接触不良、损坏	1. 更换熔体 2. 更换电压继电器或有关安全保护开关

第二节　电梯发生紧急事故的应急预案

一、突发性的火灾事故

1. 对于无消防返回功能的电梯

在发生火灾时,这些电梯不能用做楼房内人员的避难场所。轿厢内如有乘客要尽快使其离开火灾层楼到避难层去避难,或将电梯驶向基站,让乘客迅速撤离,然后停用电梯。在火灾解除后,在再次启动运行前,应进行检查和试运行。当有乘客被关闭在轿厢内时,应立即通过轿厢内紧急报警装置进行呼救,由消防人员或专业技术人员去进行救援。

2. 对于具有消防返回功能的电梯

发生火灾时,应立即打开消防开关。这时电梯不论在何种状态下运行,都会立即停止,并迅速将电梯自动返回基站,自动打开轿门,让乘客撤离火灾现场。同时电梯上的各种自动功能(上下召唤、自动开关门等)都被停用。

二、突然停电

突然停电会使电梯突然停车并熄灭全部照明和信号指示,但应急照明灯会自动点亮。

对有应急停靠装置的电梯,充电式电池会自动给电梯供电,使电梯自动驶往最近层站停靠,并自动开门,让乘客离开电梯。如为无应急停靠装置的电梯,轿厢内驾驶员或乘客应通过轿厢内应急报警装置或对讲系统,向管理部门报警,由电梯专业人员用手动方法将电梯移动到最近层站,再用层门三角钥匙将层门和轿门打开,放出所有乘客,然后将门关上,等电源恢复后再投入使用。严禁在非平层情况下扒开轿门、层门放人。

三、失控冲顶蹾底

1. 轿厢失控冲顶

(1) 轿厢冲顶的原因

由于轿厢自重过轻,对重平衡系数过大,电梯在运行过程虽已断开主电动机动力电源,但由于上或下快慢车接触器与制动器连接的线路或继电器失效,致使主电动机断电停转后,制动器线圈未能断电而不能使制动器制动。这时对重侧重量大于轿厢侧,于是钢丝绳在曳引轮上打滑,对重侧较大的重量将轿厢拉动上行冲顶,这种情况在补偿装置不符合要求的电梯上更容易发生。其关键原因还是制动器失效未能按要求制动。

此外,由于快速运行继电器触头粘住,使电梯保持快速运行直到冲顶或控制部分选层器失灵,井道上换速开关、极限开关等失灵也会发生冲顶事故。

(2) 处理方法

① 轿厢有一定自重。

② 对重平衡系数 K 应为 $0.4 \sim 0.5$。

③ 补偿装置应符合要求。

④ 应经常检查制动器线路及有关元器件,绝不允许发生电动机断电后制动器不能同时制动的情况。

⑤ 查明快速运行继电器、控制部分的选层器、井道换速开关、极限开关等故障原因后,及时更换元件或修复。

2. 轿厢蹾底

(1) 轿厢蹾底的原因

① 对重太轻,对重平衡系数小于 0.4。

② 轿厢内载重量超过额定载重量,称重失效不起作用。

③ 曳引轮绳槽槽形与钢丝绳不匹配,或槽形严重磨损。

④ 电梯不具备完好的补偿装置。

⑤制动器失效,在电动机断电后,制动器未能立即动作合闸,或制动器本身制动力矩太小。

⑥曳引绳与绳槽间润滑过度引起打滑。

⑦导向轮安装位置不符合规范,致使钢丝绳在曳引轮上的包角达不到150°而引起失控打滑。

⑧限速器安全钳失效,当轿厢下行速度已超过额定速度115%以上时,限速器安全钳未能动作,停住轿厢。

⑨由于控制部分选层器、井道换速开关、极限开关、快速运行继电器故障而引起撞底。

(2)处理方法

①校正对重平衡系数。

②不准超载,修复称载保护装置。

③处理曳引钢丝绳与绳槽的匹配,合理润滑,调整导向轮位置使钢丝绳包角符合规定。

④应装设合乎要求的补偿装置。

⑤修复制动器,要保证能按要求合闸和松闸。

⑥修复限速器安全钳组成的超速保护装置,应使其能按要求起保护作用,卡住轿厢。

⑦查明快速运行继电器、控制部分的选层器、井道换速开关、极限开关等故障原因后,及时更换元件或修复。

四、电梯突然停车

1. 电梯轿厢坠落

在运行中的电梯轿厢突然坠落,是由于钢丝绳断裂或钢丝绳绳头突然失效造成的。只要平时能注意对曳引钢丝绳的断丝磨损情况实施有效的监控,经常检查钢丝绳绳头的完好情况,及时予以维护检修,这种情况是完全可以避免的。

在检修中电梯轿厢突然坠落的原因主要有下列情况:

吊起轿厢只用手拉葫芦未用保险绳保险,一旦葫芦有故障就会导致轿厢下坠;起吊葫芦或保险绳生根处未按安全要求做(如填以木板麻布,防止锐角割断吊索)以致葫芦或保险绳脱开生根位置,使悬吊物件下坠;起吊轿厢未卸去补偿绳或链,轿厢向上吊起时,补偿绳或链对轿厢产生倒拉,使葫芦或吊索断裂,悬吊物下坠。

只要按安全操作规程切实执行,以上这些问题都是可以防止和避免的。

2. 电梯轿厢空中停车

(1)电梯轿厢发生空中停车故障的原因

①电源问题。外电源突然断电引起电梯在行驶中突然停车。电源缺相,相序继电器动作,使电梯空中停车。

②由于电流过大,总开关熔丝熔断,或自动空气开关跳闸而造成电梯空中停车。

③由于开门刀碰撞门锁滚轮,使锁臂脱开,门锁开关断开而发生电梯空中停车。

④由于限速器安全钳误动作,致使电梯突然断电停车。

(2)排除电梯轿厢空中停车的方法

检查外电源断电原因,并设法迅速恢复正常供电。如外电源断电时间较长,应通知维修人员放出关在轿厢内的乘客。如由于缺相或相序有问题,应立即纠正相序,消除错相情况,恢复电梯运行。

如由于电流过大,应消除原因,更换熔丝或重新合上空气开关,恢复电梯正常运行。

如因门刀碰撞门锁滚轮而停车,应调整门锁滚轮与门刀位置,消除碰撞情况,使电梯正常运行。

检查限速器安全钳误动作原因,排除故障,使电梯恢复正常运行。

(3)电梯故障关人的解救方法及步骤

①注意事项

电梯乘客被困解救工作,必须由受过培训考核合格并持有电梯安装维修上岗证书的人员进行。

盘动电梯时,要小心缓慢地释放制动器,以免轿厢与对重的重量不平衡而导致电梯失去控制。

切记驾驶员或乘客不应从轿厢内向外爬出或跳出层站。

②处理方法

切断机房总电源。

查看被困楼层。

预先通知被困乘客:安心等待解困,不会有任何危险,切勿自行离开轿厢,并需给予配合。

拆除制动器接点盖及电动机轴保护盖。

把释放杆(即松闸装置)及曳引手轮装上。

在操作时,请注意电动机上的方向指示及确定盘动方向到达最近层楼。

缓慢拉动松闸扳手(或松闸杆)及盘动曳引手轮。

注意曳引钢丝绳的平层指示线。

盘动轿厢至接近平层楼面(在开门区域内)。

确认制动器合闸、拆除松闸装置和拆去曳引手轮(固定式曳引手轮不必拆除)。

用紧急钥匙开关打开电梯层门和轿门,把被困乘客放出。

在确认所有被困乘客离开轿厢后,把电梯层门轿门关闭。

五、紧急操作装置

1. 盘车手轮和制动器扳手

盘车手轮一般安装在曳引机的电动机主轴端,有的直接放在机房明显的位置。当电梯因停电故障或其他故障原因造成电梯轿厢停在两个楼层之间时,为了将困在电梯轿厢中的人放出来,必须在机房由两人配合操作,一人用松闸扳手打开电磁制动器。同时另一人用盘车手轮按照曳引机上标明的旋转方向手动转动电机,将电梯轿厢移动到最近层站的平层位置,然后将门打开放出被困的乘客。

在进行可拆卸手动盘车轮盘车时,盘车手轮位置应有安全开关动作,切断电梯的安全回路。

2. 人力移动轿厢的安全操作

盘车时应切断电梯电源状态下进行;

操作应由两人进行,一人操作制动扳手,一人盘动手轮。

涂以红色漆的制动器扳手和涂以黄色漆的盘车手轮应放在明显位置。

3. 紧急电气操作

装有额定载荷的轿厢所需操作力大于 400 N 的电梯,应由紧急电动进行电气装置驱动主机,并在机房内设置符合安全要求的紧急电动运行开关。

(1)紧急电动开关应由转换开关和操作按钮组成,位于机房易于直接观察电梯驱动主机的地方。

(2)方向按钮是自复式且控制轿厢点动运行,按钮应标明运行方向。

(3)转换到紧急电动运行后,应切断轿内、轿顶以外的所有电路。

(4)紧急电动运行时应切断安全钳开关、限速器超速开关、限速器张紧开关、缓冲器复位开关、电气式极限开关等失效安全装置。

(5)电梯运行速度不得大于 0.63 m/s。

4. 紧急报警

(1)在轿厢内应设置自动再充电电源供紧急报警装置和紧急照明用,在正常照明电源一旦发生故障情况下自动接通使用。

(2)在轿厢、机房、维修值班室之间应设置应急供电的对讲机或类似装置。

(3)在井道内存在发生被困危险处设置紧急报警装置。

5. 紧急开锁

(1)每个层门应设置规定的与开锁三角孔相配的钥匙能将门开

启,在检修作业或解救轿厢被困乘客时使用。

(2)在解救轿厢被困乘客时,必须在机房用手动盘车的方法将电梯轿厢移至平层位置。

(3)该钥匙应附书面说明,详述必须采取的预防措施,以防止开锁后,没有及时有效地重新锁上而可能引发事故。

(4)该钥匙由专人负责保管。

思考题

1. 电梯的常见故障判断和处理有哪几种方法?
2. 运行中紧急故障处理有哪几种方法?

第七章 电梯的安全操作

要使一台电梯能正常安全运行,并经常处于良好状态,除了要求有好的电梯产品质量,安装技术符合国家规定技术条件及安装规范,定期对电梯进行维护保养外,还与电梯司机的素质有密切关系。一个素质良好的司机能使自己掌握操纵的电梯一直处于良好的运行状态,对平时电梯上所出现的小问题应能自行解决,大问题能及时通知合格检修人员处理,使电梯故障减少,延长电梯使用年限。若电梯司机素质差,或电梯根本无人管理也无专门司机,这样电梯较容易损坏,小毛病造成大问题,大问题造成电梯停驶,严重的也会造成工伤事故。所以为了确保乘客与设备的安全,电梯司机应派专职人员担任并经过专门培训,应知应会考试合格,经有关主管部门审核取得特种作业操作证者,才能驾驶电梯,无证者不准上岗。对轿外操纵的杂物电梯也必须有专人管理,对使用人员也必须组织学习有关电梯运行的安全知识和使用中注意事项,以确保电梯安全运行。

第一节 对电梯司机的基本要求

一、基本要求

(1)电梯司机应由具有初中以上文化、身体健康的人员担任。患有心脏病、高血压、精神病、耳聋眼花、智力低下的人员,不能担任电梯的驾驶工作。因为电梯是上下垂直运输设备,频繁的上下启动停止,人经常处于加速度及颠簸状态,时间长了会使患者身体疲劳或精神高度紧张,从而操作中产生误动作,影响电梯安全运行,造成事故。

(2)电梯司机应有一定的机械电气基础知识,了解电梯的基本结构、主要零部件的形状、安装位置和作用,了解电梯的启动、加速、减速、平层等运行原理。

(3)电梯司机应掌握所操纵电梯的基本规格参数,包括服务对象、井道、层站数、层楼提升高度、额定速度、载重量、拖动方式、厅轿门型式、控制方式等,熟悉电梯在建筑物中的位置、本楼的通道及紧急出口、维修值班室位置及联络电话。

(4)电梯司机应掌握电梯的各种安全装置、连锁装置的构造及安装位置,会使用操纵盘上的各按钮、开关,熟练掌握电梯和各状态下的操纵方法,并能对电梯运行中突然出现的停车、失控、冲顶、蹲底等故障临危不惧,如故障时有乘客,应能采取正确的处理方法,安定乘客情绪,最终将乘客安全送出轿厢。

二、电梯司机"三好""四会"

1."三好"

(1)管好:自己所开的电梯,未经批准不许他人操作,更不允许无证人员操作;轿厢内设备完好齐全,不得丢失;每日做好运行记录及交接班手续。

(2)用好:严格遵守安全操作规程,防止事故发生;不超载使用,保持轿内与周围设备、操纵盘整洁。

(3)修好:弄懂电梯的性能与工作原理,在维修工的指导下进行日常保养,参加电梯的检修与验收工作,在与维修工配合时,监护维修人员的安全。

2."四会"

(1)会使用:熟悉本台电梯的操作程序和安全操作规程,正确合理操纵、使用电梯。

(2)会保养:厅轿门地坎清洁,保证厅轿门开闭灵活、可靠;保持轿厢清洁,零件完整、有效。

(3)会检查:要勤看、勤听、勤摸、勤检查,通过听、看、摸、闻的情况及时发现隐患,尽早排除故障。应了解技术检验检查项目和零部件更新标准。

(4)会排除简单故障:能排除一般简单故障(如厅外按钮卡住造成本层呼梯开门,不关门起车;货梯硬门刀关门轮未回位;地坎不清洁造成门关闭不到位不起车等)。在出现紧急情况时能采取应急措施把乘客安全送出轿厢至层楼,出现故障后及时报告并做好记录。参加故障的排除、分析工作,总结经验提高使用水平。

第二节　电梯安全操作

一、司机在电梯行驶前的检查

司机在电梯运行前,应认真听取上一班司机介绍运行情况,查看运行记录,并对电梯做运行前检查,包括以下事项。

(1)开启层门(或层门自动打开)进入轿厢前,必须确认电梯轿厢在本层后再进入轿厢,切勿盲目闯入造成跌入井道事故。

(2)开启轿厢照明,检查操纵盘上各按钮、开关、指示灯是否完好。

(3)检查层、轿门是否灵活可靠,自动门装置动作是否正常,层、轿门地坎槽内有无杂物。

(4)工作前,将电梯试运行数次,应逐层停站,注意平层准确度是否在规定范围内,电梯运行中有无异常、异响。

(5)操纵盘上各按钮、开关、层楼显示应正常,对外联络装置,如电话、警铃应完好正常。

(6)厅、轿门门电锁、门连锁开关工作应正常,如门未完全关闭则电梯不能启动,层门关闭后不能从外面扒启,层门与轿门开闭无卡阻和异响。

二、电梯司机在电梯运行中注意事项

(1)电梯司机在工作时间应坚守工作岗位,不擅离电梯。如必须离开,应将轿厢停于基站,切断操纵盘电源开关或电梯锁梯,关闭层门。

(2)轿厢的运载重量,不允许超过电梯额定载重量和规定乘客人数。

(3)不允许乘客电梯经常作为载货电梯使用。

(4)不许装运易燃易爆等危险品。如遇特殊情况,需经管理部门批准,并采取安全保护措施。

(5)严禁在层门的轿门开启的情况下,用按应急(厅锁短接)按钮的方法控制电梯用检修速度做正常行驶(当有此应急功能时)。

(6)不允许在电梯正常行驶而无异常情况时,按急停按钮做消号等操作。

(7)不允许开启轿顶安全窗或后门来装运长物件。

(8)劝告乘客勿倚靠厢门。

(9)轿厢顶上部不得放置其他物品。

(10)在个别情况下,平层准确度不能满足要求时,可以在门区附近用慢速再平层。

(11)如电梯为手柄操作或老式信号电梯,在运行中不得突然换向。必须换向时,应先使电梯平层停站后再换向运行。

(12)手柄开关控制的电梯,应装好货物关好门后启动电梯,停层后开启层、轿门。不允许用层、轿门的启闭做电梯的启动或停止控制。

(13)运载货物时,应尽可能平稳地将货物放在轿厢中间,或对称平稳码放,避免放在轿厢一边或一角落,避免运行中倾倒。

(14)货梯载重应注意无重量标记的货物,切勿低估其重量,当发现电梯启动时,上行速度减慢或下行速度加快时,说明超载,应立即停车卸货后再启动。

(15)不要让乘客在轿厢内蹦跳,以免安全开关或安全钳误动作而发生困人事件及其他故障。

(16)在轿厢未停妥站(包括自平层慢速)时,不准开启轿门与层门使乘客出入,以防造成伤亡事故。

(17)电梯司机应仪表大方、文明礼貌,注意语言文明与艺术,不与乘客争吵。服务时不做私活,不与亲朋闲谈。

(18)电梯运行时如发生停电,对于手柄操作的电梯,应将手柄回至中间位置。

(19)任何人不得在层、轿门之间骑跨位置逗留,轿厢内不允许吸烟。

(20)在电梯运行中司机不得用对外联络装置聊天。

三、电梯停驶后的注意事项

(1)当日工作完毕后,司机应将电梯返回基站停放。

(2)司机要做好当日电梯运行记录,对存在问题及时报告有关部门及检修人员。

(3)做好轿内外清洁工作,清除层、轿门地坎槽内的杂物垃圾。

(4)关闭轿内照明、风扇及电源开关,关好轿门层门,并检查层门不应在外扒启。

(5)做好交接班工作。

四、当电梯发生如下故障时应停开进行检修

(1)当电梯层门、轿门关闭后,电梯不能启动运行时。

(2)电梯行驶中如发生运行速度有显著升高或降低时,应把电梯

就近停站,将乘客送出轿厢,将电源开关或急停开关关闭,通知检修人员。

(3)当发现层门或轿门未关闭而能启动电梯时,应立即将电梯停止使用,关闭电源,通知检修人员检查门电锁或门锁继电器触点等。

(4)当发现行驶方向与操纵方向或指令方向相反时,应立即停车,通知检修人员检查相序。

(5)电梯行驶中,突然停电,司机首先切断电源,如为手柄操作,将手柄回至零位。严肃劝阻乘客企图跳出轿厢等举动,并用通讯设施与外部联系。如停电时间较短,可将电源恢复后再开动行驶。如停电时间较长,司机应通知检修人员到机房,用抱闸扳手松开抱闸,人工用盘车手轮将电梯移动至就近层站开门区,将乘客运出轿厢,同时关闭所有开关及层轿门。

(6)当平层准确度超过允许值较大时,立即停车检修。

(7)轿厢在运行中,发觉有异响、噪声异常、撞击声或较大振动、冲击时,立即停止运行,关断电源,通知维修人员检查。

(8)电梯正常运行中,安全钳误动作,司机应立即切断电源,通知维修人员检修。

(9)当电梯超越端站位置仍继续运行时,说明极限保护开关无效,应立即关断电源,或将急停开关打下,使制动器失电而制动,通知检修人员。

五、电梯日常安全管理制度

(1)电梯机房门必须锁好,管理好。通往机房的通道必须畅通。

(2)机房内保持空气流通,有足够的照明,应配齐消防器材。

(3)机房应防止屋顶漏雨,门窗应关妥,以防电气设备淋雨。

(4)不得将机房作其他用途(如居住或储存杂物)。

(5)日常应保持轿厢内外及门地坎槽的清洁,厅外通畅,并有足够的照明。

(6)轿顶应定期清洁,无尘土杂物堆积。

(7)电梯井道底坑必须防止积水、进水及进入易燃物,底坑应定期清扫,如发现积水要及时排除。

(8)除特别设计的载货电梯之外,轿内不得用机动叉车装卸货物。

(9)勿让儿童单独搭乘电梯。勿用硬物敲打操纵箱及按钮。轿内禁止吸烟。

(10)层门紧急开锁用的机械钥匙(三角孔、四方孔等钥匙)应由持证管理人员保管,勿交给其他人,以免发生意外事故。

(11)建立并严格执行各项安全管理制度,电梯必须经有关部门安全年检合格发证后使用。

第三节 电梯的操作方法

电梯的种类较多,性能也都不一样,就是同一种性能的电梯也有不同的操作方法。但是每一种电梯都有操纵箱,有的在轿厢内,有的在轿厢外,上面集中地装置了使电梯运行的各种控制按钮和指示灯。电梯的自动化程度越高,电梯的操作程序越简单,但不论何种电梯,总是向上或向下运行,按轿内的信号命令或各楼层的外召信号的要求而启动、运行、减速、平层、停车开门。

另一方面,任何电梯在运行之前必须先关闭电梯的轿门、层门,以保障乘客安全。电梯从轿门电锁及层门电锁的接通而判断门已关好,从而启动运行,而当电梯到达目的层楼后必须开门,以便乘客的出入。

一、杂物电梯(轿厢外按钮控制)操作方法

杂物电梯主要指不载人的电梯,一般载重量在 200 kg 以下,轿厢高度不超过 1.2 m,轿厢(称吊箱)面积不超过 1 m^2,广泛用于工

厂、饭店、商店、图书馆等场所,作小型杂物垂直运送。这类电梯操纵箱安置在每层层门一侧由各层工作人员自行操纵。

1. 操纵方法

(1)闭合电源开关。这类电梯电源开关,一般设于基站操纵箱下方。

(2)开启层门、吊箱门,开亮箱内照明。注意应在本层开启,不在本层应打不开。

(3)装好货物。

(4)关好吊箱门、层门,并确认门锁已闭合。

(5)按下所需到达的某一层站的按钮,电梯自动启动运行,到达预定层站时,在分层开关作用下将控制电源切断使电梯失电,制动器刹车,电梯停止运行。

2. 使用时注意事项

这类电梯层门上均装有机械连锁,当电梯到站时,该层操纵箱上对应层灯亮、铃响或具有层楼数字显示到达该层。当等候在层门口的工作人员看到电梯到站停稳后,打开层门口急停开关或自锁按钮,即可以从厢外开启层门及吊箱门将货物取出。

当取出货物后工作人员必须重新关好吊箱门及层门,恢复急停开关,这样使其他层站需要电梯时可以操作,也可将电梯送回原站。如未将层门、吊箱门关好,电梯就无法启动运行。这类电梯操作时,不要同时按两个按钮,以防电气设备损坏及货物不能到达目的层站,并严格禁止把头或身体伸入井道内观察电梯位置及运行情况。

二、载货电梯

(一)轿内手柄控制、自动平层、手动开门

1. 正常运行操作

这类操纵方式的货梯,自动化程度低,只能用于低速交流电梯,配有专职司机。它用一只手柄开关控制电梯的运行,轿门上设有观察孔观察楼层。操作方法如下：

(1)在基站用层门机械钥匙将基站(该层)层门打开,确认轿厢停在基站(该层)后,进入轿厢,打开照明。

(2)闭合电源钥匙开关,电源指示灯亮表示控制系统有电。

(3)装货物,注意均匀平稳,不超载。

(4)手动关好层门、轿门,注意使层门、轿门电锁开关接触好。

(5)将手柄开关操纵柄打下便于操作,将手柄扳到所需运行方向位置(操纵盘上有中文标注或箭头),这时电梯按预选方向启动,自动加速至额定速度运行。在运行中,司机不能松开手柄。

(6)当电梯运行至目的层前 1 m 左右时(从观察孔可以看到标记线位置),司机将手柄松开回至中间零位,电梯自动从快速转换成慢速运行,进入门区平层位置后,自动停车。

(7)电梯自动停车后,手动开启轿门、层门。一次运行结束。

有的电梯用"向上"、"向下"按钮代替手柄开关,其操作方法与手柄开关相似,只是用按钮代替手柄开关。

这类电梯轿门一般采用交栅门或有玻璃观察孔的封闭门,在电梯井道牛腿处及层门上标有醒目的层楼数字码,以便司机随时观察电梯运行方向及位置。司机必须掌握到站停车手柄(按钮)松开时间,避免电梯运行过站再倒回来。

电梯在运行中不允许换向运行,需要换向时应先停止在某个层站后,再换向运行。

这类电梯一般无超载安全装置,司机要控制实际装载量,使其不超过电梯额定载重量。

应急按钮是在检修时短接门锁电路的,平时不得使用,严禁开门走车,当与检修人员配合时或平层精度差需在门区进行调平时,才可使用。不得以慢速作为正常速度使用。必须关好层、轿门,以免他人误坠入井道。

此类电梯当有人呼梯时(按层门外按钮时),轿内有呼梯铃响和呼梯指示灯。呼梯信号消除有自动、手动两种;自动时轿内只有到达该层信号自动消失,手动由司机按消号按钮消除呼梯信号。

2. 检修情况下操作

司机或检修人员进入轿厢,打开照明开关、电源开关,拨动检修开关(一般面板上标记为"慢车"),使电梯只能以检修速度(慢速)运行。

(1)当按下应急按钮后,可以短接门锁,电梯能在层门、轿门不关闭下慢速运行。

(2)检修运行时,司机要服从维修人员指挥上、下呼应后,才允许启动电梯。

(3)根据维修人员口令要求,在按住应急按钮同时,将手柄扳向电梯需要运行的方向,电梯即开门慢速启动运行。根据维修人员口令,松开手柄开关,电梯即停车。

(4)电梯检修完毕后,全部开关恢复到正常位置,并进行试车运行。

(二)轿内手柄控制、自动平层、自动开门

在轿内手柄控制操作自平层的基础上,加上自动门装置就成了轿内手柄开关操作自平层自动开门电梯。它的正常操作方法及检修操作方法与手动开关门电梯类似,只是电梯启动前,当手柄位置扳到一半位置时,开关门电动机驱动轿门并带动层门关闭。层轿门关好后,将手柄扳到底,电梯就按预定方向启动运行。电梯到达目的层前1 m左右,松开手柄开关,电梯自动平层,自动打开层、轿门。

手柄控制电梯在上、下端站处,应严密注意井道层标,及时松手,以防冲顶或蹲底。如超过层标未松手,电梯由于轿厢碰板触到强迫减速开关而自动减速。当发现此时未能减速时,应立即松开手柄,待电梯自动平层停稳后,及时通知检修人员进行修理。

(三)轿内按钮控制、自动平层、手动开门

在按钮控制自动平层电梯的基础上,加上自动门装置,就成了轿内按钮控制自动开关门自动平层电梯。它的操作更简便,它用关门按钮控制开关电机,驱动轿门并带动层门关闭。作为货梯,一般无防夹人的安全门扇,关门为点动关门。操作时,应先平稳装好货物,开关门过程中确定无阻挡且无人出入,这时按目的层按钮,对应钮应答灯亮,按关门按钮关门,在关门过程中如发现有人出入应立即松手,门自动停止。连续按住关门按钮,轿门带动层门关闭且门电锁接通后,电梯自动启动、加速、匀速运行,电梯运行后可松开关门按钮,运行中门不会打开。到达预选层后,对应层按钮灯灭,自动减速、平层、停车开门。厅外有人召唤时,操纵盘上还设有对应的各层召唤显示灯。外召唤只起通知作用,当轿厢无货物时,可以登记选层,去召唤层运送货物。无超载装置时应注意货物重量及轿厢额定载重量,严禁超载运行。

这种电梯在操纵盘上采用了层楼按钮选层,取代了手柄,其操作方法与手柄控制基本相同。

(1)司机用层门钥匙打开基站层门,确认轿厢在该层后进入轿厢,开亮照明及电源。

(2)手动打开轿门,平稳装好货物,手动关好层门、轿门。

(3)按下所需到达某一层站的按钮,在正常情况下,按钮灯亮表示电梯已应答,电梯自动启动、加速、匀速运行,到达预选层站前,电梯自动减速、平层停车。

(4)电梯停稳后,手动打开轿厢门、层门,一次运行结束。

此种电梯的检修操纵与手柄控制操作相同,只是此类电梯用慢上、慢下按钮操纵取代了手柄。

三、乘客电梯

(一)信号控制、按钮操作电梯

信号控制乘客电梯,设有专职司机,其自动化程度较高,但外召信号在轿内只是显示、通知司机,不参与电梯运行控制,司机可在轿

第七章 电梯的安全操作

内对乘客要求及外来召唤进行轿内指令登记,然后只需按方向启动按钮,电梯即可以顺向依次停靠。

操作方法(假设电梯在基站准备向上运行)如下:

(1)司机在厅外用钥匙打开电梯,轿门与层门自动开启。

(2)开亮轿内照明灯。

(3)接通电源开关,电源指示灯点亮。

(4)按消号按钮,使原有的召唤信号全部消去。

(5)乘客进入轿厢,司机应注意,乘客人数不能超过额定载客人数。

(6)根据乘客的去向、要求及顺向召唤信号,司机在轿内进行指令登记。

(7)按向上启动按钮,电梯就自动关门启动,加速后匀速运行。

(8)当电梯行驶到接近登记信号中最近层站时,就会自动减速、平层、停梯开门。一次运行结束。

之后,司机只需重复按向上启动按钮,电梯就按登记信号的层站依次逐层停靠。当停靠中又有乘客进入轿厢时,司机也必须对其去向登记。

使用时要注意:电梯在向上运行中,凡在电梯运行位置的上层站有向上召唤信号时,司机也要进行轿内登记,等待电梯行驶到最高层需向下运行时再进行向下召唤信号登记。在电梯运行位置以下的层站有向上召唤信号,则要等电梯回到基站第二次向上开始运行时进行登记。

电梯向上运行到最高层或轿内已无乘客要求继续上行,电梯运行位置以上的层站也无向上或向下召唤信号时,司机可按向下启动按钮使电梯向下运行,返回基站。召唤信号待电梯按召唤信号停站后能自动被消号。

此类电梯在操纵箱上设有一急停按钮,或无急停按钮但有一电源钥匙或司机一检修转换开关。当电梯发生不正常情况,可按急停按钮使电梯立即停止,或关闭电源钥匙或将司机状态转为检修状态,使电梯停止,以便及时采取措施,防止事故发生。当按启动按钮时,电梯自动关门,由于门电锁接触不良,电梯无法启动,这时,可按开门按钮开门,重新关门启动。

(二)集选控制电梯

集选控制电梯,为有/无司机两种操纵方式,其运行性能与信号控制相似,但自动化程度更高。它不但有轿内外指令登记、自动平层、自动开关门功能,在"自动"状态下,还有自动应答厅外召唤,厅外召唤可顺向截梯。当设有专职司机时,可将电梯设为司机操纵方式进行操作。

这类电梯,其本身设施也比较完善,有轿厢重量称量装置,轿内有超载灯,当超载时,电梯门不能关闭,电梯也不能运行,司机应劝说后上者下梯卸载,待下次来接。厅外设有满员灯,当轿厢重量达到一定程度,电梯不应答顺向外召唤而直驶通过,厅外满员灯通知厅外呼梯人员已满员,待下次接送。另外,操纵箱内也设有一直驶按钮,在司机操纵方式下起作用,当乘客人数较多,或有人急用时,按住此钮,对目的层站外的顺向外召唤不应答,而直接到达目的层站,此时,厅外满员灯也亮。

电梯门在司机操纵方式下,为点动关门,操作时按住关门钮(松开门停止关闭),待电梯启动后松开。设有防夹人安全保护,在关门过程中有人突然进入,触碰到安全防夹装置或被光电防夹装置检测到,门自动打开,即使按住关门钮也不起作用。

此类电梯,在司机状态下,外召唤不仅起到通知司机乘梯要求,且当电梯运行方向与召唤要求方向一致时,电梯经过该层,将自动减速停梯开门,将召唤乘客接入轿厢,然后司机按其要求的目的层进行轿内登记,将客人送到目的层。此功能即为顺向截梯。与运行方向相反的外召,登记后,保号,待与其运行方向一致时,执行顺向截梯功能。可见外召信号参与了电梯的部分控制。

当电梯设为无司机(自动)操纵方式时,电梯门自动延时关闭,当有外召唤信号时,电梯自动启动运行至外召信号层接送乘客。

在司机状态下,还有自动反向功能。一般在操纵盘下方设有一操纵盒,内设司机、自动、检修转换开关及灯、风扇开关、急停开关等。其中设有上、下及直驶按钮,当电梯在中间某层位置,而已登记了高层指令,电梯方向处于上行,此时有病人或其他急需要求下行,此时可登记下行目的层指令,关门以前,只需按下行按钮,电梯自动改为下行方向,关后电梯向下运行。注意在运行中,不得使用。当电梯设为无司机状态时,司机专用操纵盒必须锁好,防止他人拨动内部开关。有的电梯还设有"独立服务"或"专用"开关,其功能是,在此状态下,外召唤信号一律不予应答,选层后点动关门,启动后松开关门钮(或按目的层站同时执行点动关门),到达目的层自动平层开门,不关门,与司机状态相似。

当外召盒仅有一个方向召唤按钮时(中间层),则为单集选控制,仅有下召唤为下集选,反之为上集选。

有多台集选控制装在一起,一般采用并联(两台)或群控。并联或群控装置,自动调度调节层召唤,提高电梯的使用率。集选电梯采用无司机状态,轿厢装有超载、满员装置,以保证电梯安全运行。无司机状态能自动延时关门,根据轿内指令和厅外召唤开往各层。

四、电梯在检修中司机的操作配合

当电梯出现故障后,司机除了详细向维修人员介绍故障出现的现象及过程外,还常配合检修人员进行电梯的驾驶,并监护维修人员的安全。

(一)检修人员上轿顶时

(1)电梯轿厢内有应急(门锁短接,慢车行驶)按钮及检修慢车操作功能时,假设电梯停靠在二层,司机操作顺序及方法如下。

①司机进入轿厢接通电源,开亮照明灯,若有专门轿顶照明开关

也打开。

②拨动检修开关,使电梯处于慢车状态。

③检修人员推住层门,司机同时按慢速向下及应急按钮,电梯慢速向下运行,当电梯向下行驶到轿厢上坎与外层地坎平时,听取维修人员观察后的指令,松开两按钮,司机将急停按下,这时检修人员可进入轿顶。

④检修人员进入轿顶后,司机应提醒维修人员打开照明,将轿顶检修开关闭合,人员站到适合的地方,即使电梯误动作也不会危及维修人员,司机向轿厢内侧站立,听从维修人员指令,如要求关门,复答确认后将门关闭,由维修人员操纵电梯。

注意事项:应急按钮只能在慢车状态使用,正常运行时严禁使用该按钮。

在与检修人员配合时,司机要听清检修人员的指令,应进行复答确认,不能在未听清检修人员信号时自行启动电梯;并在电梯运行中,随时注意检修人员的召唤,随时准备停车。

(2)当轿内无应急、慢车操纵装置时,假设在3层平层停车,司机操作顺序及方法如下。

①司机进入轿厢,按维修人员要求,选择下一层即2层指令,关好层轿门,电梯快车向下运行。

②当维修人员用机械钥匙开启层门使电梯停止在非平层区,维修人员可以进入轿顶位置时,说明该层门电气连锁装置有效。司机应将操纵盒内急停按下,同时提醒维修人员打开照明,不要关闭层门,将轿顶检修开关打开,人员站在合适的中间位置,即使电梯轿顶检修无效而走快车维修人员也无危险时,再关闭层门。司机与维修人员复答确认后,再恢复轿内急停,由维修人员操作。若恢复后,电梯走快车,说明轿顶检修开关无效,司机应立即按下急停,使电梯停止,维修人员先进行检修开关及线路的修复。

③当层站距离较短时,快车至2层后,电梯已停车开门,此时司

机应用手推住安全扇或按住开门钮,使电梯不关门,然后将操纵盒上的急停按下,待维修人员进入轿顶后,其顺序同②,并随时提醒维修人员"当心""注意"等。

(二)检修人员下底坑时,司机的操作顺序、方法

(1)当轿内有应急、慢车操作装置时,电梯首先行驶到下端站,检修人员推住层门,司机按下检修开关,同时按慢上按钮和应急按钮,电梯慢速向上启动,当电梯距下端站层门地坎足够距离时,听准维修人员的指令,松开两钮使电梯停车,并按下急停按钮。检修人员可进入底坑,检修人员在底坑要求电梯运行,司机也要应答,按要求做正确的操作,无特殊需要向下运行至距离端站层门地坎 1m 时,应即停车。若维修人员要求开到底站平层时,司机在接近底站时要告诉检修人员"电梯快到底站了",以便引起维修人员的注意。

(2)当电梯轿内无检修操纵装置时,维修人员应有一方进入轿顶,与底坑维修配合,进入轿顶顺序如前所述。司梯人员应随时注意电梯的动态,做好监护、提醒工作,必要时按下急停按钮。

思考题

1. 电梯司机应符合什么基本要求?
2. 电梯安全操作要求是什么?
3. 叙述电梯的操作方法?

第八章 自动扶梯及自动人行道

第一节 自动扶梯及自动人行道的结构

一、结构特点

国家标准 GB 16899—1997《自动扶梯和自动人行道的制造与安装安全规范》中自动扶梯和自动人行道的定义为：自动扶梯是带有循环运动梯路向上或向上倾斜运送乘客的固定电力驱动设备；自动人行道是带有循环运动走道（如板式或带式）水平或倾斜运送乘客的固定电力驱动设备。由此可见，自动扶梯是一种倾斜运输机械，自动人行道除用作倾斜运输外，还用作水平运输。

自动扶梯和自动人行道是用电力驱动，在一定方向上（上行或下行）或水平方向（前行或后行）能够大量、连续运输乘客的开放式运输机构，具有结构紧凑、安全可靠、舒适美观、安装维修简便等特点。其运输能力是垂直间歇工作电梯的十几倍。因此，在客流量集中的场所，如百货商场、购物中心、火车站、地铁站、机场、码头、人行道等处，得到广泛的应用，见图 8-1。

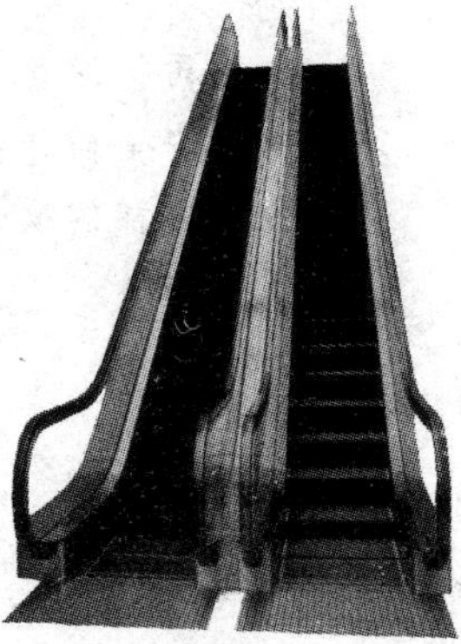

图 8-1 常见自动扶梯

自动扶梯和自动人行道的结构和工作原理十分相似,在此,主要以自动扶梯为例来介绍有关内容。

二、分类

扶梯可从不同的角度进行分类。

(1)按驱动方式分类:有链条式(端站驱动)和齿条式(中间驱动)2类。

(2)按使用条件分类:有普通型(每周少于 140 h 运行时间)和公共交通型(每周大于 140 h 运行时间)2 类。

(3)按使用场合分类:有室内用和室外用 2 类。

(4)按提升高度分类:有小提升高度(最大至 8 m)、中提升高度(最大至 25 m)和大提升高度(最大至 65 m)3 类。

(5)按扶栏结构分类:有全透明无支撑、全透明有支撑、半透明和不透明 4 类。

(6)按运行速度分类:有恒速(额定速度)和调速 2 类。

(7)按梯阶轨迹分类:有直线型、螺旋形、跑道性和回转螺旋形 4 类。

第二节 主要参数和零部件及安全防护装置

一、主要参数

(一)额定速度(v)

指自动扶梯和自动人行道的梯级、踏板或胶带在空载情况下的运行速度,也是由制造商所设计确定并实际运行的速度(m/s)。

(二)倾斜角(α)

指梯级、踏板或胶带运行方向与水平面构成的最大角度,通常为

30°或35°。

(三) 提升高度（H）

指扶梯的上工作点（上基点）与下工作点（下基点）的垂直高度差，即扶梯的出发层与目的层的垂直高度差(m)。

(四) 梯级宽度（Z_1）

指梯级的名义宽度(mm)，与自动扶梯或自动人行道的理论输送能力有关，理论输送能力按下列公式计算

$$C_t = \frac{v}{0.4} \times 3600 \times k$$

式中，C_t——理论输送能力，人/h

v——额定速度，m/s；

k——系数。

常用的梯级宽度对应的 k 值分别为：$Z_1=600$ mm，$k=1.0$；$Z_1=800$ mm，$k=1.5$；$Z_1=1000$ mm，$k=2$。

(五) 阶梯水平段（L）

指扶梯进出口处梯阶保持水平运行距离(mm)。

当额定速度小于或等于 0.50 m/s 时，阶梯水平段为大于或等于 800 mm。

当额定速度小于或等于 0.65 m/s 时，阶梯水平段为大于或等于 1200 mm。

当额定速度小于或等于 0.75 m/s 时，阶梯水平段为大于或等于 1600 mm。

二、主要零部件

扶梯主要由桁架、驱动机、驱动装置、张紧装置、导轨系统、梯阶、梯阶链或齿条扶栏、扶手带以及各种安全装置等组成，见图 8-2。

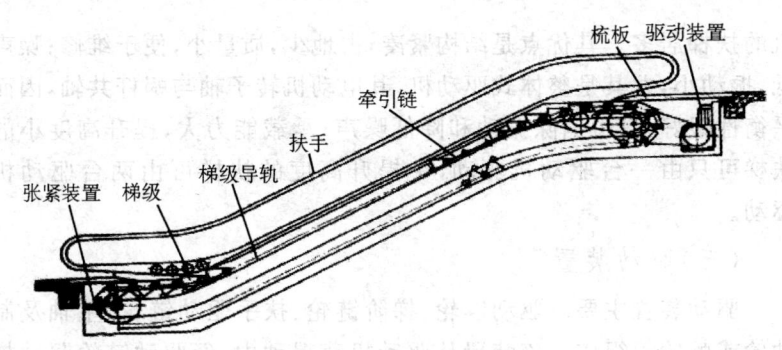

图 8-2　扶梯主要组成

(一) 桁架

桁架是扶梯的基础部件,扶梯所有的零部件都将装配在一金属的桁架中。目前,绝大多数普通型扶梯桁架是以角钢等型钢为主要材料制成的,公共交通型扶梯桁架以各种规格的方形管与矩形管为主要材料焊制而成。

对于桁架结构设计,既可以采用整体焊接桁架,也可采用分体焊接—装配桁架。

分体桁架一般由三部分组成,即上平台(上部桁架)、中间桁架与下平台(下部桁架)。其中,上平台与下平台相对而言是标准的,只是由于额定速度不同而涉及梯级水平段不同,影响到上平台与下平台的直线段长度。中间桁架的长度将根据提升高度而变化。

为保证扶梯处于良好工作状态,桁架必须具有足够的刚度,其允许挠度,一般为扶梯上下支撑点之间距离的 1/1000。必要时,扶梯桁架应设中间支撑,不仅起支撑作用,而且可随桁架的膨胀和收缩自行调节。

(二) 驱动机(以链条式为例)

驱动机主要由电动机、蜗轮蜗杆减速机、链轮、制动器(抱闸)等组成。就电动机的安装位置可分为立式与卧式,目前采用立式驱动机的扶梯居多。其优点是结构紧凑,占地少,质量小,便于维修;噪声低,振动小,尤其是整体式驱动机,其电动机转子轴与蜗杆共轴,因而平衡性很好,且可消除振动和降低噪声;承载能力大,提升高度小的扶梯可只由一台驱动机驱动,中提升高度的扶梯可由两台驱动机驱动。

（三）驱动装置

驱动装置主要由驱动链轮、梯阶链轮、扶手驱动链轮、主轴及制动轮或棘轮等组成。该装置从驱动机获得动力,经驱动链轮驱动梯阶和扶手带,从而实现扶梯的主运动,并且可在应急时制动,防止乘客滑倒,确保乘客安全。

（四）张紧装置

张紧装置由梯阶链轮、轴、张紧小车及张紧梯阶链的弹簧等组成。张紧弹簧可由螺母调节张力,使梯阶链在扶梯运行时处于良好工作状态。当梯阶链断裂或伸长时,张紧小车上的滚子精确导向产生位移,使其安全装置（梯阶链断裂保护装置）动作,扶梯立即停止运行。

（五）导轨系统

目前,相当一部分扶梯采用冷拔角钢作为扶梯梯阶运行和返回导轨。采用国外引进技术生产的扶梯梯阶运行和返回导轨均为冷弯型材,具有质量小、相对刚度大、制造精度高等特点,便于装配和调整。

由于采用了新型冷弯导轨和导轨支架,降低了梯级的颠振运行、曲线运行和摆动运行,延长了梯阶及滚轮的使用寿命。同时,上平台（上部桁架）与下平台（下部桁架）导轨平滑的转折半径变化,又减少了梯阶轮、梯阶链轮对导轨的压力,降低了垂直加速度,也延长了轨道系统的寿命。

(六)梯阶链

梯阶链由永久性润滑的支撑轮支撑,梯阶链上的梯阶轮可在导轨系统、驱动装置及张紧装置的链轮上平稳运行;还使负荷分布均匀,防止导轨系统的过早磨损,特别是在反向区两根梯阶链轴梯阶轴连接,保证了梯阶链轮整体运行的稳定性。

梯阶链的选择应与扶梯提升高度相对应。联销的承载压力是梯阶链延长使用寿命的重要影响因素,必须合理选择联销直径,才能保证扶梯安全可靠运行。

(七)梯级

梯级有整体压铸梯级与装配式梯级两种。

1. 整体压铸梯级

整体压铸梯级系铝合金压铸,脚踏板和起步板铸有筋条,起防滑作用和相邻梯级导向作用。这种梯级的特点是质量小(约为装配式梯级的质量的一半),外观质量高,便于制造、装配和维修。

2. 装配式梯级

装配式梯级是由脚踏板、起步板、支架(以上为压铸件)和基本板(冲压件)、滚轮等组成,制造工艺复杂,装配后的梯阶尺寸与形位公差的同一性差,质量大,不便于装配和维修。

上述两类梯级既可提供不带有安全标志线的梯级,也可以提供带有安全标志线的有特殊要求的梯级。黄色安全标志线可用黄漆喷涂在梯级脚踏板周围,也可用黄色工程塑料(ABS)制成镶块镶嵌在梯级脚板周围。

(八)扶手驱动装置

由驱动装置通过扶手驱动链直接驱动,不需中间轴,扶手带驱动轮缘铸耐油橡胶摩擦层,以提高摩擦力保证扶手带与梯级同步运行。

为使扶手带获得足够摩擦力,在扶手带驱动轮下,另设有皮带轮组。皮带的张紧度可由皮带轮中一个带弹簧与螺杆的螺母进行调整,以确保扶手带正常工作。

(九)扶手带

扶手带由多种材料组成,主要有天然(或合成)橡胶、棉织物(帘子布)与钢丝或钢带等,一般宽度在 70~100 mm 之间。扶手带的标准颜色为黑色,可根据客户要求,按照扶手带色卡提供多种颜色的扶手带(多为合成橡胶)。扶手带的质量,诸如物理性能、外观质量、包装、运输等,必须严格遵循有关技术要求和规范。

扶手带的运行速度对于梯级、踏板或胶带的速度允许误差为 $0\sim\pm2\%$。扶手带的截面及其导轨在运行时不能挤夹手指或手。

扶手带设有断带和出入口安全保护装置。

(十)梳齿、梳齿板、楼层板

1. 梳齿

在扶梯出入口处应装设梳齿与梳齿板,以确保乘客安全过渡。梳齿上的齿槽应与梯级上的齿槽啮合,即使乘客的鞋或物品在梯级上相对静止,也会平滑地过渡到楼层板上。一旦有物品阻碍了梯级的运行,梳齿被抬起或位移,可使扶梯停止运行。梳齿可采用铝合金压铸件,也可采用工程塑料注塑件。

2. 梳齿板

梳齿板用以固定梳齿。它可用铝合金型材制作,也可用较厚碳钢板制作。

3. 楼层板

楼层板既是扶梯乘客的出入口,也是上平台、下平台维修间(机房)的盖板,一般为薄钢板制作,背面焊有加强筋。楼层板表面应铺设耐磨、防滑材料,为铝合金型材,发纹不锈钢或橡胶地板。

(十一)护栏

护栏又称护壁板,设在梯级两侧,起保护和装饰作用。它有多种形式,结构和材料也不尽相同,一般分为垂直护栏和倾斜护栏。这两类护栏又可分为全透明无支撑、全透明有支撑、半透明及不透明四种。垂直护栏即为全透明无支撑护栏,倾斜护栏即为不透明或半明扩栏。由于护栏结构不同,扶手带驱动方式也随之各异。

1. 垂直护栏

这类护栏采用自撑式安全玻璃衬板。根据客户要求在下列方面可予以改变:

(1)护栏的内外盖板在梯级运行方向转折处的过渡形式既可以圆角过渡也可以尖角过渡。

(2)扶手带转折处既可半圆转折,也可延伸转折。

(3)玻璃接缝形式可垂直于梯阶连线,也可垂直于地面(水平线)。

(4)扩栏内外盖板材质既可采用铝合金型材,也可采用不锈钢或铜合金型材。

(5)室内用扶梯可在护栏内装设扶栏杆(冷阴极管荧光灯)。

2. 倾斜护栏

这类护栏采用不锈钢衬板,该衬板与梯阶成倾斜布置,一般用于较大提升高度的扶梯,原因是扶栏质量较大,不能以玻璃作为支撑,另在扶手带转折处还要增加转向轮。

3. 护栏应符合的要求

(1)设置防护装置,以禁止翻越扶手装置。

(2)护壁板之间的空隙不应大于 4 mm,其边缘应呈圆角和倒角状。

(3)护壁板应有足够的强度和刚度,在其表面任何部位,垂直施加一个 500 N 的力在 25 cm^2 的面积上时,不应出现大于 4 mm 的凹陷和永久变形。

4. 围裙板

(1)围裙板应垂直,高度应不小于 25 mm。

(2)围裙板应十分坚固、平滑,且是对接缝的。

(3)对围裙板最不利的部位,垂直施加一个 1500 N 的力在 25 cm² 的面积上时,不应出现大于 4 mm 的凹陷和永久变形。

5. 内、外盖板

内、外盖板是装饰板,对接缝应平整、坚固、光滑。

(十二)润滑系统

所有梯级链与梯级的滚轮均为永久性润滑。主驱动链、扶手驱动链及梯级链则由自动控制润滑系统分别进行润滑。该系统为自动定时、定点进行,直接将润滑油喷到链销上,使之得到良好的润滑。润滑系统中泵或电磁阀的启动时间、给油时间等,均由控制柜中的时间继电器加以控制。

三、安全防护装置

所有安全防护装置起作用的方式相同,即让一个安全触点发生作用,切断电动机电源,使制动器对电动机制动;与此同时,使辅助制动器对主驱动轴制动。自动扶梯的安全防护装置主要有下列几种。

(一)电磁制动器(抱闸)

制停距离应从电气制动装置动作时开始测量。

(1)自动扶梯在空载和有载向下运行的制停距离范围如下:

①0.50 m/s 时,0.20~1.00 m;

②0.65 m/s 时,0.30~1.30 m;

③0.75 m/s 时,0.35~1.50 m。

(2)自动人行道在空载和有载向下运行的制停距离范围如下:

①0.50 m/s 时,0.20~1.00 m;

②0.65 m/s 时,0.30~1.30 m;

③0.75 m/s 时,0.35~1.50 m;

④0.90 m/s 时,0.40~1.70 m。

(二)超速限速器

如果扶梯运行速度超过额定速度20%以上,电动机顶端的离心开关或超速保护检测装置动作,将自动扶梯或自动人行道电源切断,使其停止运行。

(三)电动机过热保护装置

当电动机绕阻温升超过110℃时,安全保护开关动作,扶梯停止运行。

(四)急停按钮

该按钮位于上下机房、上平台、下平台前裙板或裙板上,按下急停按钮,扶梯停止运行。

(五)扶手带入口保护装置

该装置设在上平台与下平台左右两侧,尼龙刷张开保护装置为回弹式支撑,如有异物或儿童的手触及尼龙刷,相应的安全触点就使扶梯停止运行。

(六)梳齿保护装置

该装置设在上平台与下平台梳齿两侧,有两种设计。一种设计为当有异物嵌入到梯阶与梳齿间时,梳齿板被强制抬起(垂直抬起1.5 mm),触及安全触点,扶梯停止运行。另一种设计为当有异物嵌入到梯级与梳齿间时,梳齿板被梯级推动,连接在梳齿板上的斜块随之移动,位移到定值,撞击安全触点,扶梯停止运行。

(七)防逆转保护装置

如果扶梯在逆行中方向出现逆转,安装在驱动机输出轴自由端的逆转安全触点就动作,使扶梯停止运行。

(八)供电系统断相、错相保护装置

如果供电电源发生断相或错相,则相序继电器起作用,使扶梯不能运行。

(九)梯级和梯级轮断裂保护装置

上平台与下平台各设一个安全触点,均在导轨弯曲半径前的倾斜部分内。当梯级由于断裂而下沉,或者由于轮缘损坏而下沉时,安全触点起作用,使下沉梯级在到达梳齿前扶梯停止运行。

(十)梯级轮上提保护装置

如果梯级因某种原因被提起时,安全触点在上提梯级到达梳齿前起作用,扶梯停止。

(十一)梯级链断裂保护装置

当梯级链伸长或断裂时,使张紧架的张紧小车外移,碰撞安全触点,扶梯停止运行。

(十二)裙板保护装置

扶梯正常运行时,梯阶与裙板间应有一定的间隙(单侧间隙为 4 mm,双侧间隙之和不大于 7 mm)。

乘客在梯级上所占位置距裙板很贴近时,伞尖或鞋跟等物有可能插入梯级与裙板的间隙中,将会出现危及乘客安全的情况。为此,在裙板后面加有安全触点。在异物进入间隙时,裙板发生变形产生外移,并触及安全触点,使扶梯停止运行。

(十三)驱动链断裂保护装置

驱动链发生断裂是很危险的,为此,设有两种形式保护装置。一种是在驱动链张紧盒侧面装安全触点,驱动链断裂时,张紧盒失去张紧作用,其压头位移触及安全触点,扶梯停止运行。另一种是在正常工作时,驱动链与碰块相接触,断链时,碰块下落,碰块上的角行件触及安全触点,扶梯则停止运行。

(十四)扶手带断裂保护装置

该装置位于平台扶手带返回导轨处。正常工作时,安全开关上的滚轮压在扶手带上,随扶手带滚动。扶手带断裂时,安全开关上的滚轮弹起,在带及安全触点作用下,扶梯停止运行。

(十五)扶手带同步监控装置

扶梯运行时,扶手带必须与梯级同步,相差较大将失去它的存在意义。托辊支撑扶手带,并随之转动。托辊上装有磁铁,发出脉冲信号。当扶梯运行速度超过额定速度20%时,接收器发出指令,使安全开关作用,扶梯停止运行。

(十六)安全刷

为防止因裙板与梯级间夹有异物而造成危险,设安全刷。安全刷安装在扶梯进出口处裙板上,刷上带油,乘客畏于弄脏裤脚和鞋,在梯级上的站位会远离裙板,处于梯级的安全范围内。

(十七)梳齿灯

如果扶梯上方照明不足,可在扶梯进出口的裙板左右侧安装梳齿灯,加强局部照明,以保证乘客进出扶梯安全。

(十八)梯级下灯

为避免乘客进出扶梯踏在两个邻梯级的啮合处而发生危险,在上平台与下平台的梳齿与梯级啮合处的梯级下方装设绿色荧光灯,以引导乘客安全进出。

(十九)梯级安全标志线

在梯阶的踏面侧边处,喷涂或镶嵌黄色标志线,以提醒乘客站在梯级安全范围内,不允许其踏在接近裙板的标志线外。

(二十)手动盘车装置

手动盘车装置设在机房内,应操作方便、安全可靠。

第三节　机械传动系统

扶梯是一种特殊的板式运输机械。为确保乘客乘用的安全与舒适,扶梯运行时,梯级踏面应始终保持水平状态,且应有梯级水平段(经过这段水平距离,梯级才逐渐上升或下降)。在梯级两侧应置裙板和扶栏,扶手带在扶栏顶部沿其导轨运行,但必须使其与梯级同步。

一、梯级驱动过程

驱动减速机接通电源启动,经驱动减速机输出轴上的链轮、驱动链至驱动装置上的驱动链轮,且驱动链轮与梯阶轮同轴,从而驱动梯阶链,使梯阶链上的梯阶在导轨上运行,实现扶梯主运动。

二、扶手带驱动过程

驱动装置上的扶手带驱动链轮,经驱动链、扶手带驱动装置上的驱动链轮至扶手带摩擦轮(同轴)。同时,扶手带又借助于摩擦轮下方的张紧轮与皮带(多节带)产生摩擦力,随摩擦力运转,运转速度必须与梯阶运行速度同步。

第四节 电气控制系统

自动扶梯和自动人行道的控制系统比较简单,有继电器控制、PLC控制、微机控制等。

控制柜所选用的继电器、接触器等元器件的参数取决于电动机的容器。而电动机容量取决于自动扶梯和自动人行道的提升高度、梯阶宽度、额定速度等。

驱动方式有 Y/△ 转换启动,也有变频控制。

自动扶梯和自动人行道的电气控制应符合下列要求:
(1)动力电路和电气装置的绝缘电阻应大于 500 MΩ。
(2)其他电路(控制、照明、信号等)的绝缘电阻应大于 250 MΩ。
(3)零线和地线应始终分开。

(4)安全触点、安全电路、安全部件开关应符合标准要求。

思考题

1. 自动扶梯及自动人行道结构有什么特点？
2. 自动扶梯及自动人行道的结构要求具有什么安全防护装置？

第九章 安全用电及防火安全常识

电梯是机电一体的设备,电梯司机几乎天天和电打交道,必须掌握安全用电知识,杜绝违章操作而发生事故。

第一节 电流对人体的危害

电流对人体的伤害是电气事故中最重要的事故之一。电流通过人体,会引起针刺感、压迫感、打击感、痉挛、疼痛、血压升高、昏迷、心律不齐、心室颤动等症状,严重时可造成死亡。电流伤害事故是电流能量直接作用于人体而造成的人体组织损伤。

一、触电

触电是指人体触及带电体,电流对人体造成的伤害,有两种类型,即电击和电伤。

电击是指电流通过人体内部,破坏人体内部组织,影响呼吸、心脏及神经系统的正常功能,甚至危及生命。电击致伤的主要部位在人体内部,数十毫安的工频电流即可使人遭到致命的电击。它可分为直接电击与间接接触电击。大部分触电死亡事故是由电击造成的。

电伤是电流的热效应、化学效应或机械效应对人体外部造成的伤害,如电弧或熔丝烧断时金属微粒造成烧伤。

触电按照人体触及带电体的方式和电流通过人体的途径,可分为三种:单相触电;两相触电;跨步电压触电。

(1)单相触电是指在地面或其他接地导体上,人体某一部位触及一带电体的触电事故。单相触电的危险程度与电网的运行方式有关,一般情况下,接地电网的单相触电比不接地电网的危险大。

(2)两相触电是指人体两处同时触及同一电源任何两相带电体而发生的事故。不论电网的中性点接地与否,其危险都比较大。

(3)跨步电压触电是当带电体接地有电流流入地下时,电流在接地点周围土壤中产生电压降。人在接地点周围,两脚之间出现的电压即为跨步电压,由此引起的触电事故称为跨步电压触电。

二、电流对人体的危害

电流对人体的危害程度与以下因素有关:通过人体电流的大小、电流通过人体的持续时间、电流通过人体的途径、电流的种类与频率高低、触电者身体健康状况等。通过人体的电流越大,时间越长,致命危险越大。

对于工频交流电,按照通过人体的电流大小不同,人体呈不同反应状态,可将电流划分为以下三级。

(1)感知电流:引起人的感觉的最小电流称感知电流。人对电流最初有轻微麻感。感知电流一般不会对人造成伤害,但当电流增大时,感觉增强反应变大,可能造成坠落等间接事故。实验表明,成年男性平均感知电流有效值约为 1.1 mA,成年女性约为 0.7 mA。

(2)摆脱电流:电流超过感知电流并不断增大时,触电者会肌肉收缩,发生痉挛而紧握带电体,不能摆脱电流。人触电后能自行摆脱电源的最大电流称为摆脱电流。一般成年男性为 16 mA,成年女性为 10.5 mA。男性最小摆脱电流为 9 mA,女性为 6 mA,儿童较成年人小。

摆脱电流是人体可以忍受而一般不会造成危险的电流,若通过人体电流超过摆脱电流且时间过长会造成昏迷、窒息甚至死亡。因此,摆脱电源的能力随着触电时间的延长而降低。

(3)致命电流:在较短时间内危及生命的电流称为致命电流。电击致死的主要原因,大都是电流引起心室颤动造成的,因此,可以认为引起心室颤动的电流即是致命电流。电流达到 50 mA 以上,则足以致人于死地,而 30 mA 以下的电流不会有生命危险。

在操作电梯时,当用钥匙开启电梯时,如有麻电感觉,或操纵电梯时,触及操纵盘面板或其他部位有麻电现象时,应立即停止电梯运行,并采取措施阻止乘客进入,立即通知有关人员查找原因,并做好记录,排除后方可运行。

三、安全电压

安全电压是指人体较长时间接触而不致发生触电危险的电压。其数值与人体可以承受的安全电流及人体电阻有关。我国对安全电压的规定是:指为防止触电事故而采用由特定电源供电的电压系列。这个电压系列上限值,在任何情况下,两导体间或任一导体与地之间均不得超过交流(50～500 Hz)有效值为 50 伏。安全电压的额定值为 42 V、36 V、24 V、6 V(工频有效值)。

第二节　保护接地与保护接零

在正常情况下,电气设备的外壳是不带电的。但当设备某处绝缘损坏时会使外壳带电,这时如果有人触及设备就会引起触电事故。为了确保操作人员安全,国家规定对电气设备应采取的保护接地或保护接零的安全技术措施。

1. 保护接地

将电气设备不带电的金属外壳用导线与大地的接地体进行可靠的连接。如图 9-1 所示,其接地电阻应小于 4 Ω。采用保护接地后,即使人体接触到漏电的电气设备外壳也不会触电,因为这时的电气设备外壳已与大地有可靠的连接,接地装置的电阻很小($<4\ \Omega$),而人体的接触电阻却很大(约 $1.5\ k\Omega$)。电流绝大部分经接地线流入大地,流经人身的电流很小,从而保证了安全。保护接地用于电网中性点不接地的供电系统中。

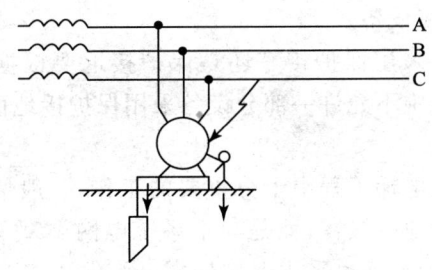

图 9-1 保护接地

2. 保护接零

将电气设备的金属外壳用导线与供电系统的保护零线可靠地连接,如图 9-2 所示。

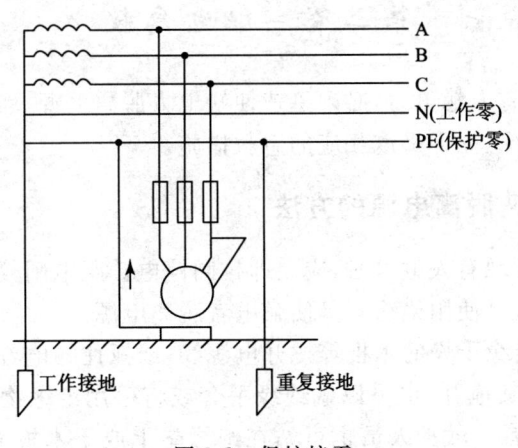

图 9-2 保护接零

保护接零适用于电网中性点直接接地的系统，即"三相五线制"电网的保护零。"三相四线制"也逐渐改为"三相五线制"。

采用保护接零后，若电气设备发生绝缘损坏使外壳带电时，相线经零线成闭合回路。因零线的电阻很小，短路电流很大。短路电流会使电路中的熔断器熔丝烧断或自动开关等保护电器动作，从而切断电源，断开故障设备。

电气设备是采用保护接零还是保护接地要根据供电系统来确定。在同一电网中不允许一部分设备采用保护接地而另一部分设备采用保护接零。

接地接零是电梯工程中十分重要的工作，一般情况下电梯本身不单独搞一套接地或接零，而是与本系统电网类型一致。原供电系统为保护接零，则电梯也采用保护接零。为保障安全，凡 36 V 以上的电梯电气设备，包括曳引机、线槽线管、层门、轿厢、操纵箱（盘）、接线盒、呼梯盒等均必须靠在接地或接零。当采用接零保护时，零干线要做好重复接地，接地电阻小于 10 Ω。

第三节　触电急救

当发现有人触电时，必须迅速使触电人脱离电源，然后根据触电人的具体情况，立即采取相应的急救措施。

一、迅速脱离电源的方法

（1）当发现有人触电时，应立即拉闸停电。距电闸较远一时不能切断电源时，可使用绝缘器具使触电者脱离电源。

（2）用绝缘干燥的木棍等挑开电源线，或抓住触电者干燥而不贴身的衣服将其拖开，也可以戴绝缘手套或将手用绝缘物品包起绝缘后解脱触电者。救护人员也可站在绝缘垫上或干木板上，绝缘自己进行救护。

(3)高压触电时,应立即通知有关部门停电,可以抛掷金属导体使线路短路,迫使其保护装置动作断开电源。应在确保救护人安全的情况下,因地制宜采取救护措施。

(4)禁止使用金属棒、潮湿物品进行救护,以防自身触电。并对触电者做好防护,避免触电者摔伤等二次伤害。

二、视触电者身体状况现场急救

(1)触电者神志清醒,但有些心慌、四肢发麻、全身无力,或触电者在触电过程中曾一度昏迷但已清醒,应使其就地平躺,暂时不要站立或走动,严密观察。

(2)触电者如神志不清醒还有呼吸,应就地仰面平躺,解开衣扣和腰带确保气道通畅。呼叫伤员或轻拍肩部,以判定伤员是否丧失意识,禁止摇动伤员头部呼叫伤员,并迅速请医生到现场诊治。

(3)触电者失去知觉丧失意识,应在 10 s 内用听、看、试的方法判定伤员呼吸心跳情况。如呼吸困难,应立即进行人工呼吸急救。

(4)触电者呼吸和心脏跳动停止,应立即进行人工呼吸和胸外心脏按压法等进行心肺复苏法急救。

应当注意,救护要尽快进行,人工呼吸应不间断进行,换人时节奏一致,被救人有微弱自主呼吸时继续进行,直到恢复正常呼吸为止,心肺复苏法抢救不能中断并应准确实施,即使送往医院途中也不能中止急救。

三、急救方法

1. 人工呼吸急救法

触电人的呼吸停止时,必须迅速采取措施,使其恢复自主呼吸,这种强迫呼吸称为人工呼吸急救法。

人工呼吸急救法有:仰卧牵臂法、俯卧压背法和口对口吹气法。口对口(鼻)吹气法效果最好,容易掌握。

急救前,应迅速将触电人的衣扣、裤带等解开,清除触电人口腔内妨碍呼吸的食物、假牙、黏液等,使呼吸道避免堵塞。

口对口(鼻)呼吸法应使触电人仰卧,并使头部后仰颈部伸直,鼻孔朝上,以利呼吸道畅通。步骤如下。

(1)救护人一手捏紧触电人鼻孔,另一手的拇指和食指掰开他的嘴(如掰不开可采取口对鼻吹气法)。救护人深吸一口气后紧贴触电人的口(鼻)向内吹气,时间约 2 s,使其胸部膨胀。

(2)吹气完毕,立即离开触电者的口(鼻),并放松触电者的鼻孔(或嘴唇),使其自动向外呼气,时间约为 3 s。同时观察触电者有无呼吸道梗阻现象。

按以上步骤连续不断进行,直至触电者能自主呼吸为止。口对口(鼻)呼吸法效果好,可以和胸外心脏按压法配合,抢救呼吸和心脏都已停止的触电人。

2. 胸外心脏按压法

是触电人心脏跳动停止的急救方法,人工强迫心脏跳动,有节律地对心脏进行挤压,用人工方法代替心脏的自然收缩和舒张,从而达到维护血液循环的目的。

(1)触电人姿势同口对口呼吸法。救护人跪在触电人一侧,两手相叠,手掌根部放在心窝上方、胸骨下 1/3~1/2 处。

(2)掌根用力垂直向下挤压,压出心脏里面的血液,对成人应压陷 3~4 cm,每分钟挤压 60~90 次。挤压后掌根突然抬起,让触电者自动复原,血液充满心脏,放松时掌根不要离开胸部。

在实施胸外心脏按压时,应注意手掌挤压的位置要准确,用力适度,不要过猛。触电者如是儿童,则用力要轻,每分钟挤压 80~100 次。

心脏按压有效果时,可以摸到脉搏跳动。单纯做心脏按压不能得到良好的呼吸,心脏与呼吸是互相联系的,因此,应同时采取口对口吹气法和胸外挤压法,由两人同时进行,操作比例大约是 4∶1。

如一人抢救,两种方法交替进行,应先做心脏按压4次,再吹气一次。

在抢救触电者时,急救方法必须连续进行,即使送往医院途中也不可停止。

第四节　电梯防火安全常识

近些年来,电梯火灾时有发生,是火灾事故原因之一,对司乘人员及整幢大楼的人、财产的安全构成严重威胁。电梯起火的原因主要是由于安装、维护质量不善而造成电气线路短路及电气设备过热所致,或司机、维修人员、乘客吸烟烟头乱丢而点燃易燃品等。加强防火措施、预防火灾是电梯安全管理的一项重要内容。

火灾事故都是与燃烧直接联系的,燃烧有三个条件:火源、可燃物质、助燃物质。火源也叫引燃源,如电气火花、明火、灼热物体等。可燃物质包括气态、液态和固态的各种物质,如汽油、纸张、木材及易燃有机物等。助燃物主要是空气、氧气等。

在这三个条件中,首先要控制火源。平时应督促加强电气设备和线路的紧固保养,机械设备按规定加油润滑,发现温升过高、绝缘老化和烧焦的元器件及设备要及时采取措施。线路端子、接头、触头接触不良使接头处过热起火、线路老化造成局部短路着火所占比例较大,应严格管理控制。其次,电梯、机房、井道及轿厢应及时定期清理棉纱等易燃品,消除火灾隐患。

司梯人员严格遵守操作规程,电梯严禁携带运送易燃易爆危险品,不得超载运行,因为过载使设备发热也是造成火灾的主要原因之一。当发现导线松动、焦糊异味时,电梯应立即停止运行,迅速报告有关部门及时处理并做好记录,并学会使用各种灭火设施。

当电梯发生火灾时,司机应保持镇静,首先要切断电源,然后进行灭火,并迅速报警。

电梯火灾发生后,电气设备、线路可能是带电的,灭火时如不了

解清楚,会造成人身触电事故,因此灭火时要切断电源,切断电源时要注意以下方面:

(1)火灾发生后,由于受潮或烟熏,开关设备的绝缘能力降低,因此拉闸时应使用绝缘工具操作。

(2)切断电源的地点要适当,防止影响灭火工作。

灭火的主要措施是破坏已产生的燃烧条件,使燃烧的连锁反应中止。灭火时,要把灭火剂喷射到燃烧物和燃烧区域使燃烧物冷却,燃烧物与空气隔绝,燃烧区内氧气浓度降低,燃烧的连锁反应中断,使得燃烧的必要条件遭到破坏,燃烧反应停止,火被扑灭。

常用的灭火剂有数种,在不同场合应使用不同性质的灭火剂。在电梯中,通常配有二氧化碳、四氯化碳、干粉、1211 灭火器。一般不使用泡沫灭火器或用水灭火,以防发生触电事故。

在实施灭火时,人体与带电体之间要保持必要的安全距离。机体、喷嘴至带电体最小距离不应小于 0.4 m。并注意燃烧后的下落物体,避免砸伤等。

思考题

1. 电流对人体有什么危害?
2. 保护接地与保护接零的区别是什么?
3. 触电如何急救?急救方法有几种?
4. 电梯防火常识包括哪些内容?

第十章 事故案例分析及预防措施

第一节 危险工况辨识

安全是人们最重要、最基本的生产需求,是经济和社会发展的重要指导原则,是构建和谐社会的重要内容。因此,避免和控制电梯事故的发生从充分辨识危险工况开始,从源头控制事故的发生是一项重要基础工作。

一、危险工况概念

危险工况是指一个系统中具有潜在能量和物质释放危险的、可造成人员伤害、财产损失或环境破坏的、在一定的触发因素作用下可转化为事故的工作状况。它的实质是具有潜在危险的源点或部位,是爆发事故的源头,是能量、危险物质集中的核心,是能量传出来或爆发的地方。危险工况存在于确定的系统中,不同的系统范围,危险工况的区域也不同。

二、危险工况辨识方法与流程

危险工况辨识是发现、识别系统中危险工况的工作。这是一件非常重要的工作,它是危险工况控制的基础,只有辨识了危险工况之后才能有的放矢地考虑如何采取措施控制危险工况。

1. 危险工况辨识方法

(1) 对照法。与有关的标准、规范、规程或经验相对照来辨识危险工况。有关的标准、规范、规程以及常用的安全检查表,都是在大量实践经验的基础上编制而成的。因此,对照法是一种基于经验的方法,适用于有以往经验可供借鉴的情况。对照法的最大缺点是,在没有可供参考的先例的新开发系统的场合没法应用,很少被单独使用。

(2) 系统安全分析法。系统安全分析法是从安全角度进行的系统分析,通过揭示系统中可能导致系统故障或事故的各种因素及其相互关联来辨识系统中的危险工况。系统安全分析方法经常被用来辨识可能带来严重事故后果的危险工况,也可用于辨识没有事故经验的系统的危险工况。作业越复杂、系统越复杂,越需要利用系统安全分析方法来辨识危险工况。

2. 危险工况辨识的流程

危险工况辨识一般分为3个步骤。

(1) 在确定的区域内辨识具体的危险工况,可以从两方面着手:

① 根据已发生过的某些事故,查找其触发因素,然后再通过触发因素找出其现实的危险工况;

② 模拟或预测系统内尚未发生的事故,追查可能引起其发生的原因,通过这些原因找出触发因素,再通过触发因素辨识出潜在的危险工况。

(2) 把通过各类事故查找出的现实危险工况与辨识出的潜在危险工况汇总后,得出确定的区域内的全部危险工况。

(3) 将各区域内的所有危险工况归纳综合到所研究系统的危险工况中。

三、电梯作业危险工况的辨识举例

电梯广泛用于物料运输、输送、建筑工程和仓储等作业,作业为垂直往复运动。为了尽可能充分地辨识电梯作业的危险工况,我们从以方面着手。

(1)曳引系统——输出与传递动力,驱动电梯运行。

(2)轿厢系统——运载乘客和(或)货物的组件。

(3)门系统——乘客或货物的进出口,运行时层、轿门必须封闭,到站时才能打开。

(4)导向系统——限制轿厢、对重的活动自由度,使轿厢和对重只能沿着导轨运动。

(5)重量平衡系统——相对平衡轿厢重量以及补偿高层电梯中曳引绳长度的影响。

(6)电力拖动系统——提供动力,对电梯实行速度控制。

(7)电气控制系统——对电梯的运行实行操纵和控制。

(8)安全保护系统——保证电梯安全使用,防止一切危及人身安全的事故发生。

(9)管理缺陷引起的危险工况辨识。

第二节 事故案例分析

案例1:技术股长和刚分配的大学生校验1台电梯控制屏,将屏的开门机、显示、方向选层等回路校验结束后,发现控制回路存在问题,能产生误动作。于是技术股长分别对JX、JXF的线圈进行校验,用电线指向控制的反面,由大学生去检查线路,检查结果正确。当技术股长正在分析原因时,突然听到大学生的叫声,遂立即切断电源。该大学生因伤势过重,抢救无效死亡。

1. 事故原因分析

事故原因是受害者(大学生)未穿戴防护工作服与绝缘鞋,违章穿短袖上衣、短裤、风凉鞋,致使右膝关节上方偏内侧处触及到控制屏的电源相线,导致触电死亡。

控制屏的金属外壳虽然采用了保护接零,但只能保护调试人员因电器元件或线路漏电触及外壳而引起的间接触电事故,而不能预防调试人员操作时直接接触带电体造成的触电事故。

2. 预防同类事故的措施

(1)作为现场调整负责人应使其他操作者了解控制屏的构造,哪些是带电体,牢记操作时的安全注意事项,并要求穿戴必要的防护用品。

(2)调试人员操作时,必须穿戴绝缘鞋、绝缘手套、工作服等防护用品。

案例 2:2003 年 3 月 27 日 18 时 30 分左右,山东省文登市×××总公司职工刘某,到威海市中心医院看望病员后,在 9 层欲乘电梯。由于等待电梯时间过长,他便强行打开层门,从 9 层井道坠落到停在 1 层的电梯轿厢顶上后落入底坑,当场死亡。

1. 事故原因分析

(1)电梯 9 层层门被死者刘某强行打开是这次事故的主要原因。

(2)电梯 9 层层门锁钩啮合深度不足,造成了电梯层门能被任意非正常外力强行开启,是事故的次要原因。

2. 预防同类事故的措施

(1)使用单位要聘请有资质的电梯维修保养单位,加强对在用电梯的日常维护保养,保持电梯安全运行质量符合国家有关法规标准规定及制造商的要求。

(2)积极开展多渠道、形式活跃的、对公众的宣传活动,普及安全、正确、文明使用电梯的基本常识,防止类似事故的重复发生。

案例 3:2003 年 6 月 2 日日 21 时 2 分,上海×××大厦电梯轿厢突然发生滑坠,造成 1 人死亡,直接经济损失 1 万元。事发当日晚,上海×××公司经理带领 4 名员工,到×××大厦 17 楼向进行装潢施工的××集团运送订购的玻璃。当将玻璃装进电梯,且靠右侧单边堆放,经理王某和 1 名员工林某一前一后走出电梯时,电梯轿厢突然发生滑落,擦伤王某左臂,将正跨出电梯的林某夹住并拖带到 B2 层,造成林某死亡。

该电梯运行速度 1.75 m/s;额定载荷 1000 kg;电梯层数 8 层;电梯提升高度 48 m。该电梯已进行检验,已进行注册登记。

1. 事故原因分析

(1)直接原因是事故发生时严重超载(载重约 2045 kg),超过额定载荷(1000 kg)一倍多而造成的。

(2)未严格执行电梯安全管理制度。如:电梯安全警示标志轿厢包覆材料遮挡,安全管理人员及保安人员未到场实施监督。

(3)电梯维修保养方未尽安全跟踪职责。如:电梯的超时、超重安全警告蜂鸣器未响。

(4)运送货物方缺乏应有的安全使用电梯的常识。

(5)接收货物方未遵守使用电梯的安全管理制度。

2. 预防同类事故的措施

(1)健全安全管理制度并严格执行。

(2)采取切实的措施做好日常维护保养工作。

(3)加强对职工的安全教育和培训。

(4)吸取教训,查处隐患,切实整改,严防类似事故发生。

案例 4:2003 年 8 月 1 门,深圳宝安区松岗×××厂职工邓某、牛某以及张某使用三车间的简易电梯从 1 楼搬运货物至 2 层。装好货物后,邓某、牛某搭乘简易电梯吊笼与货物同时上升,上升过程中邓某头部撞上 2 层平台底部,被平台底部和货物挤压死亡,牛某在撞击的过程中受伤。

该台设备为简易电梯,无制造许可证、出厂合格证,未经检验和注册登记,属非法使用的设备。

1. 事故原因分析

(1)直接原因是电梯缺少必备的安全装置(轿厢无超速保护装置,无极限开关保护装置),没有轿门和厅门,轿厢未封闭,井道不符合 GB 7588—2003 的要求。邓某、牛某搭乘简易电梯也是一个原因。

(2)间接原因有:电梯设置在光线较差的楼道中,未经法定检验、未注册登记,对员工的安全教育不够。

2. 预防同类事故的措施

(1)应购买有制造许可证企业生产的电梯,委托有资质的单位进行安装,经验收检验合格并办理注册登记后,方可投入使用。

(2)加强电梯的安全管理,依法维修保养、使用管理电梯。

(3)加强对员工的安全教育和安全管理工作。

案例 5:2003 年 10 月 14 日 24 时,肇庆市×××公司一工人操作货梯从地面 1 层到 2 层运送产品时,不慎被夹在 1 层 2 层之间窒息死亡。

该货梯型号为 THJ 2000/0.5APM 型,由佛山电梯厂制造。1999 年该货梯已申报停用。2000 年该公司承租该幢厂房时连带电梯一起使用,从 2000 年起至事故发生前一直未办理启用手续和进行定期检验,经检查,该梯层轿门机电连锁保护装置失灵。发生事故后,因夹住人无法升降,只好用乙炔气割轿厢下部钢板,割开后取出尸体。货梯其他部位无损坏。

1. 事故原因分析

(1)主要原因是使用单位使用已报停用且不合格的电梯设备所致。据查,门锁、电器开关、层、轿门、限速器等 17 个关键项目不符合安全要求,被判为不合格设备。

(2)其他原因是操作人员没有经过培训,不懂操作。

2. 预防同类事故的措施

(1)加强安全监察力度,严禁不具备安全使用要求的电梯使用。

(2)加强操作人员的培训。

案例 6:2004 年 3 月 11 日 15 时 30 分,北京市海淀区×××医

院发生一起电梯溜梯蹾底事故。外科楼2号病房电梯在向上运行至2层时停梯上人,当电梯准备关门上行时,电梯轿厢突然变为下行,溜梯蹾底至负1层,致使5人轻伤,直接经济损失35万元。

1. 事故原因分析

(1)北京×××物业管理有限公司违反《特种设备安全监察条例》规定,未取得电梯维修资质,进行非法的电梯维修保养工作。

(2)北京×××物业管理有限公司未严格执行国家安全技术规范要求,未保证其维修保养电梯的安全技术性能,维修保养工作不到位。

(3)北京市特种设备检测中心对事故电梯进行技术鉴定的结果表明:事故电梯制动器未正常起作用。

(4)电梯维修保养不及时、不到位,使电梯机械部件磨损严重,控制部分失灵,电梯制动器不能正常工作,从而导致本次事故发生。

2. 预防同类事故的措施

(1)应严格执行《特种设备安全监察条例》的规定,从事电梯维修保养工作的单位必须取得相应资质。

(2)应加强对电梯维修保养单位的管理,制订统一的管理标准并进行定期考核。

(3)电梯维修保养单位应增强法制观念,建立健全各项规章管理制度,并保证贯彻落实,保证维修保养电梯的安全技术性能,保证电梯安全运行。

案例7: 2004年7月22日7时30分,浙江省宁波市江北区×××公司发生一起电梯锁紧装置失效事故,造成1人死亡,直接经济损失10万元。

当日,裘某到×××公司制冰车间购冰,与该车间承包人之一朱某、电梯司机姚某一起乘电梯到5楼,裘某、朱某两人出梯后,姚某将层门、轿门用手关闭后,电梯开到6楼。朱某进入5楼冷库提冰,裘某站在电梯门外。待朱某从冷库内出来时,看见层门打开,门口只剩下1只鞋,向井道探望,发现裘某已跌落1楼,于是迅速奔到1楼与本车间职工将其救出,送往医院,经抢救无效死亡。

1. 事故原因分析

(1)使用单位擅自使用经检验不合格,且已于 2004 年 5 月 10 日被书面告知存在严重事故隐患、责成立即停用的电梯,是本次事故的主要原因。使用单位擅自拆除电梯层门两门扇间机械连接装置,致使电梯层门锁紧装置及其电气连锁的失效,是此次事故的直接原因。

(2)电梯司机为已退休人员,且电梯操作证已过期,属无证上岗。

(3)制冰车间没有建立落实安全生产责任、明确安全操作规程等安全生产管理制度。

(4)企业法人未对员工进行安全生产教育、培训,安全生产意识淡薄,安全生产管理失职。

2. 预防同类事故的措施

(1)加强对全体职工的安全生产知识教育;

(2)落实安全生产责任制,建立健全安全管理制度和操作规程,严格管理,确保安全生产;

(3)对在用电梯等特种设备,使用单位要严格落实日常检查与维护保养工作,聘请有资质的专业维修保养单位进行设备的日常维护保养;

(4)落实专、兼职电梯安全管理人员与电梯司机,经考核合格后持证上岗。

案例 8:某研究所计划在双休日改造电气线路,电工张某向司机王某事先要了电梯钥匙。双休日那天由于工程要安装电线管,张某自作聪明将电梯安全窗打开,并用杂物顶住安全窗开关使其接通,将电线管斜插在轿厢与轿顶之间(该电梯为集选电梯),开动了电梯。由于张某不懂电梯的基本构造,使电梯在上行过程中电线管与对重相碰,使电线管弯曲,将张某顶死。

事故原因分析:

(1)电梯安全窗开关不能短接。

(2)轿厢内不能装超长物件。

第十章 事故案例分析及预防措施

案例 9:某机械厂有一台手柄开关控制的货梯,正值星期六(休息天)电梯保养日,两名修理工检查安全回路。一名在轿厢顶检查,一名在井道底坑检查,待在轿顶上/下可以慢速运行后,为了证明轿厢内可以正常操作,轿顶修理工叫了一位厂内值班员蒋某进入轿厢,令其使电梯从三层向下运行(共四层,梯速为 0.5 m/s)。但该值班员没有安全操作证,一点也不懂电梯操作方法,误将手柄开关扳至向上运行位置,电梯轿厢向上运行而对重向下运行。但底坑维修工以为电梯下行,故站在井道角落,结果对重下行撞击对重缓冲器,使缓冲器上的橡胶垫飞出,砸在底坑维修工眼睛处,致使其左眼严重受伤,眼球突出,最后导致左眼失明。

事故原因分析:
(1)值班人员不能代替电梯司机上岗操作。
(2)电梯井道内有人施工,电梯只能慢速运行。
(3)轿厢检修速度运行时,应上下呼应,听从指挥。

案例 10:某市居民楼(共 9 层)使用一台按钮信号控制的 XH 型电梯。因生产年代久远(属 20 世纪 70 年代中期产品),部分机件损坏严重,只能带"病"运行,仅有一位有经验的电梯司机(持有安全操作证)驾驶,电梯尚可使用。事故当天,司机刚好去青浦老家奔丧,请其徒弟(已跟学一年多,但未取得安全操作证)顶班一天。电梯乘载 3 名客人由底层向五层运行过程中,在不到三层位置时,电梯突然停车开门,但电梯轿厢已高出三楼平面近 40 cm,轿厢门刀已离开层门门锁橡胶轮,致使三层层门在重锤作用下,慢速缓慢关闭。此时其中一名中年乘客要从轿厢内跳出,司机徒弟不但没有制止,本应使电梯慢速向下运行,与三层楼平面找平,也因过分紧张反而使电梯慢速上行,致使该中年乘客跳出后站立不稳,跌入井道,造成脊柱断裂、半身不遂,终生残疾。

事故原因分析:
(1)司机徒弟不能独立操作,因为其未取得安全操作证。

(2)司机应保持冷静,并稳定乘客情绪。

案例11:某医院有一台病床电梯。在冬天某早上六时许,一名清扫民工需上各楼层打扫卫生,向门卫要了电梯钥匙,把电梯开至5楼,推出垃圾车。由于民工没有受过驾驶电梯的专业培训,更没有上岗安全操作证,按理电梯到达五层后,离开轿厢,应把操纵箱的电源钥匙开关或安全开关等切断,但该民工不懂,没有这样做。待其5楼清扫完毕后,推着垃圾车走向电梯口,由于冬天早上六时天暗,走廊照明残缺,电梯厅的灯根本不亮,轿厢内灯也只有一个,显得昏暗。所以清扫民工还认为电梯仍在5楼,而实际上电梯已被不知者开至8楼去了。这样民工连车和人一起跌入电梯井道,当场死亡。

事故原因分析:
(1)电梯钥匙应由专人保管。
(2)无证人员不得上岗操作。

案例12:某厂有一台信号控制电梯,对该电梯进行检修时,检修人员进入轿顶检修电梯平层装置前,要求司机小张不要随意开动电梯,小张满口答应。过了几分钟,小张见还未修好,看到厂门口有居民在打牌,就把电梯钥匙关—闭但未拔出,离开轿厢去看别人打牌(门口与轿厢不远)。这时厂设备科长(有上岗证)正想上楼,走进电梯见钥匙插在锁上,随即打开电源按指令使电梯启动向上,这时轿顶上检查人员措手不及,造成伤害事故,大腿被遮磁铁板划开一长条口子,被缝好几针。

事故原因分析:
(1)在电梯检修过程中司机小张离开岗位属于违章操作。
(2)当小张离岗时没有将电梯钥匙带走造成了事故发生。

案例13:某区级办公大楼有一台有/无驾驶员两用的交流调速电梯,为了安全工作着想,在白天均有专职驾驶员(有上岗证)负责驾驶电梯。在夏季,午休时间约有2个小时,大楼乘梯人员较少,这位男驾驶员烟瘾很大,当乘客很少时,擅自离开电梯去吸烟处过烟瘾去了(电梯停在2层)。当司机离开时,正好有两位女同志需乘电梯上8楼,看到梯厢内无司机,就自己进入后,在操纵盘上自行东摸摸、西摸摸,结果把电梯开动起来了,但开到5层电梯再也开不动了,且距五楼平面尚有40 cm左右。她们强行把门扒开,一个女同志先跳了上来,结果左脚被地坎钩住,重重地摔在地上,造成右膝盖骨裂,两手严重皮外伤。

事故原因分析:
(1)驾驶员离开岗位应设为无司机状态。
(2)驾驶员离岗严重失职。

案例14:某市一个中型机械厂半成品仓库电梯司机把电梯开到最高层(5楼),因任务不忙,半成品搬运量很少,又时值冬天,在电梯轿厢内太冷,故擅自离岗去5楼休息室取暖。此时仓库两名职工经过电梯门口处,见电梯门大开,驾驶员不在,就擅自进入轿厢,将电梯开往底层,但是电梯下行至3楼与2楼之间时。由于门刀碰了3层层门锁滚轮,电梯突然停止不动,电梯驾驶员听到电梯运行声,急忙从休息室里出来,发现电梯被他人开走,他从层楼显示器看到电梯已在2楼(实际电梯还未到2层楼平面处),于是急忙赶到2楼。只见2楼层门已被打开,轿厢停在距2层楼平面高1.4 m左右的地方。为排除故障,司机借了一只方凳放在2楼电梯门口,人站在方凳上,手扒在轿厢地坎上,准备爬入轿厢。当一只脚向上翘的时候,另一只脚因重心不正,方凳和人一起跌入底坑,当场死亡。

事故原因分析:
(1)司机离岗违章。
(2)司机未采取正确方法进轿厢。
(3)非电梯司机动用电梯。

案例15:某居民大楼(共20层)有两台自动门电梯,有专职司机驾驶,有一天司机因家中有事请假,管理部门请了一位电梯修理工代开。该修理工开了一段时间,在3楼离开电梯上厕所小便,且把电梯处于检修状态,待回来时见电梯门关闭,认为电梯门自动关闭(实际上有人用通用电梯钥匙把电梯开上4楼了),就拿出三角钥匙打开层门,由于用力过猛,前冲跌入底坑,造成多处骨折致残。

事故原因分析:
(1)大楼管理制度不严。
(2)电梯修理工不能代操作电梯。
(3)电梯钥匙应有专人保管。

案例 16:某丝绸进出口公司办公楼有一台 XPM 型信号控制电梯,经常快车开不出,虽经维保单位多次修理但没有彻底修好,时好时坏,带"病"运行。一名电梯女司机(无操作证)公休后第一天上班,将电梯开往8楼泡开水,上厕所。女司机离开岗位后,一名职工欲乘电梯下楼外出办事,想自己开梯,但开不出,于是利用应急按钮开慢车,在层门开启的情况下驶向一楼。女司机回来后看到层门开着,误认为电梯还在该层,因平时电梯内灯光不足,这天又是阴天,电梯门口也黑糊糊,这样,司机一脚踏空坠落至停在一楼的电梯轿厢顶部,当场死亡。

事故原因分析:
(1)电梯不能带病运行。
(2)操作电梯人员应持证上岗。
(3)大楼管理部门管理不严。

案例 17:某卷烟厂的2t货梯,因装载烟叶体积大而重量轻,由电梯厂设计轿厢尺寸,当时规定只允许装载烟叶,两年多未发生问题。某日设备部门要在车间更换设备,把两台新机器运上5楼去,电梯司机提出只能装一台,而设备科长坚持要2台一起装。2台设备装入电梯轿厢启动运行,还未到5楼时,电梯突然间反方向运行,电梯司机慌了手脚,因其滑行速度不足以引起限速器动作,轿厢一路下滑直至撞击弹簧式缓冲器,造成轿厢多次反弹,致使一台设备倾倒,砸在设备科长脚背上,导致粉碎性骨折。

事故原因分析:
(1)设备科长违章指挥。
(2)电梯司机未坚持原则。

案例 18:某大楼有一台老式手开门进口电梯,有一天 8 楼会议室召开全体大会,至中午散会,下 3 楼餐厅吃饭时,大家一起涌进仅可装载 21 人(原载重 1500 kg)的电梯,一共挤进了 38 名人员,未待电梯司机关闭电梯门,电梯即慢慢向下滑行,且速度愈来愈快,此时幸好驾驶员赶快把轿门关起,吩咐大家不要惊慌,身体处弯腰屈膝状。这样电梯只冲至底层弹簧缓冲器上,且来回反弹了 5~6 次,由于人员实在太多,无法处于弯腰屈膝状,只能直立状,致使 4 名年长者膝关节断裂,一名女同志大腿根部错位,导致骨盆骨裂。

事故原因分析:
(1)电梯超速保护装置失效。
(2)电梯严重超载。
(3)电梯司机没有严格执行安全管理制度。

案例 19:某电机厂运输部门休息天加班,将硅钢片由电梯从一层送到 3 楼冲剪车间。在午餐后,为提前完成任务,可以早一点下班回家,装卸工将应该 3 次装完的硅钢片改为 2 次装运,这样就造成了超载,并且硅钢片在电梯轿厢内堆装过高,司机明知已超载,而不加阻止,听之任之,照样启动电梯运行。当电梯的层门和轿门关闭后,电梯轿厢突然向下坠落沉底与井道底坑弹簧缓冲器相撞,轿厢受到振动,装载过高的硅钢片倒塌,压在电梯司机的腿部,造成严重骨折。

事故原因分析:
(1)电梯超载运行。

(2)司机违章冒险操作。

案例 20：某机械厂拟安装一台新买的机床,当机床和搬运工人进入电梯轿厢时,司机见新机床较重,就向有关人员提出可能超载,6名搬运工不要乘电梯,从楼梯上楼。但车间主任认为电梯是起重设备,安全系数较大,故对电梯司机说:"不会产生什么问题,可以运送,6名搬运工也不用出去"。司机随即按4楼选层按钮,电梯关门启动上升,当电梯到达4楼,刚开门一半时,一随行搬运工就首先跨出轿厢,一只脚刚踏上层楼平面,另一只脚尚在轿厢内,此时电梯轿厢突然下坠,该搬运工的另一只脚在轿厢与楼平面之间被轧住。轿厢直至限速器、安全钳动作时,才制停在导轨上,该搬运工当场死亡。

事故原因分析:
(1)司机应坚持不超载原则。
(2)车间主任违章指挥。

案例 21：某毛纺厂电梯司机将电梯停在2楼,等待装货,见装卸工还没有把货物从车间推出来,就暂离轿厢去喝水,刚好此时装卸工将一车坯料从车间推出,看到司机不在,就把坯料推进轿厢。5分钟后,又将另一车坯料也推进轿厢。过了一会儿。司机返回电梯发现层门、轿门都开着,而轿厢却在徐徐下降,误以为有人在操作电梯慢车行驶。她一面叫唤,一面跨入轿厢,当身体一半还在外面时,轿厢下坠速度加快,将该电梯女司机轧在轿厢与层站之间,当场死亡,年仅24岁。

事故原因分析:
(1)装卸工盲目装运货物超重。
(2)电梯司机擅自离开轿厢(工作岗位)。
(3)电梯司机没正确执行安全操作规程。

案例 22：某丝织厂一位女电梯司机有一个坏习惯,经常站在轿厢地坎和层楼层门地坎之间——即一只脚在轿厢内,另一只脚在层楼地坎上)与人闲聊。一天正当她这样站立与人闲聊时,电梯突然向上启动,将电梯司机挤压而死。

事故原因分析:
(1)电梯司机不准站立轿厢内外骑跨处。
(2)电梯司机上班时与人闲聊,不遵守规章制度。

案例 23:某商场一载货电梯,在检修当天,即将下班时,一汽车司机周某返回取雨衣。刚好电梯在底层敞开着门慢速上行(但速度仍较快),汽车司机要进入电梯,电梯内的女司机说:"电梯正在检修不要进来。"但汽车司机不听,硬是要跳入正在慢速上升的电梯轿厢,由于电梯上行速度较快,待汽车司机周某跳入时只有上半身趴在轿厢地板上,下半身仍在外面,女电梯司机急忙想把他拉入,但拉不动周某的庞大身躯,以致周某被拦腰挤压而死亡。

事故原因分析:
(1)汽车司机不听劝阻,严重违章。
(2)电梯检修时,厅门口应设置检修警告牌和安全防护栏,以示警告。

案例 24:某居住楼由于建造年代久远,沉降严重,电梯在行驶过程中门有 3 cm 的间隙,物业公司缺乏资金调换。某日乘客较多,挡住司机的视线,一小孩由于好奇将手插入开启的门缝内,造成伤害,其家人状告驾驶员没有尽到责任。司机不服,对簿公堂。法院判定物业公司负有主要责任,司机负有间接责任。

事故原因分析:
(1)电梯门缝间隙太大应及时修理。
(2)电梯的安全隐患在排除前不准使用。

案例 25:某纺织厂一台信号控制的 XH 电梯,门电锁经常接触不良。一天电梯司机发觉 5 楼层门电锁损坏,但她认为反正过两天电梯维修工就要来保养电梯,因而没有去联系报修。为了不影响电梯的运行,她擅自用导线将层门电锁触点短接而暂时使用。当早班即将下班时,司机把电梯开到5楼,并将层门虚掩留3 cm宽的门缝。离开轿厢上厕所。此时,5楼一名勤杂工擅自扒开虚掩的层门,启动电梯将一车垃圾用该电梯送往一楼,而5楼层门仍未关严有条小缝。待司机返回时,随手拉开层门,一脚踏进,坠落到一楼电梯轿厢顶上,当场死亡。

事故原因分析:

(1)门电锁损坏未及时修复。

(2)电梯司机短接门电锁严重违章。

(3)勤杂工不能私自驾驶电梯。

案例26:某市有一家16层楼的三星级宾馆有两台有/无司机客梯。事故当天两名保养工在逐台进行日常维修保养,电梯慢速运行。为了便于清扫,一名电梯修理工在机房控制屏上将门电锁回路用铜线短接。至吃午饭时,两名维修工急于早点去,能吃到好菜,而忘了拆除门电锁回路的短接线,并将电梯恢复至自动运行状态。这样导致电梯门尚未完全关闭就启动运行。有一个代表团的一名高级工程师在电梯到达基站时,最后离开轿厢。他右脚刚迈出轿厢,人体重心尚在轿厢内,此时电梯因有其他层楼的厅外呼叫,电梯突然启动向上(因电门锁已被短接),其头颅猛撞层门上坎,立即倒地死亡。

事故原因分析:

(1)电梯投入运行时,应进行试运行检查。

(2)电梯门电锁短接,检修人员违章作业。

(3)单位应建立严格的维修、使用规章制度。

案例27:某饭店有一台XH信号控制服务梯,经常用于推车出入电梯运送食品等。由于推车野蛮操作、横冲直撞,层门经常被撞坏,层门电锁也经常因此接触不良,影响电梯正常运行。维修工贪图省事,将层门电锁用导线短接。在某一天,电梯装一推车大米从底楼运往3楼,手推车由工人拉走,此时电梯司机接到5楼呼梯信号,于是将电梯驶往5楼,由于3楼层站损坏,门电锁已被短接,故而3楼层门未全部关闭好,电梯就上去了。推车工人将大米送完后,就拉着空车返回电梯,见到层门开着一大半,误认为电梯还在3楼,便直闯进去,结果连人带车一起坠落井道底坑,当场死亡。

事故原因分析:
(1)电梯司机明知3楼厅门无法关闭仍继续使用,属严重违章。
(2)带难题门电锁短接后电梯不准使用。

第三节 事故预防措施

以上分析表明,发生事故的原因既有当初设计不完善,又有安装质量问题,还有维修、管理和使用不当等诸多问题。但是我们认为电梯既然是科学技术的产物,只要大家重视起来,以科学的态度对待,再加上行之有效的措施,很多事故是可以避免的。

电梯管理使用中应采取以下安全措施。

(1)没有制造许可证的企业单位严禁制造电梯,没有电梯安装维修许可证的企业单位不得承接电梯安装维修工程,没有安装维修安全操作证和技能证的个人不得修理和驾驶电梯,电梯的安装维修和管理部门不得启用无证人员维修和驾驶电梯。

(2)拥有电梯的单位,应增强安全管理意识,完善管理制度,按国家规定按期向该地区的检验部门申报电梯的定期检验,无检验部门核发的安全使用证,电梯不得使用。同时,在用电梯要有严格管理制度,电梯司机做好交接班记录,发现问题,及时反馈,以便维修人员及时修复电梯,保证电梯安全正常的运行。拥有电梯的管理部门,有责任对乘客进行广泛的宣传和教育,让他们自觉遵守电梯的乘坐须知。

(3)从事电梯行业的各企业单位,在安装和维修电梯时,要严格按安全操作规程办事,严格执行安装、修理工艺,施工中严格配戴绝缘防护和劳保用品,施工完毕严格执行"三级检验"制度,不合格的电梯不得使用。同时电梯行业的各企业单位要不失时机的、经常地对自己的队伍进行安全教育;安装、维修人员要有良好的职业道德和高超的技能水平,电梯发生故障后要及时修复,保证电梯不得带病运行。

(4)对继电器控制的能耗高的老型电梯,应予以报废或进行改造后再使用,改造方案应报本地区电梯行政监查部门审批后再施工,否则电梯的检验部门不予检验,使用部门不应接收。

思考题

1. 电梯作业危险工况的产生条件是什么?
2. 辨识危险工况有几种方法?
3. 事故案例有什么启示?
4. 预防措施应从哪几个方面着手?

第十一章 职业安全健康法规和职业道德规范

第一节 职业安全健康法规的组成、特征与作用

一、职业安全健康法规的组成

职业安全健康法规,是调整劳动关系中规范劳动者的安全健康的法律规范的总称,是劳动法律的重要组成部分。

我国的职业安全健康法规表现形式按其立法主体、法律效力不同,可分为宪法、职业安全健康法律、职业安全健康行政法规、地方性职业安全健康法、职业安全健康规章(详见图11-1)。经我国批准生效的有关职业安全健康方面的国际劳工公约也是职业安全健康法规的一种形式。

(1)宪法是我国职业安全健康法规的首要形式。宪法中不仅有职业安全健康法律规范,而且宪法在所有法律形式中居于最高地位,是根本大法,具有最高的法律效力。所有其他职业安全健康法律形式都要依据宪法确定的基本原则来制定,不可与之相抵触。

(2)职业安全健康法律是指由全国人大及其常务委员会制定的职业安全健康方面法律规范性文件的统称。其法律地位和法律效力仅次于宪法,在职业安全健康法律形式中处于第二位,如《中华人民共和国安全生产法》,它从法律制度上规范生产经营单位的安全生产

行为,确立保障安全生产的法定措施,并以国家强制力保障这些法定制度和措施得以严格贯彻执行,其最根本的目的,还是为了保障人民群众的生命和财产安全,维护社会稳定,保证社会主义现代化建设的顺利进行。

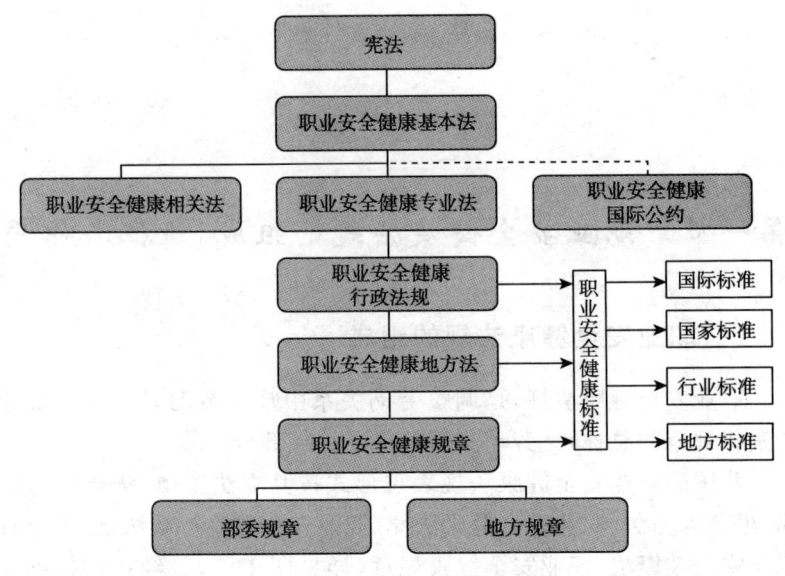

图 11-1 职业安全健康法规体系

(3)职业安全健康行政法规,是指由国务院制定的有关的各类条例、办法、规定、实施细则、决定等,如《特种设备安全监察条例》。它的立法宗旨是加强对特种设备的安全监察,防止和减少事故,保障人民群众生命和财产安全,促进经济发展。

(4)地方性职业安全健康法规是指省、自治区、直辖市的人民代表大会及其常务委员会,为执行和实施宪法、职业安全健康法律、职业安全健康行政法规,根据本行政区域的具体情况和实际需要,在法定权限内制定、发布的规范性文件,经常以"条例"、"办法"等形式出现。

(5)职业安全健康规章是指由国务院所属部委以及有权力的地

方政府在法律规定的范围内,依职权制定、颁布的有关职业安全健康行政管理的规范性文件。

职业安全健康行政法规、地方性职业安全健康法规、职业安全健康规章均是职业安全健康法律的必要补充或具体化。

(6)经我国批准生效的国际劳工公约,是我国职业安全健康法规形式的组成部分。国际劳工公约,是国际职业安全健康法律规范的一种形式,它不是由国际劳工组织直接实施的法律规范,而是采用经会员国批准,并由会员国作为制定本国内职业安全健康法依据的公约文本。国际劳工公约经国家权力机关批准后,批准国应采取必要的措施使该公约发生效力,并负有实施已批准的劳工公约的国际法义务。

(7)职业安全健康标准是围绕如何消除、限制或预防劳动过程中的危险和有害因素,为保护职工安全与健康,保障设备、生产正常运行而制定的统一规定。职业安全健康标准的作用确定了它的性质。《中华人民共和国标准化法》第七条明确规定:"保障人体健康,人身、财产安全的标准和法律、行政法规规定强制执行的标准是强制性标准,其他标准是推荐性标准。"

二、职业安全健康法规的特征

1. **法规有着较强的科技性**

法规具有科技与法相互结合、相互渗透的边缘法的性质,它包括技术规范和社会规范两大类法律规范。随着人类科学技术和生产的迅速发展,依靠科技进步积极采用安全卫生工程技术的规范也不断增加,因此,在安全健康法律规范中,技术规范所占比重日益增加。安全健康法规已日益具有科技与法相结合和边缘法的性质。

2. **法规具有广泛的社会性**

法规不仅要求生产经营单位消除生产经营活动中危及人身安全健康的不良条件和劳动行为,防止各种伤亡事故和职业病的发生。同时也要求消除由于生产经营单位发生事故对环境的危害和财产的损失。因此安全健康法规具有广泛的社会性。

3. 法规具有强制性

法规的强制性是国家权力的体现,违法构成犯罪时要受到国家法律的制裁。《中华人民共和国安全生产法》、《中华人民共和国职业病防治法》以及《安全生产违法行为行政处罚办法》中的一系列规定就充分体现了它的强制性。

4. 法律客体方面有其不同的特点

安全健康法规是保护从业人员在生产经营活动中的安全健康,以及国家和人民财产安全的法律。因此,它从人—机—物—环境诸方面对客体进行保护。

三、职业安全健康法规的作用

(1)法律、法规是指调整生产经营过程中所产生的同劳动者的安全健康有关的社会关系的法律规范总和,所以它是人们在生产过程中的行为准则。

(2)是由国家制定或认可,并由国家机关、执法机关强制实施。

(3)是统治者的意志表现,体现劳动者意志,是国家针对劳动保护、安全生产、职业病防治政策、方针的具体化、文件化。

(4)和谐劳动关系,保护劳动者合法权益。

(5)促进生产和经济发展。

(6)促进改革与社会稳定。

第二节 职业道德

一、职业道德概念

(一)道德

"道德"这个概念,在我国很早就已经使用了。"道"一般指事物

第十一章
职业安全健康法规和职业道德规范

运动变化的规律,并引申为人们必须遵循的行为准则和规范;"德"指人们遵循准则和规范有所得。在国外,"道德"一词起源于拉丁语,指风俗和习惯,后来引申为规则和规范、行为品质、善恶评价等。

何为现今意义的道德?所谓道德,就是通过社会舆论、内心信念和传统习惯,主要以善恶、荣辱、正义和非正义等为标准来评价人们的行为,调整人们之间以及个人与社会之间关系的行为准则和规范的总和。

道德是人类社会特有的现象。人类的一切活动都是在社会中进行的。在社会生产和社会生活中,人和人之间,人和社会之间必然发生各种社会关系。为维持正常的社会关系和社会秩序,需要有人人共同遵守的原则和规范来调整方方面面的社会关系,对个人的行为加以必要的约束和限制。这些原则和规范,有的上升为法律规范,由国家的强制力保证其实施;有的是通过各种形式的教育与社会舆论的力量,使人们逐渐形成一定的信念、习惯、传统而发生作用。后一类调整人们之间以及个人和社会之间关系的行为准则和规范,称之为道德。

马克思主义认为,道德是一种社会意识形态,它和政治、法律、哲学、艺术、宗教等意识形态一样,都属于上层建筑范畴;道德是社会关系的反映,是由社会的物质生活条件、社会的一定的经济基础所决定的一种特殊的意识形态;道德作为一种社会意识形态,产生以后,能以特有的方式反作用于社会经济基础,对经济基础和整个社会生活起极大的反作用。

(二)职业

所谓职业,是指适应社会的需要而产生的人们在社会生产和社会生活中对社会所承担的一定的职责和所从事的专门业务。例如,从事公共管理和社会管理是国家公职人员的职业,教育和传授知识是教师职业,治病救人是医生的职业,演戏是演员的职业等等。

物质资料的生产以及服务于物质资料生产的活动,是人类社会赖以生存和发展的基础。在人类的实际生产和生活中除了用婚姻家庭这种形式来延续人类自身的再生产外，还需以职业活动的基本形式来维持人类物质生活资料的生产和再生产。职业的产生不是人们主观臆想的结果，而是取决于社会的客观需要。阶级、国家的产生，随之出现从事统治、管理活动的公职人员职业；适应人类与疾病作斗争的需要，就出现了医生职业；适应教育活动的需要，就出现了教师职业；适应经济活动的需要，就出现了会计职业等。每种职业一经产生，社会、国家便自然赋予其一定的社会责任。

职业是一个历史的范畴。它不是从来就有的，而是社会发展到一定阶级的产物，是社会分工的结果的表现。由于社会分工，使原来单一的生产、生活逐步形成许多互相独立而又互相依赖的职业，作为社会一份子的个人也被限制在一个个特殊的职业以内；随着社会分工的进一步发展，职业的内容和形式也不断发展、变化。各种职业的演变经历了从简单到复杂、从低级到高级的过程。经过无数次的分化和组合，现代社会形成成千上万个职业或行业。"三百六十行"并非是一个绝对的数量概念，而是泛指职业的众多。

任何一种职业，从社会分工的角度看，都是社会物质生产和精神生产总体系中的一个部门，它对社会的存在和发展有着特殊的作用和意义；从人类个体的角度看，又是社会成员的最重要的社会活动形式。一般来说，一个人成年之后，走向社会，就要在社会生产和社会生活中承担一定的职责，从事某种专门活动，这是谋生手段，也是对社会承担的义务。因此，职业活动、职业生活是整个社会不断向前发展的生命线。

（三）职业道德

人们在长期的职业生活中逐渐形成适合于职业特点的种种独特的职业道德。职业道德是一般社会道德在职业生活中的具体体现。它是指从事一定职业的人们在职业活动中应该遵循的道德规范的总和。

各种职业有其特定的内容和形式。人们从事一定的职业活动必然会与国家、集体或他人发生职业关系，包括从事一定职业活动的个人或集团与服务对象的关系，职业性群体内部从业人员上下左右之间的工作关系，从业人员与工作对象即职业活动手段、成果等的关系，职业群体之间的关系，从业人员、职业群众和社会整体的关系等等。这方方面面的职业关系是特殊的人际关系，具有鲜明的职业特色。除了通过行政、法律、经济的手段予以规范和调整外，还需要有一种适应职业生活特点的职业道德规范来调整职业关系，以维持正常的职业关系及由此而形成的职业秩序。

职业道德是在职业活动实践中产生的。首先，随着社会分工的出现和发展，职业分工越来越发达，从事不同职业的人对社会承担的职责不同，这直接影响着人们对生活目标的确立和对生活道路的选择，影响着职业理想和道德理想的形成；其次，不同的职业在社会中的地位和利益是不同的，这也直接影响着人们的道德观念和评价社会行为的道德标准，进而形成具有某种职业特色的道德习惯和道德传统；其三，各种职业的对象、活动条件和生活方式的特殊性，直接影响着人们的兴趣、爱好、情操，从而影响人们形成有某种职业特色的品格和作风。

二、社会主义职业道德

（一）社会主义职业道德的重要性

社会主义职业道德是在社会主义社会里的特定职业范围内的特殊道德要求，是社会主义道德在各行业职业活动中的具体规范的总和，也是社会主义精神文明的重要内容。

社会主义职业道德要求职工在活动中遵守秩序，认真做好本职工作，努力完成上级交给的任务，一步一个脚印地做好工作，扎扎实实地把改革开放和现代化建设推向前进，为全面实现建设小康社会宏伟目标而奋斗。

在国际交往中,它可与外国资产阶级生活方式利己主义的腐朽思想作风作斗争,防止非无产阶级的道德观和资产阶级自由化思想的侵蚀,促进对外经济技术交流和合作,加快社会主义现代化建设的步伐。

(二)社会主义职业道德的基本特性

(1)社会主义职业道德是社会主义道德的重要组成部分,是以共产主义道德为指导的社会主义道德的基本原则和规范的具体贯彻。

(2)社会主义职业道德是建立在以公有制为主体的社会主义市场经济体制的基础上,为社会主义建设事业服务的职业道德。

(3)社会主义职业道德的核心,是以党的基本路线为依据,全心全意为人民服务。

(4)社会主义职业道德要求职工以主人翁的姿态从事工作,建立起平等、友爱、团结、互助的社会主义职业关系,树立起社会主义和共产主义的伟大思想,为国家、集体多作贡献。

(三)社会主义职业道德的基本原则

社会主义职业道德是指人们待人、接物、处事的行为规范,要求人们懂得"应该"做什么,"不应该"做什么,怎样做是道德的,怎样做是不道德的。社会主义职业道德的基本原则和主要规范一般有以下几点:

(1)全心全意为人民服务,对人民极端负责是社会主义各行各业职业道德的核心和基础原则。

(2)热爱本职,忠于职守,发扬主人翁精神。热爱本职,就是热爱自己所从事的职业,具体表现在对职业的责任感、自豪感。忠于职守,就是自觉地意识到自己所从事的职业对社会、对他人所履行的义务与职责,以高度的积极性、主动性和创造性,认真负责地做好本职工作。因此"热爱本职"是指职业道德的情感,是"忠于职守"的基础。

(3)技术上精益求精,生产上优质高效是社会主义各行各业职业道德的共同要求。上述要求的实质就是"服务态度、服务质量"的问题。精益求精中的精是指完美、最好,"益"是更加的意思。只有对技术精益求精了,才能做好本职工作。"优质"指为社会创造质优物美的产品或为人民提供一流的服务质量。"高效"指创造高水平的经济效益和社会效益,只有在生产上达到优质高效,才能体现出技术上的精益求精。

(4) 遵守劳动纪律、维护工作秩序是社会主义各行各业职业道德的共同规范,也是生产与工作顺利进行的基本条件和重要保证。

(5) 爱护公物、维护国家和集体利益是社会主义各行各业职业道德的共同守则,是人们的一种美德。爱护公物是爱祖国、爱人民、爱集体、爱社会主义的共产主义道德品质的重要表现,也是维护国家利益的自觉性表现。

三、电梯作业职业道德

电梯司机的职业道德就是电梯司机在电梯驾驶中必须遵循的行为规范的总和。它不但必须体现社会主义职业道德基本原则,而且还应具有本行业特定的性质所确定的内容。

电梯司机职业道德规范一般来说有以下几方面。

(一) 忠于职守,热爱本职工作

忠于职守,热爱本职工作是社会主义职业道德基本原则之一,是各行各业的职工应该具备的起码的职业道德,也是使整个现代化事业这架"机器"正常、高速运转的必要条件。只有当人们热爱自己的本职工作,才会产生职业荣誉感,树立相应的职业责任心,站在自己的岗位上就会有一种义务感,形成高度的思想觉悟和精神境界;人们的社会主义积极性和创造性就能充分发挥出来,就会以主人翁的态度正确处理个人与集体、个人与社会的关系,就可以消除斤斤计较、不负责任、得过且过、互相扯皮等种种不良现象。

电梯司机的工作岗位就在电梯,这一职业在社会的 360 行中并不起眼,所在的轿厢也只不过几平方米之地,是整个社会机器中很微小的一部分。但是电梯司机这个岗位就是为生产服务、为居民服务、为社会服务,为人民创造良好的生活条件和工作条件。许许多多的司机默默无闻、长年累月工作在这一岗位上,尽自己所能为企业生产服务,为上上下下、匆匆来去的人们服务,为人们提供一个虽然短暂然而却令人满意、迅速、安全的服务,让所有使用电梯的人,从电梯司机那里感受到文明健康的社会风气。当人们走出电梯,心情舒畅的投入下一步工作时,电梯司机的劳动效果和社会贡献就得到充分的体现,这是无法以价值尺度衡量的。

现在电梯技术的发展,使自动化控制装置更有利于电梯操作,有的电梯对司机没有任何特殊技能要求。但是从实际情况出发,为了加强对电梯的管理,建立必要的安全制度,要求司机不准擅离岗位,忠于职守乃是电梯安全运行的重要保证。

电梯司机作为一种职业,是社会分工产生的,它和任何职业一样,都是社会需要不可缺少的。我们必须珍惜,热爱自己的工作,这样才能尽心、尽责地做好工作。

(二)遵纪守法,严格执行各项规章制度

遵纪守法,严格执行各项规章制度的要求,对各个行业都适用,电梯司机也不能例外。

在这里还要谈谈职业道德和规章制度的关系,有人认为两者是一回事,这种看法是不全面的。两者既有联系,又有区别。区别是电梯驾驶的规章制度具体规定了服务规范,比如运行时间,司机的交接班制度,工作纪律,仪容、仪表等等。这些规章制度是带有法规的强制性的,不管你内心愿意与否,都必须照章办事,否则会受到行政处罚或经济制裁。职业道德则有所不同。它不是靠强制性的行政命令实行的,而是依靠社会舆论和人们的内心信念来维护的。它是一种行为准则,起着坚定职业志向、理想,自觉调节职业关系,规范职业行为的作用,是一种群众自觉的行为。两者的联系在于:规章制度是职业道德的具体化,职业道德往往又蕴含在各种规章制度之中。严格遵守规章制度,本身是一种讲道德的行为,而违反规章制度同不道德的行为有联系。例如无故迟到、早退,影响电梯正常运行。这不仅违反了规章制度,而且也有悖职业道德。职业道德的要求较之一般的规章制度要更高一些。它要求电梯司机不断提高自身的职业知识、本领和素养,还要求有职业的风格、敏感和自制力。总之职业道德要求电梯司机自觉地把自己的全部力量都调动起来,以便更好、更充分地满足社会的需要,做好电梯服务工作。

(三)文明礼貌,尊重乘客

文明是相对野蛮来说,它是社会发展到一定阶段具有一定文化素质的标志。礼貌,是言语动作谦虚恭敬的表现,是对他人的关怀与尊重。文明礼貌是一种人的思想道德品质的再现,同时含有文化素养的内容,是保持人与人之间正常关系重要行为规范。电梯司机要讲文明礼貌,尊重乘客就是指电梯司机在迎、送乘客及电梯整个运行过程中的文明礼貌表现,包括举止和语言,这是每个电梯司机必须遵循的职业道德。

文明礼貌的举止,表现了对乘客的尊重、友好和关心。有的电梯司机对此没有引起充分重视,使电梯这个方圆不过几平方米的场所,经常出现一些不尽如人意的情况,如:乘客进入轿厢,司机连头也不抬,坐着看书、看报、编结绒线;轿厢内有禁止吸烟的标志,司机却我行我素吞云吐雾使轿内空气混浊令人窒息;不顾载客高峰,端坐高椅、挤占乘客空间,或是跷起二郎腿,让旁边站立的乘客退避不及……对乘客来说,使用电梯的时间是短暂的,但是电梯司机应该设身处地为乘客想一想,不要在这一短暂的时间里给乘客留下一个令人难以忍受的印象。

文明礼貌的语言,同样表示对于乘客的尊重、友好和关心,同样可以调节和融洽人们之间的关系。电梯司机的服务工作直接与各行各业的乘客打交道,更应该积极推广文明礼貌用语,诸如"对不起、请、您好、谢谢、再见"。

电梯司机文明礼貌的服务工作，必定会对社会风气产生直接或间接的积极影响。可以设想，如果每个人在社会上得到的是热情、周到、文明礼貌的服务，而不是受到冷遇，人们就会愿意在自己的职业岗位上，也诚恳耐心，热情周到地为自己的工作对象服务，社会风气就会得到改善。因此，每一个电梯司机都应该遵守文明礼貌、微笑服务、站立操作等有关职业道德基本要求，结合本单位，本部门的实际情况主动热情地为不同的对象服务，尤其要尊重乘客，使电梯成为建设社会主义精神文明的一个窗口。

（四）优质服务，认真操作

电梯司机要提供一流的服务必须做到工作时集中思想，认真负责地做到安全操作。有的电梯司机在工作时经常思想不集中，造成关门轧人、过站不停等，给乘客带来"三怕"（一怕电梯坏，二怕态度差，三怕等的时间长），个别司机甚至在电梯进行检修、保养时，不听从检修保养人员的指令，漫不经心，操作出错，造成伤亡事故，给人民群众的生命财产带来损失。

电梯司机在操作电梯运行时一定要集中思想，不做私活，不与亲友闲谈，这样在召唤指示信号出现时反应才迅速、准确。即便是自动电梯，司机在旁也应主动及时地登记轿内指令。这些都是司机应该知道的基本常识。司机认真操作和保养，对一般性故障的性质有所了解，也是电梯安全运行的有效保证。即使电梯发生意外故障，只要及时报修，及时采取措施，也可使电梯因故障停开的时间大大缩短。

解决电梯乘客"三怕"的问题是电梯服务最基本的要求，每个电梯司机都完全能够做到。实践证明，目前绝大部分已经做到。从优质服务的要求来看，单是这样还不够，还应该做得更好一些。优质服务没有止境，不应该有一个固定的框架和非常具体的内容。因为每个地方、每一个单位的具体情况不一样，所以这就需要每个电梯司机根据自己的情况，主动发挥积极性。

(五)钻研技术,提高服务水平

一个忠于职守、热爱本职工作的电梯司机,必然会努力钻研技术,不断提高自己的服务水平。

电梯司机除了掌握电梯驾驶技术之外,学习电梯结构常识和常见小故障排除方法是必要的。据某电梯维修部门统计,在电梯故障中,层门、召唤铃、指示灯之类的小故障占较高的比例。这些小故障对熟悉电梯结构和懂得一些电工常识的人来说,只需几分钟就能排除。可是有些电梯司机对电梯发生的故障,不论大小,一律打急修电话。其实他们应该知道,要提高服务水平,除了电梯要安全运行之外还应该增加电梯的运行时间。近几年电梯数量增长速度很快,但电梯维修力量难以与此同步增长。加上部分电梯制造安装质量存在先天不足,一些元器件质量较差;通讯设备和交通工具不发达,种种原因使急修的及时率和修复率都不高,这种状况在短期内难以根本改变。但是只要电梯司机认真钻研技术,学会一些电梯常见小故障的排除,电梯的停驶时间和停驶次数就会大幅度下降,这将大大方便乘客的使用,提高电梯服务水平。

思考题:

1. 简述职业安全健康法规有什么作用。
2. 社会主义职业道德的基本原则是什么?
3. 电梯作业如何做到文明礼貌,尊重乘客?

参考文献

《电梯、自动扶梯、自动人行道术语》GB/T 7024—2008.
《电梯安全管理人员和作业人员考核大纲》TSG T6001—2007.
《电梯使用管理与日常维护保养规则》TSG T5001—2009.
《电梯技术条件》GB/T 10058—2009.
《电梯用钢丝绳》GB 8903—2005.
《电梯制造与安装安全规范》GB 7588—2003.
《全国特种作业人员安全技术培训考核统编教材》编委会. 电梯作业. 北京: 气象出版社, 2007.
《特种设备安全监察条例》国务院令第549号.
《特种设备目录》国质检锅[2004]31号、[2010]22号.
《特种设备现场安全监督检查规则(试行)》国质检特函〔2007〕910号.
《特种设备作业人员监督管理办法》国家质量监督检验检疫总局令第70号.
《中华人民共和国安全生产法》.
《自动扶梯和自动人行道的制造与安装规范》GB 16899—1997.